高职高专工作过程·立体化创新规划教材——计算机系列

计算机应用基础(Windows 7 版)

李　胜　张居晓　主　编

张瑞娟　徐小茹　苏　畅　傅伟玉　副主编

清华大学出版社

北　京

内 容 简 介

本书是作者依据高职高专计算机基础教育的特点，并结合多年从事计算机教育的经验编写而成的。全书共 10 章，主要内容包括计算机基础知识、Windows 7 操作系统、文字处理软件 Word 2007、电子制表软件 Excel 2007、演示文稿软件 PowerPoint 2007、网页制作软件 Dreamweaver、多媒体技术、计算机网络基础、计算机安全与系统维护以及常用工具软件等。

本书以"工作场景导入"→"知识讲解"→"回到工作场景"→"工作实训营"为主线编写，以例题配合深入学习，知识讲解细致；每章都有配套的实训练习，突出了实用性和操作性；另外还提供了实践中常见问题的解析，能够进一步拓展学生的知识，应对实际操作时遇到的问题。

本书结构清晰、易教易学、实例丰富、可操作性强，并注重能力的培养，既可作为高职高专院校计算机及相关专业的教材，也可作为各类培训班的培训教程。此外，本书也适合于有关工程技术人员、技师参考阅读。

图书在版编目(CIP)数据

计算机应用基础(Windows 7 版)/李胜，张居晓主编；张瑞娟，徐小茹，苏畅，傅伟玉副主编. --北京：清华大学出版社，2012

(高职高专工作过程·立体化创新规划教材——计算机系列)

ISBN 978-7-302-29412-2

Ⅰ. ①计… Ⅱ. ①李… ②张… ③张… ④徐… ⑤苏… ⑥傅… Ⅲ. ①Windows 操作系统—高等职业教育—教材 Ⅳ. ①TP316.7

中国版本图书馆 CIP 数据核字(2012)第 161170 号

责任编辑：章忆文　杨作梅
封面设计：刘孝琼
版式设计：北京东方人华科技有限公司
责任校对：李玉萍
责任印制：何　芊

出版发行：清华大学出版社
　　　　网　　　址：http://www.tup.com.cn，http://www.wqbook.com
　　　　地　　　址：北京清华大学学研大厦 A 座　　　邮　　编：100084
　　　　社 总 机：010-62770175　　　　　　　　　邮　　购：010-62786544
　　　　投稿与读者服务：010-62776969，c-service@tup.tsinghua.edu.cn
　　　　质 量 反 馈：010-62772015，zhiliang@tup.tsinghua.edu.cn
　　　　课 件 下 载：http://www.tup.com.cn，010-62791865
印 装 者：三河市金元印装有限公司
经　　销：全国新华书店
开　　本：185mm×260mm　　印　　张：21.75　　字　　数：525 千字
版　　次：2012 年 9 月第 1 版　　　　　　印　　次：2012 年 9 月第 1 次印刷
印　　数：1～4000
定　　价：38.00 元

产品编号：035622-01

丛 书 序

高等职业教育强调"以服务为宗旨,以就业为导向,走产学结合发展的道路"。能否服务于社会、促进就业和提高社会对毕业生的满意度,是衡量高等职业教育是否成功的重要指标。坚持"以服务为宗旨,以就业为导向,走产学结合发展的道路"体现了高等职业教育的本质,是其适应社会发展的必然选择。为了提高高职院校的教学质量,培养符合社会需求的高素质人才,我们需要打破传统的高职教材以学科体系为中心、讲述大量理论知识、再配以实例的编写模式,设计一套突出应用性、实践性的丛书。一方面,强调课程内容的应用性。以解决实际问题为中心,而不是以学科体系为中心;基础理论知识以应用为目的,以"必需、够用"为度。另一方面,强调课程的实践性。在教学过程中增加实践性环节的比重。

2009 年 5 月,我们组织全国高等职业院校的专家、教授组成了"高职高专工作过程·立体化创新规划教材"编审委员会,全面研讨人才培养方案,并结合当前高职教育的实际情况,历时近两年精心打造了这套"高职高专工作过程·立体化创新规划教材"丛书。我们希望通过这一套全新的、突出职业素质需求的高质量教材的出版和使用,促进技能型人才培养的发展。

本套丛书以"工作过程为导向",强调以培养学生的职业行为能力为宗旨,以现实的职业要求为主线,选择与职业相关的教学内容组织开展教学活动和过程,使学生在学习和实践中掌握职业技能、专业知识及工作方法,从而构建属于自己的经验和知识体系,以解决工作中的实际问题。

1. 首推书目

本套丛书的首推书目如下:
- 计算机应用基础(Windows 7 版)
- 办公自动化技术应用教程
- 计算机组装与维修技术
- C++语言程序设计与应用教程
- C 语言程序设计
- Java 2 程序设计与应用教程
- Visual Basic 程序设计与应用开发
- Visual C# 2008 程序设计与应用教程
- 网页设计与制作
- 计算机网络安全技术
- 计算机网络规划与设计
- 局域网组建、管理与维护实用教程
- 基于.NET 3.5 的网站项目开发实践
- Windows Server 2008 网络操作系统
- 基于项目教学的 ASP.NET(C#)程序开发设计

- SQL Server 2008 数据库技术实用教程
- 数据库应用技术实训指导教程(SQL Server 版)
- 单片机原理及应用技术
- 基于 ARM 的嵌入式系统接口技术
- 数据结构实用教程
- AutoCAD 2010 实用教程
- C# Web 数据库编程

2. 丛书特点

(1) 以项目为依托,注重能力训练。以"工作场景导入"→"知识讲解"→"回到工作场景"→"工作实训营"为主线编写,体现了以能力培养为本的教育理念。

(2) 内容具有较强的针对性和实用性。丛书以贴近职业岗位要求、注重职业素质培养为基础,以"解决工作场景问题"为中心展开内容,书中每一章都涵盖了完成工作所需的知识和具体操作过程。基础理论知识以应用为目的,以"必需、够用"为度,因而具有很强的针对性与实用性,可提高学生的实际操作能力。

(3) 易于学习、提高能力。通过具体案例引出问题,在掌握知识后立刻回到工作场景中解决实际问题,使学生能很快上手,提高实际操作能力;每章结尾的"工作实训营"板块都安排了有代表意义的实训练习,针对问题给出明确的解决步骤,阐明了解决问题的技术要点,并对工作实践中的常见问题进行分析,使学生进一步提高操作能力。

(4) 示例丰富、由浅入深。书中配备了大量经过精心挑选的例题,既能帮助读者理解知识,又具有启发性。针对较难理解的问题,例子都是从简单到复杂,内容逐步深入。

3. 读者定位

本系列教材主要面向高等职业技术院校和应用型本科院校,同时也非常适合计算机培训班和编程开发人员培训、自学使用。

4. 关于作者

丛书编委会特聘执教多年且有较高学术造诣和实践经验的名师参与各册之编写。他们长期从事有关的教学和开发研究工作,积累了丰富的经验,对相应课程有较深的体会与独特的见解,本丛书凝聚了他们多年的教学经验和心血。

5. 互动交流

本丛书保持了清华大学出版社一贯严谨、科学的图书风格,但由于我国计算机应用技术教育正在蓬勃发展,要编写出满足新形势下教学需求的教材,还需要不断地努力实践。因此,我们非常欢迎全国更多的高校老师积极加入到"高职高专工作过程·立体化创新规划教材——计算机系列"编审委员会中来,推荐并参与编写有特色、有创新的教材。同时,我们真诚希望使用本丛书的教师、学生和读者朋友提出宝贵的意见和建议,使之更臻成熟。

丛书编委会

前　　言

随着计算机应用的不断发展，熟练使用计算机和现代化办公软件及设备已成为当下必备的能力。因而，计算机应用基础成为高等院校以及高等职业学校开设范围最广的一门计算机公共课程。本书编写的主导思想是：让学生不仅要学会使用计算机的基本操作，而且要掌握计算机的基本原理、基本知识和解决实际问题的能力。全书共 10 章，各章主要内容安排如下。

第 1 章　计算机基础知识。主要介绍计算机的定义、发展简史、特点、应用、分类及其趋势，数制的基本概念，字符和汉字的编码，各进制之间的转换，计算机硬件、软件系统的组成等。

第 2 章　Windows 7 操作系统。主要介绍操作系统及其特点、Windows 7 的安装及操作入门、桌面图标的功能和操作、窗口的组成和操作、菜单的相关操作、对话框的组成和操作、任务栏及其操作、设置和切换输入法、管理文件和磁盘管理等内容。

第 3 章　文字处理软件 Word 2007。主要介绍 Word 的启动与退出，文档的创建、输入、打开、保存和打印，文本的选定、复制、移动、查找与替换等基本编辑技术，文字格式、段落设置、页面设置和分栏等基本排版技术，表格的制作、修改，表格中文字的排版和格式设置等内容。

第 4 章　电子制表软件 Excel 2007。主要介绍 Excel 的启动和退出、表格的创建、编辑和保存等基本操作，工作表中函数和公式的应用，工作表格式的设置，页面的设置和打印，Excel 图表的建立、编辑，排序、筛选等数据库操作。

第 5 章　演示文稿软件 PowerPoint 2007。主要介绍演示文稿的创建、打开和保存，演示文稿视图的使用及幻灯片的编辑，幻灯片的格式设置，幻灯片放映效果的设置，演示文稿的打包等。

第 6 章　网页制作软件 Dreamweaver CS4。主要介绍 Dreamweaver CS4 的窗口、视图，创建站点和网页，创建和管理任务，编辑网页、表格、图像、框架、表单，插入媒体和动态特效，维护与发布站点等内容。

第 7 章　多媒体技术。主要介绍多媒体的基本概念、多媒体计算机系统、多媒体软件的使用方法。

第 8 章　计算机网络基础。主要介绍计算机网络的发展历程、功能与应用，计算机网络的分类，网络协议，IP 地址与子网掩码以及域名解析，Internet 的概念、产生与发展、特点及其应用，Internet 的服务。

第 9 章　计算机安全与系统维护。主要介绍计算机病毒、防火墙技术、系统维护等。

第 10 章　常用工具软件。主要介绍 QQ 软件、压缩和解压缩软件 WinRAR、数据恢复工具 EasyRecovery、瑞星杀毒软件等。

本书具有以下特点。

(1) 结构清晰、模式合理。以"工作场景导入"→"知识讲解"→"回到工作场景"→"工作实训营"为主线合理安排全书内容。

(2) 针对性、实用性强。本书以"工作场景"为中心展开内容,各章都涵盖了完成工作所需的知识和具体操作过程,因而具有很强的针对性与实用性,有利于学生提高实际操作能力。

(3) 上手快、易教学。通过具体案例引出问题,在掌握知识后立刻回到工作场景解决问题,使学生容易上手;以教与学的实际需要取材谋篇,方便老师教学。

(4) 安排实训,提高能力。每章都安排了"工作实训营"版块,针对问题给出明确的解决步骤,并对工作实践中的常见问题进行分析,使学生进一步提高应用能力。

本书注重实际应用,既可作为高职高专院校计算机及相关专业的教材,也可作为各类培训班的培训教程。

本书由李胜(马鞍山职业技术学院)、张居晓任主编,张瑞娟(江苏财经职业技术学院)、徐小茹(江苏财经职业技术学院)、苏畅(江苏财经职业技术学院)、傅伟玉任副主编。在本书的编写过程中,郝小充、缪静文、姚昌顺、赵传审、李海、赵明、张伍荣、范荣钢、钱阳勇、陈芳等同志给予了很大的帮助。限于作者水平,书中难免存在不当之处,恳请广大读者批评指正。

本书配有电子教案,以方便读者自学。

编　者

目　录

第 1 章

计算机基础知识

本章要点

- 计算机的发展历史、特点和应用
- 计算机信息的表示和存储
- 数制的基本概念，二进制和十进制整数之间的转换
- 计算机中字符和汉字的编码
- 指令和程序设计语言
- 计算机硬件系统的组成和作用，各组成部分的功能和简单工作原理
- 计算机软件系统的组成和功能，系统软件和应用软件的概念和作用

技能目标

- 掌握各种进制之间的转换
- 掌握字符和汉字的编码

1.1　工作场景导入

【工作场景】动手组装计算机

小王是一家公司的技术员，目前公司派其去采购部件，需要组装 5 台计算机。每台计算机均采用如下配置：21 英寸液晶显示器、Intel Core i5 CPU、内存 2GB、独立显卡、硬盘 500GB，由于工作需要，还要为每台计算机安装 Windows 7 操作系统和 Microsoft Office 2007 办公软件。

【引导问题】

(1) 在日常工作中，你是否经常使用计算机？

(2) 你了解计算机硬件系统的组成及其各部分的功能和简单工作原理吗？

(3) 你了解计算机软件系统的组成和功能吗？

(4) 你如何动手组装满足以上配置的计算机？

 ## 1.2　计算机概述

本节主要对计算机的发展历史、特点、应用等内容进行了简单概述。

1.2.1　计算机的发展历史

1. 现代计算机的发展历史

1) 第一代电子管计算机(1946—1958 年)

1946 年 2 月 15 日，标志现代计算机诞生的 ENIAC(Electronic Numerical Integrator And Computer)在美国的费城面世。ENIAC 是计算机发展史上的一个里程碑。第一代电子管计算机的操作指令是为特定任务编制的，每种机器都有自己的机器语言，功能不仅受限制，速度也慢。

2) 第二代晶体管计算机(1958—1964 年)

第二代计算机用晶体管代替了电子管，在这一时期出现了更高级的 COBOL 和 FORTRAN 等语言，使计算机编程更容易。

3) 第三代集成电路计算机(1964—1971 年)

第三代计算机主存储器采用集成度很高的半导体存储器，运算速度可达每秒几百万次甚至上亿次基本运算。这一代计算机的主存储器仍采用磁芯，软件开始逐渐完善，分时操作系统、会话式语言等多种高级语言都有新的发展。

4) 第四代大规模集成电路计算机(1971—　)

计算机的逻辑元件和主存储器都采用了大规模集成电路(LSI)。所谓大规模集成电路，是指在单片硅片上集成1000～2000个晶体管的集成电路，其集成度比中、小规模的集成电路提高了1～2个以上数量级。这时计算机发展到了微型化、耗电极少、可靠性很高的阶段。大规模集成电路使军事工业、空间技术、原子能技术得到发展，这些领域的蓬勃发展对计算机提出了更高的要求，有力地促进了计算机产业的空前大发展。

就在第四代计算机方兴未艾的时候，日本人于1992年提出了第五代计算机的概念，立即引起了广泛的关注。第五代计算机的特征是智能化，具有某些与人的智能类似的功能，可以理解人的语言，能思考问题，并具有逻辑推理能力。严格来说，只有第五代计算机才具有"脑"的特征，才能被称为"电脑"。不过到目前为止，智能计算机的研究虽然取得了某些成果，如发明了能模仿人右脑工作的模糊计算机等，但从总体上看，还没有突破性进展。

2. 我国计算机的发展历史

1958年，中科院计算所研制成功我国第一台小型电子管通用计算机103机(八一型)，标志着我国第一台电子计算机的诞生。

1965年，中科院计算所研制成功第一台大型晶体管计算机109乙机，之后推出109丙机，该机在两弹试验中发挥了重要作用。

1974年，清华大学等单位联合设计、研制成功采用集成电路的DJS-130小型计算机，运算速度达每秒100万次。

1983年，国防科技大学研制成功运算速度每秒上亿次的银河-I巨型机，这是我国高速计算机研制的一个重要里程碑。

1985年，电子工业部计算机管理局研制成功与IBM PC机兼容的长城0520CH微机。

1992年，国防科技大学研制出银河-II通用并行巨型机，峰值速度达每秒4亿次浮点运算(相当于每秒10亿次基本运算操作)，为共享主存储器的四处理机向量机，其向量中央处理机是采用中小规模集成电路自行设计的，总体上达到20世纪80年代中后期国际先进水平。它主要用于中期天气预报。

1993年，国家智能计算机研究开发中心(后成立北京市曙光计算机公司)研制成功曙光一号全对称共享存储多处理机，这是国内首次以基于超大规模集成电路的通用微处理器芯片和标准UNIX操作系统设计开发的并行计算机。

1995年，曙光公司又推出了国内第一台具有大规模并行处理机(MPP)结构的并行机曙光1000(含36个处理机)，峰值速度为每秒25亿次浮点运算，实际运算速度达到每秒10亿次浮点运算这一高性能台阶。曙光1000与美国Intel公司于1990年推出的大规模并行机体系结构与实现技术相近，与国外的差距缩小到5年左右。

1997年，国防科大研制成功银河-III百亿次并行巨型计算机系统，采用可扩展分布共享存储并行处理体系结构，由130多个处理结点组成，峰值性能为每秒130亿次浮点运算，系统综合技术达到20世纪90年代中期国际先进水平。

1997—1999年，曙光公司先后在市场上推出具有机群结构(Cluster)的曙光1000A、曙光2000-I、曙光2000-II超级服务器，峰值计算速度已突破每秒1000亿次浮点运算，机器规模已超过160个处理机。

1999年，国家并行计算机工程技术研究中心研制的神威I计算机通过了国家级验收，并在国家气象中心投入运行。系统有 384 个运算处理单元，峰值运算速度达每秒 3840 亿次。

2000 年，曙光公司推出每秒 3000 亿次浮点运算的曙光 3000 超级服务器。

2001 年，中科院计算所研制成功我国第一款通用 CPU——"龙芯"芯片。

2002 年，曙光公司推出具有完全自主知识产权的"龙腾"服务器，龙腾服务器采用了"龙芯-1"CPU，曙光公司和中科院计算所联合研发的服务器专用主板，曙光 Linux 操作系统，该服务器是国内第一台完全实现自有产权的产品，在国防、安全等部门可发挥重大作用。

2003 年，百万亿次数据处理超级服务器曙光 4000L 通过国家验收，再一次刷新国产超级服务器的历史纪录，使得国产高性能产业再上新台阶。

1.2.2 计算机的特点

计算机作为一种通用的信息处理工具，具有极高的处理速度、精确的计算、很强的存储能力和逻辑判断能力，其主要特点如下。

1. 处理速度快

现在高性能计算机每秒能进行几百亿次以上的加法运算，这使大量复杂的科学计算问题得以解决。例如：气象预报要分析大量资料，如用手工计算需要十多天，失去了预报的意义。而用计算机，几分钟就能算出一个地区内数天的气象预报。

2. 计算精度高

科学技术的发展特别是尖端科学技术的发展，需要高度精确的计算。历史上有个著名数学家挈依列，曾经为计算圆周率 π，整整花了 15 年时间，才算到第 707 位。现在将这件事交给计算机做，几个小时内就可计算到 10 万位。

3. 具有存储信息的能力

计算机的存储器类似于人的大脑，可以"记忆"(存储)大量的数据和信息。是否具有强大的存储能力，是计算机和其他计算装置(如计算器)的一个重要区别。

4. 可靠性高

伴随计算机硬件技术的迅速发展，采用大规模和超大规模集成电路的计算机具有非常高的可靠性，其平均无故障时间可达到以"年"为单位。

5. 工作全自动

通常的运算装置都是由人控制的，人给机器一条指令，机器就完成一个(或一组)操作。由于计算机具有存储信息的能力，因此可以将指令事先输入计算机中存储。在计算机开始工作后，从存储单元中依次取出指令来控制计算机的操作，从而使人们可以不必干预计算机工作，实现操作的自动化。

6. 适用范围广，通用性强

计算机靠存储程序控制进行工作。一般来说，无论是数值的还是非数值的数据，都可以表示成二进制数的编码，无论是复杂的还是简单的问题，都可以分解成基本的算术运算和逻辑运算，并可用程序描述解决问题的步骤。所以，计算机的通用性极强。

计算机除了具有上述特点外，还具有体积小、重量轻、耗电少、维护方便、可靠性高、易操作、功能强、使用灵活、价格便宜等特点。计算机还能代替人做许多复杂烦琐的工作。

1.2.3　计算机的应用

计算机之所以能够迅速发展，是因为它得到了广泛的应用。目前，计算机的应用已经渗透到人类社会的各个方面，从国民经济各部门到家庭生活，从生产领域到消费娱乐，到处都可见计算机应用的成果。概括起来，应用技术领域可分为科学计算、事务处理、过程控制、辅助工程、人工智能、网络应用和多媒体应用等几个方面。

1. 科学计算

科学计算是指计算机用于数学问题的计算，是计算机应用最早的领域。在科学研究和工程设计中，经常会遇到各种各样的数学问题。

2. 事务处理

事务处理又称为信息管理，它是指用计算机对信息进行收集、加工、存储和传递等工作，其目的是为有各种需求的人们提供有价值的信息，作为管理和决策的依据。例如，人口普查资料的分类、汇总，股市行情的实时管理等都是信息处理的例子。目前，计算机信息处理已广泛应用于办公室自动化、企业管理、情报检索等诸多领域。

3. 过程控制

计算机过程控制是指用计算机对工业生产过程或某种装置的运行过程进行状态检测并实施自动控制。用计算机进行过程控制可以改进设备性能，提高生产效率，降低人的劳动强度。将计算机信息处理与过程控制结合起来，甚至能够出现计算机管理下的无人工厂。

4. 辅助工程

计算机辅助工程主要包括：计算机辅助设计(Computer Aided Design，CAD)、计算机辅助制造(Computer Aided Manufacturing，CAM)、计算机辅助测试(Computer Aided Testing，CAT)、计算机辅助教学(Computer Assisted Instruction，CAI)。

- 计算机辅助设计(CAD)是指利用计算机来帮助设计人员进行工程设计，以提高设计工作的自动化程度，节省人力和物力。目前，此技术已经在电路、机械、土木建筑、服装等设计中得到了广泛的应用。
- 计算机辅助制造(CAM)是指利用计算机进行生产设备的管理、控制与操作，从而提高产品质量、降低生产成本、缩短生产周期，并且还大大改善了制造人员的工作条件。
- 计算机辅助测试(CAT)是指利用计算机进行复杂而大量的测试工作。
- 计算机辅助教学(CAI)是指利用计算机帮助教师讲授和帮助学生学习的自动化系统，使学生能够轻松自如地从中学到所需要的知识。

5．人工智能

人工智能是利用计算机对人进行智能模拟。它包括用计算机模仿人的感知能力、思维能力和行为能力等。例如使计算机具有识别语言、文字、图形及学习、推理和适应环境的能力等。随着人工智能研究的不断深入，与人类更加接近的"智能机器人"将出现在我们身边。

6．网络应用

随着计算机网络的飞速发展，网络应用已成为计算机技术最重要的应用领域之一。电子邮件、WWW 服务、资料检索、IP 电话、电子商务、电子政务、BBS、远程教育等，不一而足。计算机网络已经并将继续改变人类的生产和生活方式。

7．多媒体应用

目前，多媒体的应用领域正在不断拓宽。在文化教育、技术培训、电子图书、观光旅游、商用及家庭应用等方面，已经出现了不少深受人们欢迎和喜爱的、以多媒体技术为核心的电子出版物，它们以图片、动画、视频片段、音乐及解说等易接受的媒体素材将所反映的内容生动地展现给广大读者。

1.3 计算机信息的表示、存储

本节主要介绍计算机信息的表示和存储，其中包括信息与数据的基本概念、数据的存储方式、存储单位等。

1.3.1 信息与数据

信息(Information)是人们表示一定意义的符号的集合，即信号。它可以是数字、文字、图形、图像、动画、声音等，是人们用以对客观世界直接进行描述、可以在人们之间进行传递的一些知识，与载荷信息的物理设备无关。数据(Data)是指人们看到的形象和听到的事实，是信息的具体表现形式，是各种各样的物理符号及其组合，它反映了信息的内容。数据的形式可以随着物理设备的改变而改变。数据可以在物理介质上记录或传输，并通过外围设备被计算机接收，经过处理而得到结果。当然，有时信息本身是数据化了的，而数据本身就是一种信息。例如，信息处理也叫数据处理，情报检索(Information Retrieval)也叫数据检索，所以信息与数据也可视为同义。

1.3.2 数据的存储

1．数据的存储方式

在日常操作中，我们经常使用十进制数，而计算机内部的数据则是用二进制数表示的。

2. 数据的存储单位

计算机中使用的数据存储单位有位、字节、字等。

1) 位(bit)

位是计算机存储数据的最小单位。一个二进制位只能表示 $2^1=2$ 种状态，要想表示更多的信息，就得把多个位组合起来作为一个整体，每增加一位，所能表示的信息量就增加一倍。例如，ASCII 码用七个二进制位组合编码，能表示 $2^7=128$ 个。

2) 字节(Byte)

字节是数据处理的基本单位，即以字节为单位存储和解释信息。规定一个字节等于 8 个二进制位，即 1B=8bit。通常：1 个字节可存放一个 ASCII 码，2 个字节存放一个汉字国标码，整数用 2 个字节组织存储，单精度实数用 4 个字节组织成浮点形式，而双精度实数利用 8 个字节组织成浮点形式，等等。

存储器的容量大小是以字节数来度量的，经常使用三种度量单位，即 KB、MB 和 GB，其关系如下：

$1KB=2^{10}=1024B$

$1MB=2^{10}\times2^{10}=1024\times1024=1\,048\,576B$

$1GB=2^{10}\times2^{10}\times2^{10}=1024\times1024\times1024=1\,073\,741\,824B$

3) 字(Word)

计算机处理数据时，CPU 通过数据总线一次存取、加工和传送的数据长度称为字。一个字通常由一个字节或若干字节组成。由于字长是计算机一次所能处理的实际位数长度，所以字长是衡量计算机性能的一个重要标志，字长越长，性能越强。

不同型号的计算机，字长也不相同，常用的字长有 8 位、16 位、32 位、64 位等。

1.4　数制与编码

本节简单介绍计算机的数制与编码的相关内容。数制是数值的表示方法；编码是采用少量的基本符号，选用一定的组合原则，以表示大量复杂多样的信息的技术。计算机所表示和使用的数据可分为两大类：数值数据和字符数据。本节主要介绍数值数据的基本概念和转换。

1.4.1　数制的基本概念

计算机是信息处理的工具，信息必须转换成二进制形式的数据后，才能由计算机进行处理、存储和传输。

1. 数制的定义

用一组固定的数字(数码符号)和一套统一的规则来表示数值的方法叫做数制(Number System，也叫记数制)。常用的数制除了十进制外，还有二十四进制(24 小时为一天)、六十进制(60 分钟为一小时)、二进制(手套、筷子两支为一双)等。

2. 十进制计数制

十进制是日常计数方法，由数字 1、2、3、4、5、6、7、8、9、0 组成，逢十进一。数字符又叫数码，数码处于不同的位置(数位)代表不同的数值。

3. R 进制计数制

从对十进制计数制的分析可以得出，对于任意 R 进制计数制同样有基数 R、权 R^i 和按权展开式。其中 R 可以是任意正整数，如二进制的 R 为 2，十进制的 R 为 10，十六进制的 R 为 16 等。

1) 基数

基数是指计数制中所用到的数字符号的个数。在基数为 R 的计数制中，包含 0, 1, …, R-1 共 R 个数字符号，进位规律是"逢 R 进一"，称为 R 进位计数制，简称 R 进制。例如十进制(Decimal)数包含 0、1、2、3、4、5、6、7、8、9 十个数字符，它的基数 R=10。

为区分不同数制的数，书中约定对于任意 R 进制的数 N，记作：$(N)_R$。例如 $(10101)_2$、$(7034)_8$、$(AE06)_{16}$ 分别表示二进制数 10101、八进制数 7034 和十六进制数 AE06。不用括号及下标的数，默认为十进制数，如 256。人们一般习惯在一个数的后面加上字母 D(十进制)、B(二进制)、Q(八进制)、H(十六进制)来表示其前面的数用的是什么进制。如 10101B 表示二进制数 10101；7034Q 表示八进制数 7034；AE06H 表示十六进制数 AE06。

2) 权(位值)

数制每一位所具有的值称为权。

R 进制数的位权是 R 的整数次幂。例如，十进制数的位权是 10 的整数次幂，其个位的位权是 10^0，十位的位权是 10^1，以此类推。

3) 数值的按权展开

任意 R 进制数的值都可表示为：各位数值与其权的乘积之和。例如二进制数 110.01 的按权展开

$$101.01B = 1 \times 2^2 + 0 \times 2^1 + 1 \times 2^0 + 0 \times 2^{-1} + 1 \times 2^{-2}$$

这种过程叫做数值的按权展开。任意一个具有 n 位整数和 m 位小数的 R 进制数 N 的按权展开如下：

$$(N)_R = a_{n-1} \times R^{n-1} + a_{n-2} \times R^{n-2} + \cdots + a_2 \times R^2 + a_1 \times R^1 + a_0 \times R^0 + a_{-1} \times R^{-1} + \cdots + a_{-m} \times R^{-m}$$

$$= \sum_{i=-m}^{n-1} a_i \times R^i$$

其中，a_i 为 R 进制的数码。

1.4.2　二进制、十进制和十六进制数

通过上述数制的介绍，相信读者对数制有了一定的理解。下面具体对二进制、十进制和十六进制数作一小结，并对各种数制间的转换加以介绍。

1. 十进制

十进制具有以下特点。

(1) 有十个不同的数码符号 0、1、2、3、4、5、6、7、8、9。

(2) 每一个数码符号根据它在这个数中所处的位置(数位),按"逢十进一"来决定其实际数值,即各数位的位权是以 10 为底的幂次方。

我们可归纳出,任意一个十进制数 N,可表示成如下形式: $(N)_{10}=K_{n-1}\times10^{n-1}+K_{n-2}\times10^{n-2}+\cdots+K_1\times10^1+K_0\times10^0+K_{-1}\times10^{-1}+K_{-2}\times10^{-2}+\cdots+K_{-m+1}\times10^{-m+1}+K_{-m}\times10^{-m}$,其中 K 为数位上的数码,其取值范围为 $0\sim9$;n 为整数位个数,m 为小数位个数,10 为基数,10^{n-1}, 10^{n-2}, $\cdots$, 10^1, 10^0, 10^{-1}, $\cdots$, 10^{-m} 是十进制数的位权。在计算机中,一般用十进制数作为数据的输入和输出。

2. 二进制

二进制具有以下特点。

(1) 有两个不同的数码符号 0、1。

(2) 每一个数码符号根据它在这个数中所处的位置(数位),按"逢二进一"来决定其实际数值,即各数位的位权是以 2 为底的幂次方。

二进制的明显缺点是:数字冗长,书写麻烦且容易出错,不方便阅读。所以,在计算机技术文献的书写中,常用十六进制数表示。

3. 十六进制

十六进制具有以下特点。

(1) 有 16 个不同的数码符号 0、1、2、3、4、5、6、7、8、9、A、B、C、D、E、F。

(2) 每一个数码符号根据它在这个数中所处的位置(数位),按"逢十六进一"来决定其实际数值,即各数位的位权是以 16 为底的幂次方。

应当指出,二进制和十六进制都是计算机中常用的数制,所以,在一定数值范围内有时需要直接写出它们之间的对应表示。表 1-1 列出了 $0\sim15$ 这 16 个十进制数与其他两种数制的对应关系。

表 1-1 三种计数制的对应表示

十进制	二进制	十六进制	十进制	二进制	十六进制
0	0000	0	8	1000	8
1	0001	1	9	1001	9
2	0010	2	10	1010	A
3	0011	3	11	1011	B
4	0100	4	12	1100	C
5	0101	5	13	1101	D
6	0110	6	14	1110	E
7	0111	7	15	1111	F

4. 各种数制间的转换

对于各种数制间的转换,重点要求掌握二进制整数与十进制整数之间的转换。

1) R 进制数转换成十进制数。

任意 R 进制数据按权展开、相加即可得到十进制数据。下面是将二进制、八进制、十六进制数转换为十进制数的例子。

例 1.1 将二进制数 1110.101 转换成十进制数。

$1010.101B = 1×2^3+0×2^2+1×2^1+0×2^0+1×2^{-1}+0×2^{-2}+1×2^{-3}$

$\qquad\qquad = 8+0+2+0.5+0.125 = 10.625D$

例 1.2 将十六进制数 2BF 转换成十进制数。

$2BFH = 2×16^2+11×16^1+15×16^0 = 512+176+15 = 703D$

2) 十进制数转换成 R 进制数

十进制数转换成 R 进制数，须将整数部分和小数部分分别进行转换。

(1) 整数转换。除 R 取余法规则，用 R 去除给出的十进制数的整数部分，取其余数作为转换后的 R 进制数据的整数部分最低位数字；再用 2 去除所得的商，取其余数作为转换后的 R 进制数据的高一位数字；第三步重复执行第二步操作，一直到商为 0 结束。

例 1.3 将十进制整数 53 转换成二进制整数。

按整数转换方法得

所以 53D=110101B。

(2) 小数转换。乘 R 取整法规则，用 R 去乘给出的十进制数的小数部分，取乘积的整数部分作为转换后 R 进制小数点后第一位数字；再用 R 去乘上一步乘积的小数部分，然后取新乘积的整数部分作为转换后 R 进制小数的低一位数字；重复第二步操作，一直到乘积为 0，或已得到要求精度数位为止。

提示： 了解了十进制整数转换成二进制整数的方法以后，再学习十进制整数转换成十六进制整数的方法就很容易了。十进制整数转换成十六进制整数的方法是"除 16 取余法"。

3) 二进制数与十六进制数间的相互转换

用二进制数编码存在这样一个规律：n 位二进制数最多能表示 2^n 种状态，分别对应 0, 1, 2, 3, …, 2^{n-1}。可见，用四位二进制数就可对应表示一位十六进制数。其对照关系如表 1-1 所示。

(1) 二进制整数转换成十六进制整数。

从小数点开始分别向左或向右，将每 4 位二进制数分成 1 组，不足 4 位数的补 0，然后将每组用 1 位十六进制数表示即可。

例 1.4 将二进制整数 1111101011001B 转换成十六进制整数。

分组得 0001,1111,0101,1001。在所划分的二进制数组中，第一组是不足四位经补 0 而成的。再以一位十六进制数字符替代每组的四位二进制数字得

$$0001\ 1111\ 0101\ 1001$$
$$1\qquad F\qquad 5\qquad 9$$

故得结果：1111101011001B=1F59H。

(2) 十六进制整数转换成二进制整数。

将每位十六进制数用 4 位二进制数表示即可。

例 1.5 将 3FCH 转换成二进制数。

因为　　　3　　　　F　　　　C
　　　　　0011　　　1111　　　1100

故得结果：3FCH=001111111100B。

1.4.3 数值的编码

对于数值数据的表示还有两个需要解决的问题，即数的正、负符号和小数点位置的表示。计算机中通常以"0"表示正号，"1"表示负号，进一步又引入了原码、反码和补码等编码方法。为了表示小数点位置，计算机中又引入了定点数和浮点数表示法。有关数据在计算机内部的具体表示方法已远远超出本教材的范围，略去不讲。

1.5 字符的编码

本节将讲述字符和汉字的编码，了解编码的概念有利于掌握计算机的应用。

1.5.1 西文字符的编码

计算机中将非数字的符号表示成二进制形式，叫做字符编码。为了在世界范围内进行信息的处理与交换，必须遵循一种统一的编码标准，目前，计算机中广泛使用的编码有 BCD 码和 ASCII 码。

ASCII(American Standard Code for Information Interchange)，即美国信息交换标准代码。ASCII 码有 7 位版本和 8 位版本两种，原国际上通用的是 7 位版本，7 位版本的 ASCII 码有 128 个元素，只需用 7 个二进制位(2^7=128)表示，其中控制字符 34 个，阿拉伯数字 10 个，大小写英文字母 52 个，各种标点符号和运算符号 32 个。在计算机中实际用 8 位表示一个字符，最高位为"0"。BCD (扩展的二—十进制交换码)是西文字符的另一种编码，采用 8 位二进制表示，共有 256 种不同的编码，可表示 256 个字符，IBM 系列大型机采用的就是 BCD 码。

1.5.2 汉字的编码

计算机对汉字信息的处理过程实际上是各种汉字编码间的转换过程。这些编码主要包括汉字信息交换码(国标码)、汉字输入码、汉字内码、汉字字形码及汉字地址码等。

1. 汉字信息交换码(国标码)

汉字信息交换码是用于汉字信息处理系统之间或者通信系统之间进行信息交换的汉字代码,简称"交换码",也叫国标码。它是为使系统、设备之间交换信息时采用统一的形式而制定的。我国于 1981 年颁布了国家标准——《信息交换用汉字编码字符集——基本集》,代号"GB 2312—80",即国标码。

国标码规定了进行一般汉字信息处理时所用的 7445 个字符编码,其中有 6763 个常用汉字和 682 个非汉字字符(图形、符号),汉字代码中又有一级汉字 3755 个,以汉语拼音为序排列,二级汉字 3008 个,以偏旁部首进行排列。

类似西文的 ASCII 码表,汉字也有一张国标码表。国标 GB 2312—80 规定,所有的国际汉字和符号组为一个 94×94 的矩阵。在该矩阵中,每一行称为"区",每一列称为一个"位"。显然,区号范围是 1～94,位号范围也是 1～94。这样,一个汉字在表中的位置可用它所在的区号与位号来确定。一个汉字的区号与位号的组合就是该汉字的"区位码"。区位码的形式:千位地址的高两位为区号,低两位为位号。区位码与每个汉字具有一一对应的关系。国标码在区位码表中的安排:1～15 区是非汉字图形符区;16～55 区是一级常用汉字区;56～87 区是二级次常用汉字区;88～94 区是保留区,可用来存储自造字代码。实际上,区位码也是一种输入法,其最大优点是一字一码的无重码输入法,最大的缺点是难以记忆。

2. 汉字输入码

为将汉字输入计算机而编制的代码称为汉字输入码,也叫外码。目前,汉字主要是经标准键盘输入计算机的,所以,汉字输入码都由键盘上的字符或数字组合而成。汉字输入码是根据汉字的发音或字形结构等多种属性和汉语有关规则编制的,目前流行的汉字输入码的编码方案有很多。全拼输入法和双拼输入法是根据汉字的发音进行编码的,称为音码;五笔型输入法是根据汉字的字形结构进行编码的,称为形码;自然码输入法是以拼音为主、辅以字形字义进行编码的,称为音形码。

3. 汉字内码

汉字内码是为在计算机内部对汉字进行存储、处理和传输而编制的汉字代码,它应能满足存储、处理和传输的要求。当一个汉字输入计算机后就转换为内码,然后才能在机器内流动、处理。汉字内码的形式也多种多样。目前,对应于国标码,一个汉字的内码也用 2 个字节存储,并把每个字节的最高二进制位置"1"作为汉字内码的标识,以免与单字节的 ASCII 码产生歧义。如果用十六进制来表述,就是把汉字国标码的每个字节上加一个 80H(即二进制数 10000000)。例如,汉字"中"的国标码为 5650H$(0101011001010000)_2$,机内码为 D6D0H$(1101011011010000)_2$。

4. 汉字字形码

要将汉字通过显示器或打印机输出,必须配置相应的汉字字形码,用以区分"宋体"、"楷体"和"黑体"等各种字体。

每个汉字的字形都必须预先存放在计算机内,常称汉字库。描述汉字字形的方法主要有点阵字形和轮廓字形两种。目前，汉字字形的产生方式大多是用点阵方式形成汉字，即用点阵表示的汉字字形代码。汉字是方块字，将方块等分成有 n 行 n 列的格子，简称它为点阵。凡笔画所到的格子点为黑点，用二进制数"1"表示，否则为白点，用二进制数"0"表示。这样，一个汉字的字形就可用一串二进制数表示了。

5. 汉字地址码

汉字地址码是指汉字库(这里主要指整字形的点阵式字模库)中存储汉字字形信息的逻辑地址码。汉字库中，字形信息都是按一定顺序(大多数按标准汉字交换码中汉字的排列顺序)连续存放在存储介质上，所以，汉字地址码也大多是连续有序的，而且与汉字内码间有着简单的对应关系，以简化汉字内码到汉字地址码的转换。

1.6　指令和程序设计语言

本节简要介绍计算机指令、程序和程序设计语言的概念。计算机之所以能够按照人们的安排自动运行，是因为采用了存储程序控制的方式。简单地说，程序就是一组计算机指令序列。

1.6.1　计算机指令与程序

计算机的工作过程就是执行程序的过程，而程序则由按顺序存放的指令组成，计算机在工作时，就是按照预先规定的顺序，取出指令、分析指令、执行指令，完成规定的操作。

1. 指令(Instruction)

简单说来，指令就是指挥机器工作的指示和命令，程序就是一系列按一定顺序排列的指令，执行程序的过程就是计算机的工作过程。通常一条指令包括两方面的内容：操作码和操作数，操作码决定要完成的操作，如加、减、乘、除、传送等；操作数指参加运算的数据及其所在的单元地址。操作数指出参与操作的数据和操作结果存放的位置。

通常，一台计算机能够完成多种类型的操作，而且允许使用多种方法表示操作数的地址。因此，一台计算机可能有多种多样的指令，这些指令的集合称为该计算机的指令系统。指令系统反映了计算机所拥有的基本功能，分为以下两种。

- 复杂指令系统(CISC)：不断地增加指令系统中的指令，增加指令复杂性及其功能，即增加新的指令来代替可由多条简单指令组合完成的功能，如现用 PC 机中 MMX 多媒体扩展指令等，以此来提高计算机系统的性能。
- 简化指令系统(RISC)：其基本思想是简单的指令能执行得更快以及指令系统只需由使用频率高的指令组成。

2. 程序

程序是设计者为解决某一问题而设计的一组排列有序的指令序列，这些指令要求被逐一执行。它表达了程序员要求计算机执行的操作。程序是以某种语言为工具编制出来的，下面简单介绍程序设计语言。

1.6.2　程序设计语言

程序设计语言,通常简称为编程语言,是一组用来定义计算机程序的语法规则。它是一种被标准化的交流技巧,用来向计算机发出指令。计算机语言可以让程序员准确地定义计算机所要使用的数据,并精确地定义在不同情况下所应当采取的行动。程序设计语言通常分为机器语言、汇编语言和高级语言三类。

1. 机器语言(Machine Language)

机器语言又称低级语言、二进制代码语言。它是用二进制代码表示的计算机能直接识别和执行的一种机器指令的集合。计算机可以直接识别机器语言,不需要进行任何翻译。但是,在某种类型计算机上编写的机器语言程序不能在另一类型计算机上使用。也就是说,机器语言的可移植性差。

2. 汇编语言(Assemble Language)

汇编语言是一种功能很强的程序设计语言,也是利用计算机所有硬件特性并能直接控制硬件的语言。在汇编语言中,用助记符号(Mnemonic)代替操作码,用地址符号(Symbol)或标号(Label)代替地址码。这样用符号代替机器语言的二进制码,就把机器语言变成了汇编语言。因此汇编语言亦称为符号语言。

3. 高级程序设计语言

高级语言也称算法语言,是一种更加容易阅读理解而且用它编写的程序具有通用性的计算机语言。其语言接近人们熟悉的自然语言和数学语言,直观易懂,便于程序的编写调试。高级语言的使用,大大提高了编写程序的效率,改善了程序的可读性。不同类型 CPU 的高级语言基本通用。目前常用的高级语言有 Basic、C、C++、C#、Java 等。

与汇编语言相同的是,CPU 不能直接识别高级语言,所以也要把高级语言源程序翻译成目标程序才能执行,因此执行效率不高。高级语言的目标程序可以是机器语言的,也可以是汇编语言的。

1.7　微型计算机系统构成

一台完整的计算机系统通常由硬件(Hardware)和软件(Software)两大部分组成。

硬件是指计算机的物理设备,包括主机及其外部设备。软件是指系统中的程序以及开发、使用和维护程序所需要的所有文档的集合,包括计算机本身运行所需的系统软件和用户完成特定任务所需的应用软件。

硬件是软件发挥作用的舞台和物质基础,软件是使计算机系统发挥强大功能的灵魂,两者相辅相成,缺一不可。计算机系统的组成如图 1-1 所示。

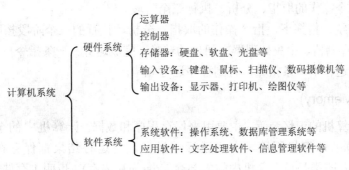

图 1-1　计算机系统的组成示意图

1.7.1　计算机的硬件系统

一台完整计算机的硬件系统应该包括运算器、控制器、存储器、输入设备和输出设备五大部分，这是典型的冯·诺依曼结构，如图 1-2 所示。

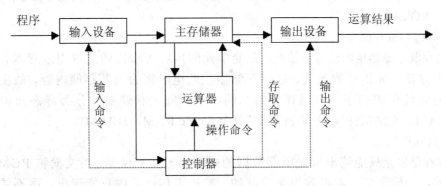

图 1-2　计算机硬件系统组成

1. 运算器(Arithmetical and Logical Unit，ALU)

运算器由算术逻辑单元(ALU)、累加器、状态寄存器、通用寄存器等组成，是计算机的中心部件。计算机运行时，运算器的操作和操作种类由控制器决定。运算器处理的数据来自存储器；处理后的结果数据通常送回存储器，或暂时寄存在运算器中。运算器(ALU)和控制器(CU)两大部件构成了计算机的中央处理器(CPU)。计算机的所有操作都受CPU 控制，所以它的品质直接影响整个计算机系统的性能。

2. 控制器(Control Unit，CU)

控制器是计算机的指挥中心，负责决定执行程序的顺序，给出执行指令时机器各部件需要的操作控制命令。它主要由程序计数器、指令寄存器、指令译码器、时序产生器和操作控制器组成，完成协调和指挥整个计算机系统的操作。具体地说，要完成一次运算，首先要从存储器中取出一条指令，这称为取指过程。接着，它对这条指令进行分析，指出这条指令要完成何种操作，并按寻址特征指明操作数的地址，这称为分析过程。最后，根据操作数所在地址取出操作数，让运算器完成某种操作，这称为执行过程。以上就是通常所说的完成一条指令操作的取指、分析、执行三个阶段。

在控制器的统一指挥下，指令操作的取指、分析、执行的三个阶段按顺序执行，数据则在 I/O 设备、存储器、中央处理器之间自动转换，完成运算。一条指令执行完毕，控制器控制计算机继续运行下一条指令，直到程序运行完毕。

3. 存储器(Memory)

存储器是计算机的记忆装置，主要用来保存程序和数据。计算机中的全部信息，包括输入的原始数据、计算机程序、中间运行结果和最终运行结果都保存在存储器中。存储器分为两大类：一类是设在主机中的内部存储器(简称内存)，也叫主存储器，用于存放当前运行的程序和程序所用的数据，属于临时存储器；另一类是属于计算机外部设备的存储器，叫做外部存储器(简称外存)，也叫辅助存储器。外存属于永久性存储器，存放暂时不用的数据和程序。中央处理器(CPU)只能直接访问存储在内存中的数据，外存中的数据只有先调入内存后，才能被中央处理器访问和处理。

1) 主存储器(Main Memory)

主存储器分为随机存取存储器(Random Access Memory，RAM)和只读存储器(Read Only Memory，ROM)两类。

(1) 随机存取存储器。

随机存取存储器也叫读写存储器。存储单元的内容可按需随意取出或存入，且存取的速度与存储单元的位置无关。这种存储器在断电时将丢失其存储内容，故主要用于存储短时间使用的程序。按照存储信息的不同，随机存储器又分为静态随机存储器(Static RAM，SRAM)和动态随机存储器(Dynamic RAM，DRAM)。

(2) 只读存储器。

只读存储器是只能读出事先所存数据的固态半导体存储器，英文简称 ROM。ROM 所存数据，一般是装入整机前事先写好的，整机工作过程中只能读出，而不像随机存储器那样能快速地、方便地加以改写。ROM 所存数据稳定，断电后所存数据也不会改变；其结构较简单，读出较方便，因而常用于存储各种固定程序和数据。

2) 外部存储器(Auxiliary Memory)

与内存相比，外部存储器的特点是存储量大、价格较低，而且在断电的情况下也可以长期保存信息，所以又称为永久性存储器。目前，常用的有硬盘、光盘、U 盘、移动硬盘等。

4. 输入设备(Input Devices)

输入设备的作用是把要处理的数据输入到存储器中，常用的输入设备有键盘、鼠标、扫描仪和其他输入设备等。

5. 输出设备(Output Devices)

输出设备将计算机的处理过程或处理结果以人们熟悉的文字、图形、图像、声音等形式展现出来，常用的输出设备有显示器、打印机和绘图仪等。

1.7.2　计算机的软件系统

所谓软件，是指为方便使用计算机和提高使用效率而组织的程序以及用于开发、使用和维护的有关文档。软件系统可分为系统软件和应用软件两大类。

1. 系统软件

系统软件由一组控制计算机系统并管理其资源的程序组成，功能包括启动计算机，存储、加载和执行应用程序，对文件进行排序、检索，将程序语言翻译成机器语言等。

1) 操作系统(Operating System，OS)

操作系统是管理、控制和监督计算机软件、硬件资源协调运行的程序系统。它由一系列具有不同控制和管理功能的程序组成，是直接运行在计算机硬件上的最基本的系统软件，是系统软件的核心。

现代操作系统的功能十分丰富，操作系统通常应包括下列五大功能模块。

- 处理器管理。当多个程序同时运行时，解决处理器(CPU)时间的分配问题。
- 作业管理。完成某个独立任务的程序及其所需的数据组成一个作业。
- 存储器管理。为各个程序及其使用的数据分配存储空间，并保证它们互不干扰。
- 设备管理。根据用户提出使用设备的请求进行设备分配，同时还能随时接收设备的请求(称为中断)，如要求输入信息。
- 文件管理。负责文件的存储、检索、共享和保护，为用户提供文件操作的方便。

2) 语言处理系统(翻译程序)

如前所述，机器语言是计算机唯一能直接识别和执行的程序语言。如果要在计算机上运行高级语言程序就必须配备程序语言翻译程序(以下简称翻译程序)。翻译程序本身是一组程序，不同的高级语言都有相应的翻译程序。

3) 服务程序

服务程序能够提供一些常用的服务性功能，它们为用户开发程序和使用计算机提供了方便。像微机上经常使用的诊断程序、调试程序、编辑程序均属此类。

4) 数据库管理系统

数据库是指按照一定联系存储的数据集合，可被多种应用共享，如工厂中职工的信息、医院的病历、人事部门的档案等都可分别组成数据库。数据库管理系统(DataBase Management System，DBMS)则是能够对数据库进行加工、管理的系统软件，其主要功能是建立、消除、维护数据库及对库中数据进行各种操作。

数据库技术是计算机技术中发展最快、应用最广的一个分支。因此，了解数据库技术尤其是微机环境下的数据库应用是非常必要的。

2. 应用软件

为解决各类实际问题而设计的程序系统称为应用软件。从其服务对象的角度，可将应用软件分为通用软件和专用软件两类。

1) 通用软件

这类软件通常是为解决某一类问题而设计的,而这类问题是很多人都会遇到和需要解决的。例如文字处理、表格处理、电子演示、电子邮件收发等是企事业单位日常工作中经常要处理的事情,而 WPS Office 办公软件、Microsoft Office 办公软件就是为解决上述问题而开发的。后面将详细介绍 Microsoft Office 2007 办公软件的应用。

2) 专用软件

在市场上可以买到通用软件,但有些具有特殊功能和需求的软件是无法买到的。比如某个用户希望有一个程序能自动控制厂里的车床,同时也能将各种事务性工作集成起来统一管理。因为它对于一般用户太特殊了,所以只能组织人力单独开发。当然,开发出来的这种软件也只能专用于这一种情况。

综上所述,计算机系统由硬件系统和软件系统组成,两者缺一不可。而软件系统又由系统软件和应用软件组成。操作系统是系统软件的核心,它在每个计算机系统中都是必不可少的,其他系统软件,如语言处理系统可根据不同用户的需要配置不同程序语言编译系统。应用软件则随着各用户的应用领域的不同进行不同的配置。

1.8　回到工作场景

下面回到 1.1 节的工作场景中完成计算机的组装。

【工作过程一】进行相关的准备工作

1) 检查配件

在组装计算机前,需要采购满足配置的各个部件,计算机配件如图 1-3 所示,CPU 采用 Intel Core i5 760、主板采用技嘉 GA-H55M-S2 1、内存采用威刚 2GB DDR3 1333、硬盘采用 WD 500GB 7200 转。除了要精心挑选上述四大部件外,其他组件亦要根据电脑的实际用途进行选择。

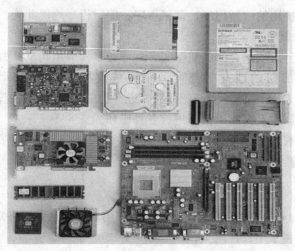

图 1-3　计算机配件

2) 认真阅读部件的使用说明书并对照实物熟悉各部件

仔细阅读主板和各种板卡的说明书，熟悉 CPU 插座、电源插座、内存插槽、IDE(硬盘、光驱)接口、软驱接口等的位置及方位。

【工作过程二】开始计算机组装流程

消除身上的静电后，即可按下述步骤组装计算机。

(1) 在主板上安装 CPU、CPU 风扇、电源线和内存条。

(2) 打开机箱，固定电源，然后在机箱底板上固定主板，并根据需要设置跳线。主板上通常有几组跳线插针座。设置跳线时，需查阅主板说明书，在主板上把 CPU 的外频和倍频调整好(如果是软跳线 Soft Configuration 的，则在开机的时候调)。

设置 CPU 的工作状态主要是指设置它的工作频率及工作电压。不同的主板和 CPU，其设置一般也是不同的。现在的主板都会根据所安装的 CPU 类型自动设置相应的电压，只要把 CPU 安装好，就不用再进行电压调整，而只需设置 CPU 工作频率。

由于现在选用的主板一般能自动识别 CPU 主频，所以通常不用跳线。

(3) 连接主板电源线，连接主板与机箱面板上的开关、指示灯、电源开关等连线。

(4) 安装显示卡；连接显示器，连接键盘和鼠标。

(5) 安装软驱、硬盘和光驱，并连接它们的电源线和数据线。

(6) 安装声卡并连接音箱。

(7) 开机前的最后检查和内部清理，加电测试，如有故障应及时排除。

(8) 开机运行 BIOS 设置程序，设置系统 CMOS 参数。

(9) 保存新的配置，使用启动盘重新启动系统。

(10) 初始化硬盘，即对硬盘进行分区，再将各逻辑驱动器高级格式化。

(11) 安装操作系统，安装硬件驱动程序。

(12) 安装应用软件。

组装计算机硬件时，要根据主板、机箱的不同结构和特点来决定组装的顺序，以安全和便于操作为原则。

【工作过程三】进行组装后的初步检查和调试

1) 组装后的初步检查

当内部与外设都安装就绪后，连接主机箱的电源线，在接通电源之前应先作以下初步检查。

(1) 检查主机板内所有电缆连接，看看连接是否牢靠，方向是否正确。

(2) 电源开关处的连线是否按要求连接。

(3) CPU 的风扇电源是否已连上。

(4) 内存条是否接触良好。

(5) 硬盘、软驱、光驱的电源和信号线是否接好，方向是否正确。

(6) 抬起主机箱轻轻摇动，看看是否有小螺钉、螺丝等碎渣掉在主机板上。

(7) 用万用表检查一下电源插头和电源电压是否为 220V。

2) 调试

初步检查通过后,开机检查,开关机时一定要遵循正确的顺序,开机一定要先开外设,如 UPS 电源、显示器,再开主机;关机时的顺序相反。启动后看电源指示灯亮否,看显示器上的显示是否自检。如果一切正常,则说明计算机安装成功;否则应关机检查全过程,并根据出现的各种现象进行调试。

 ## 1.9　工作实训营

1. 训练内容

结合图 1-2 "计算机硬件系统组成",说出计算机硬件的组成和各部分的作用。

2. 训练要求

(1) 复习计算机的硬件组成。

(2) 回顾硬件装配操作规程。

(3) 结合计算机的硬件组成,理解计算机的基本工作原理。

 ## 本章习题

一、选择题

(1) 世界上第一台电子计算机研制成功的时间是_____。

    A. 1942 年　　　　B. 1943 年　　　　C. 1946 年　　　　D. 1950 年

(2) 以程序控制为基础的计算机结构是由_____最早提出的。

    A. 卡诺　　　　　B. 巴布尔　　　　C. 图灵　　　　　D. 冯·诺依曼

(3) CAD 是计算机主要应用领域,它的含义是_____。

    A. 计算机辅助教育　　　　　　　B. 计算机辅助测试

    C. 计算机辅助设计　　　　　　　D. 计算机辅助管理

(4) 计算机中数据的表示形式是_____。

    A. 二进制　　　　B. 八进制　　　　C. 十进制　　　　D. 十六进制

(5) 微型计算机硬件系统中最核心的部件是_____。

    A. 主板　　　　　B. CPU　　　　　C. 内存储器　　　D. I / O 设备

二、填空题

(1) 从第一台计算机诞生算起,计算机的发展至今已经历了_____、_____、_____和_____4 个阶段。

(2) 计算机中数据的表示形式是_____。

(3) 二进制的基数是_____,在第 i 位上的位权为_____。

(4) ASCII 码采用_____编码，可表示_____个字符，其中包括_____等。

(5) 计算机的软件系统通常分为_____和_____。

三、操作题

(1) 将二进制数$(1011.01)_2$转换成十进制数。

(2) 将十进制数$(115)_{10}$转换成二进制数。

第 2 章

Windows 7 操作系统

本章要点

- Windows 7 操作系统的安装
- Windows 7 操作系统的启动和退出
- 【开始】菜单、桌面、窗口、菜单、对话框等基本概念
- 窗口、任务栏的操作
- 文件及文件夹的管理
- Windows 7 操作系统的个性设置

技能目标

- 窗口、任务栏的操作
- 文件及文件夹的管理
- 系统的个性设置

2.1　工作场景导入

【工作场景】 Windows 7 操作系统的备份

　　小王是某公司信息技术部门的负责人，为了防止公司计算机的数据及应用等因计算机故障造成丢失及损坏，需要及时将 Windows 7 操作系统进行备份，确保在计算机发生故障时可以迅速还原系统，从而不影响公司的正常工作。那么，如何进行 Windows 7 操作系统的备份呢？

【引导问题】

　　(1) 你会安装 Windows 7 操作系统吗？

　　(2) 在 Windows 7 操作系统中，你会进行窗口和任务栏的操作、文件夹及文件的相关操作吗？

　　(3) 你会进行 Windows 7 操作系统的备份吗？

2.2　操作系统基础

　　本节主要介绍操作系统的基础知识，包括操作系统的功能、发展、常用的操作系统，同时对 Windows 7 操作系统的特性进行简单的介绍。

2.2.1　操作系统的功能

　　操作系统是管理计算机软、硬件资源，控制程序运行，改善人机界面和为应用软件提供运行环境的系统软件。操作系统通过对处理器、存储器、文件和设备的管理来实现对计算机的管理。

2.2.2　操作系统的发展概况

　　计算机的操作系统是随着计算机系统结构和使用方式的发展而逐步产生的。

　　早期计算机采用人工操作方式，即操作员将"写"有程序和数据的纸带装进输入机，输入程序和数据，然后通过控制台的开关启动程序运行。当程序执行完毕，输出计算结果，并取出纸带后，才能开始下一个任务。这种人工操作的方式存在两个缺点：一是计算机只能执行一个任务；二是 CPU 等待人工操作。随着计算机规模的不断扩大、处理器运算速度的加快，这种操作方式严重影响了计算机的工作效率。后来便相继出现了批处理的方式、多任务的分时系统。为了有效、合理地管理计算机系统中的各种资源，控制与协调各任务的执行，并提供人机交互界面等，便产生了操作系统。

2.2.3　常用操作系统

目前常用的操作系统有 DOS、Windows、UNIX、Linux 等，其中 Windows 系列是微软公司推出的基于图形用户界面的操作系统，是目前世界上应用最广泛的操作系统。

1. DOS(Disk Operating System)

DOS 是 1981 年推出的应用于个人计算机的磁盘操作系统，全名叫 MS-DOS。MS-DOS 是字符界面的操作系统，用户使用键盘命令控制计算机的使用。

2. Windows 操作系统

Windows 操作系统是 20 世纪 80 年代发展起来的图形界面操作系统，由美国微软公司 (Microsoft)研制开发。1990 年推出了 Windows 3.0；1995 年推出了 Windows 95；2000 年推出了 Windows 2000；2001 年推出了 Windows XP；2007 年推出了 Windows Vista；2009 年推出了 Windows 7。

3. UNIX/Xenix 操作系统

UNIX 是 1969 年推出的一种多用户多任务操作系统，具有简便性、通用性、可移植性和开放性等特点。1980 年 UNIX 操作系统被移植到 80286 微机上，称为 Xenix，其特点是短小精悍、运行速度快。

4. Linux 操作系统

Linux 是一套专门为个人计算机所设计的操作系统。Linux 操作系统具有开放性、多用户、多任务、良好的用户界面、设备的独立性、丰富的网络功能、可靠的系统安全和良好的可移植性等特点，并且可以自由传播，用户可以修改它的源代码。

2.2.4　Windows 7 的基础知识

Windows 7 是微软继 Windows XP、Vista 之后的操作系统，它比 Vista 性能更高、启动更快、兼容性更强，具有很多新特性和优点，比如提高了屏幕触控支持和手写识别，支持虚拟硬盘，改善多内核处理器，改善了开机速度和内核等。

1. 更易用

Windows 7 作了许多方便用户的设计，如快速最大化、窗口半屏显示、跳转列表(Jump List)、系统故障快速修复等，这些新功能令 Windows 7 成为最易用的 Windows。

2. 更快速

Windows 7 大幅缩减了 Windows 的启动时间，据实测，在 2008 年的中低端配置下运行，系统加载时间一般不超过 20 秒，这与 Windows Vista 的 40 余秒相比，是一个很大的进步。

3. 更简单

Windows 7 将会让搜索和使用信息更加简单，包括本地、网络和互联网搜索功能，直观的用户体验将更加高级。还会整合自动化应用程序提交和交叉程序数据透明性。

4. 更安全

Windows 7 包括改进了的安全和功能合法性，还会把数据保护和管理扩展到外围设备。Windows 7 改进了基于角色的计算方案和用户账户管理，在数据保护和坚固协作的固有冲突之间搭建沟通的桥梁，同时也会开启企业级的数据保护和权限许可。

5. 节约成本

Windows 7 可以帮助企业优化它们的桌面基础设施，具有无缝操作系统、应用程序和数据移植功能，并简化 PC 供应和升级。

2.3 Windows 7 的安装、启动和退出

本节主要介绍 Windows 7 系统对计算机硬件配置的基本要求、Windows 7 系统安装前的准备工作及其安装过程。

2.3.1 Windows 7 操作系统的安装

1. 安装前的准备

在安装 Windows 7 之前，需要通过 BIOS 设置光盘为第一启动盘，操作步骤如下。

(1) 在计算机启动过程中根据界面上的提示按下 Delete 键不放，之后会进入 CMOS 设置界面，通过键盘上的方向键选择 Advanced BIOS Feature 选项，然后按下 Enter 键，如图 2-1 所示。

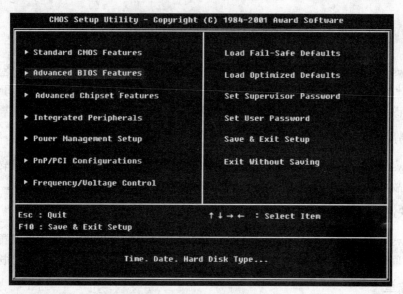

图 2-1　CMOS 设置界面

(2) 进入 BIOS 设置界面，用方向键选择 First Boot Device 选项，然后按下 Enter 键；在弹出的列表中用方向键选择 CDROM 选项，然后按下 Enter 键，第一启动盘就被设置成光盘，如图 2-2 所示。

图 2-2　BIOS 设置界面

(3) 按 Esc 键退出 BIOS 设置，回到主界面。用方向键选择 Save & Exit Setup 选项，按 Enter 键，弹出一对话框，按 Y 键，然后按 Enter 键，即可完成设置。

提示：进入不同的 BIOS 的方法可能也会有不同。一般情况下是按 Delete 键进入 BIOS，有的是按 F2 或 Tab 键进入 BIOS 的。一般开机后屏幕左下角会出现 Press<某键> To Enter Setup 的提示，按照提示按下相应键即可进入 BIOS。

2. 安装 Windows 7

设置好启动顺序后，将 Windows 7 系统安装盘放入光驱中，然后重新启动计算机，根据提示按任意键从 DVD 光驱启动，之后进入 Windows 7 的安装过程。

(1) 系统通过光盘引导之后，进入 Windows 7 的初始安装界面，如图 2-3 所示。

(2) 单击【现在安装】按钮，弹出如图 2-4 所示的对话框。

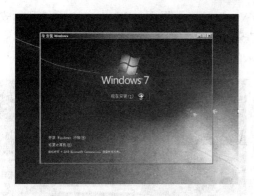

图 2-3　【现在安装】按钮

图 2-4　获取安装的重要更新

(3) 双击第二个选项，弹出如图 2-5 所示的对话框。进入协议许可界面，选中【我接受许可条款】复选框，单击【下一步】按钮，即进入安装方式选择界面，单击【自定义(高级)】选项，如图 2-6 所示。

图 2-5　协议许可界面

图 2-6　安装方式选择界面

(4) 指定操作系统的安装位置。此时可以选择硬盘中的已有分区，或者使用硬盘上的未占用空间创建分区，如图 2-7 所示。

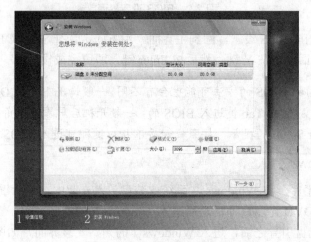
图 2-7　Windows 7 安装分区

(5) 单击【下一步】按钮进入【正在安装 Windows…】界面，Windows 7 系统开始安装操作，并且依次完成安装功能、安装更新等步骤，如图 2-8 所示。

(6) 安装完成之后，系统弹出如图 2-9 所示的对话框。

图 2-8　Windows 7 的安装过程

图 2-9　Windows 7 国家与地区设置

(7) 单击【下一步】按钮进入创建用户名界面，在【输入用户名】文本框中输入一个用户名；在【输入计算机名】文本框中输入计算机名，或者保持默认也可，如图 2-10 所示。

(8) 单击【下一步】按钮进入输入密钥界面，输入正确的产品密钥，单击【下一步】按钮继续；若只是使用测试版，则无须输入产品密钥，直接单击【下一步】按钮，如图 2-11 所示。

图 2-10　创建用户名　　　　　　　　　　　图 2-11　输入密钥

(9) 进入帮助自动保护计算机界面设置安全选项，一般情况下选择【使用推荐设置】选项，如图 2-12 所示。

(10) 进入【查看时间和日期设置】界面，设置正确的时间和日期，如图 2-13 所示。当然也可以在安装成功后进行设置。

(11) 系统进行最后的安装，直到出现期待已久的 Windows 7 桌面时，安装即告完成。

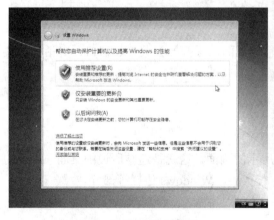
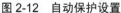

图 2-12　自动保护设置　　　　　　　　　　图 2-13　设置时间和日期

2.3.2　Windows 7 操作系统的启动

开启计算机后，Windows 7 系统将自动开始进入工作状态，待系统自检和引导程序加载完毕之后，屏幕上将出现如图 2-14 所示的登录界面，此时输入安装系统时候设置的密码即可成功登录 Windows 7 系统。

图 2-14　Windows 7 登录界面

2.3.3　Windows 7 操作系统的退出

单击屏幕中左下角的【开始】按钮，在弹出的菜单中单击按钮，即可完成 Windows 7 系统的关闭操作。

2.4　Windows 7 的基本概念

本节将介绍 Windows 7 中的基本概念，包括桌面、【开始】菜单、窗口、对话框、菜单的概念和组成。

2.4.1　桌面

启动 Windows 7 以后，会出现如图 2-15 所示的画面，这就是通常所说的桌面。用户的工作都是在桌面上进行的。桌面上包括图标、任务栏、Windows 边栏等部分。

1. 桌面图标

桌面上的小图片称为图标(见图 2-15)，它可以代表一个程序、文件、文件夹或其他项目。Windows 7 的桌面上通常有【计算机】、【回收站】等图标和其他一些程序文件的快捷方式图标。

- 【计算机】表示当前计算机中的所有内容。双击这个图标可以快速查看硬盘、CD-ROM 驱动器以及映射网络驱动器的内容。
- 【回收站】中保存着用户从硬盘中删除的文件或文件夹。当用户误删除或再次需要这些文件时，还可以到【回收站】中将其取回。

图 2-15 Windows 7 桌面

2. 任务栏

任务栏是位于屏幕底部的一个水平的长条，由【开始】按钮、【快速启动】工具栏、任务按钮区、通知区域四个部分组成，如图 2-16 所示。

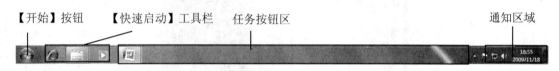

图 2-16 任务栏

- 【开始】按钮：用于打开【开始】菜单。
- 【快速启动】工具栏：单击其中的按钮即可启动程序。
- 任务按钮区：显示已打开的程序和文档窗口的缩略图，并且可以在它们之间进行快速切换。单击任务按钮可以快速地在这些程序中进行切换。也可在任务按钮上右击，通过弹出的快捷菜单对程序进行控制。
- 通知区域：包括时钟、输入法、音量以及一些告知特定程序和计算机设置状态的图标。

3. Windows 边栏

Windows 边栏可以显示一些小工具，如便笺、股票、联系人、日历、时钟、天气、图片拼图板等，通过一些简单的操作便可以查询常用的信息。

2.4.2 【开始】菜单

【开始】菜单是电脑程序、文件夹和设置的主门户，使用【开始】菜单可以方便地启动应用程序、打开文件夹、访问 Internet 和收发邮件等，也可对系统进行各种设置和管理。【开始】菜单的组成如图 2-17 所示。

- 左窗格：用于显示计算机上已经安装的程序。
- 右窗格：提供了对常用文件夹、文件、设置和其他功能访问的链接，如图片、文档、音乐、控制面板等。

- 用户图标：代表当前登录系统的用户。单击该图标，将打开【用户账户】窗口，以便进行用户设置。
- 搜索框：输入搜索关键词，单击【搜索】按钮即可在系统中查找相应的程序或文件。
- 系统关闭工具：其中包括一组工具，可以注销 Windows、关闭或重新启动计算机，也可以锁定系统或切换用户，还可以使系统休眠或睡眠。

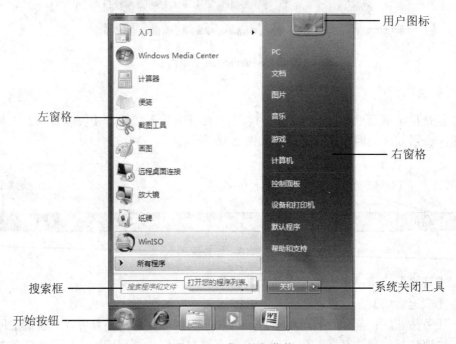

图 2-17 　【开始】菜单

2.4.3　窗口

每次打开一个应用程序或文件、文件夹后，屏幕上出现的一个长方形的区域就是窗口。在运行某一程序或在这个过程中打开一个对象，会自动打开一个窗口。下面以【计算机】窗口为例，介绍一下窗口的组成，如图 2-18 所示。

窗口的各组成部分及其功能介绍如下。

- 地址栏：在地址栏中可以看到当前打开窗口在计算机或网络上的位置。在地址栏中输入文件路径后，单击 ▸ 按钮，即可打开相应的文件。
- 搜索栏：在【搜索】框中输入关键词筛选出基于文件名和文件自身的文本、标记以及其他文件属性，可以在当前文件夹及其所有子文件夹中进行文件或文件夹的查找。搜索的结果将显示在文件列表中。
- 前进和后退按钮：使用【前进】和【后退】按钮导航到曾经打开的其他文件夹，而无须关闭当前窗口。这些按钮可与【地址】栏配合使用，例如，使用地址栏更改文件夹后，可以使用【后退】按钮返回到原来的文件夹。

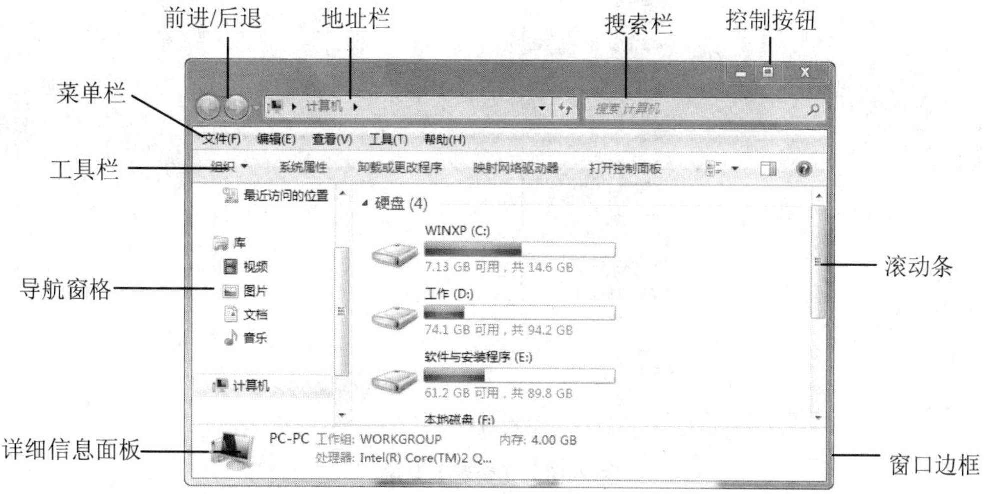

图 2-18　【计算机】窗口

- 菜单栏：显示应用程序的菜单选项。单击每个菜单选项可以打开相应的子菜单，从中可以选择需要的操作命令。
- 工具栏：提供一些工具按钮，可以直接单击这些按钮来完成相应的操作，以加快操作速度。
- 控制按钮：单击【最小化】按钮，可以使应用程序窗口缩小成屏幕下方任务栏上的一个按钮，单击此按钮可以恢复窗口的显示；单击【最大化】按钮，可以使窗口充满整个屏幕。当窗口为最大化窗口时，此按钮便变成【还原】按钮，单击此按钮可以使窗口恢复到原来的状态；单击按钮可以关闭应用程序窗口。
- 窗口边框：用于标识窗口的边界。用户可以用鼠标拖动窗口边框以调节窗口的大小。
- 导航窗格：用于显示所选对象中包含的可展开的文件夹列表，以及收藏夹链接和保存的搜索。通过导航窗格，可以直接导航到所需文件的文件夹。
- 滚动条：拖动滚动条可以显示隐藏在窗口中的内容。
- 详细信息面板：用于显示与所选对象关联的最常见的属性。

2.4.4　菜单

菜单是一种形象化的称呼，它是一张命令列表，用户可以从菜单中选择所需的命令来指示程序执行相应的操作。

主菜单是程序窗口构成的一部分，一般位于程序窗口的地址栏下，几乎包含了该程序所有的操作命令。常见的主菜单包括【文件】、【编辑】、【查看】、【工具】、【帮助】等，单击这些菜单选项，将会弹出下拉菜单，从而可以选择相应的命令。例如，在计算机窗口中单击【查看】菜单选项，即可打开如图 2-19 所示的菜单。

图 2-19　【查看】菜单

下面来认识【查看】菜单中各命令的含义。

- 勾选标记 ✓：如果某菜单命令前面有勾选标记，则表示该命令处于有效状态，单击此菜单命令将取消该勾选标记。
- 圆点标记 ●：表示该菜单命令处于有效状态，与勾选标记的作用基本相同。但 ● 是一个单选标记，在一组菜单命令中只允许一个菜单命令被选中，而 ✓ 标记无此限制。
- 省略号标记 ⋯：选择此类菜单命令，将打开一个对话框。
- 向右箭头标记 ▶：选择此类菜单命令，将在右侧弹出一个子菜单，如图 2-19 所示。
- 字母标记：在菜单命令的后面有一个用圆括号括起来的字母，称为"热键"，打开了某个菜单后，可以从键盘输入该字母来选择对应的菜单命令。例如，打开【查看】菜单后，按下 L 键即可执行【列表】命令。
- 快捷键：位于某个菜单命令的后面，如"Alt + →"。使用快捷键可以在不打开菜单的情况下，直接选择对应的菜单命令。

2.4.5　对话框

如果 Windows 在运行命令中需要更多信息，就会通过对话框提问。用户回答有关问题后，命令继续执行。与常规窗口不同的是不能改变形状大小只可以移动。简单的对话框只有几个按钮，而复杂的对话框除了按钮之外，还包括下述的一项或多项，如图 2-20、图 2-21 所示。

1. 文本框

文本框是一个用来输入文字的矩形区域，如图 2-20 所示的【姓名】文本框。

2. 列表框

列表框中会显示多个选项，用户可以从中选择一个或多个。被选中的选项会加亮显示或背景变暗。

3. 下拉列表框

下拉列表框是一种单行列表框，其右侧有一个下三角按钮，如图 2-20 所示的【配置】下拉列表框。单击该按钮将打开下拉列表框，可以从中选择需要的选项。

4. 命令按钮

单击对话框中的命令按钮，将开始执行按钮上显示的命令，如图 2-20 所示的【确定】按钮。单击【确定】按钮，系统将接受输入或选择的信息并关闭对话框。

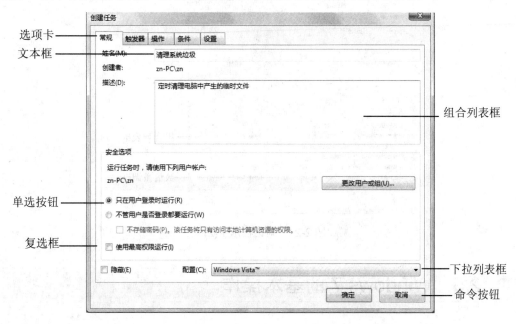

图 2-20　对话框示例(1)

5. 单选按钮

单选按钮用圆圈表示，一般提供一组互斥的选项，其中只能有一项被选中。如果选择了另一个选项，原先的选择将被取消。被选中的选项用带点的圆圈表示，形状为"○"，如图 2-20 所示。

6. 选项卡

当对话框包含的内容很多时，常会采用选项卡，每个选项卡中都含有不同的设置选项。图 2-20 所示的是一个含有 5 个选项卡的对话框。实际上，每个选项卡都可以看成一个独立的对话框，但一次只能显示一个选项卡，要在不同的选项卡之间切换时，只要单击选项卡上方的文字标签即可。

7. 复选框

复选框带有方框标识，一般提供一组相关选项，可以同时选中多个选项。被选中的选项的方框中出现一个"√"，形状为"☑"，如图 2-21 所示。

8. 数值微调框

用于设置参数的大小，可以直接在其中输入数值，也可以单击微调框右边的微调按钮来改变数值的大小，如图 2-21 所示。

9. 组合列表框

组合列表框好比是文本框和下拉列表框的组合，可以直接输入文字，也可以单击右侧的下三角按钮打开下拉列表框，从中选择所需的选项，如图 2-21 所示。

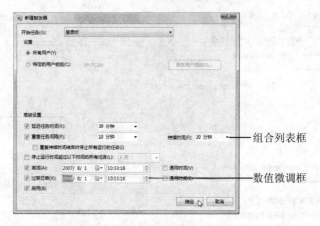

图 2-21　对话框示例(2)

2.5　Windows 7 的基本操作

本节主要介绍 Windows 7 的基本操作，如窗口、任务栏的基本操作、应用程序的启动方法等。

2.5.1　窗口的操作方法

Windows 7 是一个多任务多窗口的操作系统，可以在桌面上同时打开多个窗口，但同一时刻只能对其中的一个窗口进行操作。

1. 窗口的最大化

单击窗口右上角的【最大化】按钮或双击窗口的标题栏，可使窗口充满整个桌面。

 提示：窗口最大化后，【最大化】按钮变成【还原】按钮，单击【还原】按钮或双击窗口的标题栏，可使窗口还原到原来的大小。

2. 关闭窗口

单击窗口右上角的【关闭】按钮即可关闭当前窗口。关闭窗口后，该窗口将从桌面和任务栏中被删除。

3. 隐藏窗口

隐藏窗口也称为"最小化"窗口。单击窗口右上角的【最小化】按钮后，窗口会从桌面消失，但在任务栏处仍会显示该窗口的任务按钮，单击该按钮，即可将窗口还原。

4. 调整窗口大小

拖动窗口的边框可以改变窗口的大小，具体操作步骤如下。

(1) 将鼠标指标移动到要改变大小的窗口边框上(垂直边框、水平边框或一角)，如移动到右侧边框上。

(2) 待指针形状变为双向箭头时按住鼠标左键不放，拖动边框到适当位置后松开鼠标左键，此时窗口的大小已经被改变了。

5. 多窗口排列

如果在桌面上打开了多个程序或文档窗口，那么，前面打开的窗口将被后面打开的窗口覆盖。在 Windows 7 操作系统中，提供了层叠显示窗口、堆叠显示窗口和并排显示窗口 3 种排列方式。

排列窗口的方法为：在任务栏的空白处右击，从弹出的快捷菜单中选择一种窗口的排列方式，例如选择【并排显示窗口】命令，多个窗口将以【并排显示窗口】顺序显示在桌面上，如图 2-22 所示。

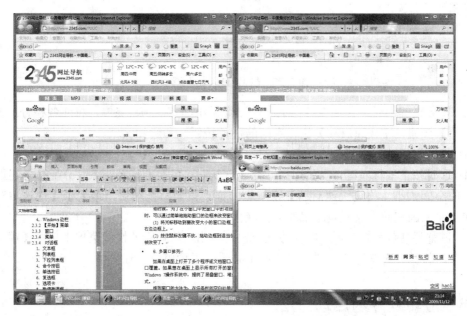

图 2-22　多个窗口并排显示

2.5.2 任务栏的操作方法

任务栏是位于屏幕底部的一个水平的长条。它与桌面不同的是：桌面可以被窗口覆盖，而任务栏几乎始终可见。

1. 通过任务栏查看窗口

当一次打开多个程序或文档时，它们所对应的窗口会堆叠在桌面上。这种情况下使用任务栏查看窗口就很方便了。每打开一个程序、文件或文件夹，Windows 都会在任务栏上创建与之对应的任务按钮，并且按钮上会显示该项目的图标和名称，单击不同的任务按钮，该任务所对应的窗口就会显示在所有窗口最上方。

2. 调整与锁定任务栏

有时根据需要还可以调整任务栏中的【快速启动】栏、任务按钮区、通知栏的空间大小。调整任务栏的方法如下。

(1) 默认情况下，任务栏是被锁定的，必须取消锁定才能对其进行调整。解锁任务栏的方法为：在任务栏空白处右击，从弹出的快捷菜单中单击已经被勾选的【锁定任务栏】选项，以便取消对其的选择，如图 2-23 所示。

图 2-23 【锁定任务栏】选项

(2) 任务栏解锁后，会在任务栏上出现三个带小凸点的拖动条■，将任务栏分成四份，即【开始】按钮、【快速启动】栏、中间的任务按钮区和通知区域。

(3) 将鼠标指针置于某个拖动条上，鼠标指针变成↔形状。

(4) 这时按下鼠标左键，当鼠标指针变成❖状时，可左右拖动小条，分配任务栏四个组成部分的空间大小。将【快速启动】栏右侧的拖动条向右拖动后，增大了【快速启动】栏的空间，原来因空间不够而被隐藏的图标就会显现出来。

(5) 调整好任务栏后，再次在任务栏空白处右击，从弹出的快捷菜单中单击【锁定任务栏】选项，将其勾选锁定任务栏，以免不小心改变了调整好的任务栏。

2.5.3 应用程序的启动方法

启动计算机应用程序的方法多种多样，下面介绍两种较为常用的方法。

(1) 单击桌面左下角的【开始】按钮，打开【开始】菜单，单击【所有程序】按钮，在左窗格显示系统安装的应用程序，单击应用程序所在的文件夹将其打开，然后选择要打开的应用程序，如图 2-24 所示。

(2) 将鼠标指针移到桌面上要打开的应用程序图标上，双击即可打开该应用程序。

图 2-24　启动应用程序

2.6　Windows 7 的文件管理

在计算机系统中，计算机的信息是以文件的形式保存的，用户所做的工作都是围绕文件展开的。这些文件包括操作系统文件、应用程序文件、文本文件等，它们根据自己的分类存储在磁盘上不同的文件夹中。本节将主要介绍文件和文件夹的管理。

2.6.1　文件系统的基本概念

1. 文件

文件是计算机存储数据、程序或文字资料的基本单位，是一组相关信息的集合。文件在计算机中采用"文件名"来进行识别。

文件名一般由文件名称和扩展名两部分组成，这两部分由一个小圆点隔开。扩展名代表文件的类型，例如，Word 文件的扩展名为.doc，文本文档的扩展名为.txt 等。在 Windows 图形方式的操作系统下，文件名称可由 1～255 个字符组成，而扩展名由 1～3 个字符组成。

在文件名中禁止使用一些特殊字符，否则会使系统因不能正确辨别文件而出现错误。这些禁止使用的特殊字符有点(.)、引号("")、斜线(/)、冒号(:)、反斜杠(\)、逗号(,)、垂直线(|)、星号(*)、等号(=)以及分号(;)。

在图形方式的 Windows 操作系统下，扩展名也表示文件类型，表 2-1 列出了常见的扩展名对应的文件类型。

表 2-1　常见的扩展名对应的文件类型

扩 展 名	文件类型	扩 展 名	文件类型
COM	命令程序文件	SYS	系统文件
EXE	可执行文件	DBF	数据库文件
TXT	文本文件	BMP	图形文件
BAK	备份文件	INF	安装信息文件
DOC	Word 文档	HLP	帮助文件
XLS	电子表格文件		

2. 文件夹

Windows 7 借用"文件夹"从而有效地管理文件。如果把文件比做书的话，那么文件夹就可以看成是书架，有了这个书架，就可以并然有序地存放文件了，就好比把不同种书归放到不同书架上一样。文件夹同文件一样也有自己的名称，用来标识文件夹，但是文件夹没有扩展名。

文件夹里除了可以容纳文件外，还可以容纳文件夹。内部所包含的文件夹称为其外部文件夹的子文件夹；外部文件夹称为其内部包含的文件夹的父文件夹，可以创建任何数量的子文件夹，每个子文件夹中又可以容纳任何数量的文件和其他子文件夹(在磁盘容量范围之内)。如果在结构上加了许多子文件夹，它便成为一个倒过来的树的形状，这种结构称为目录树，也叫做多级文件夹结构。

2.6.2　资源管理器

【资源管理器】是 Windows 7 用来管理文件的窗口，它可以显示计算机中的所有的文件组成的文件系统的树形结构，以及文件夹中的文件。

1. 浏览文件和文件夹

依次选择【开始】|【所有程序】|【附件】|【Windows 资源管理器】命令，打开【资源管理器】窗口，如图 2-25 所示。

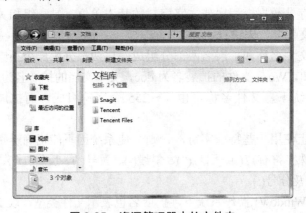

图 2-25　资源管理器中的文件夹

技巧：除了可以使用上述方法打开【资源管理器】外，还有以下几种方法：①按下键盘上的 ▩+E 组合键。②右击【开始】按钮，从弹出的快捷菜单中选择【资源管理器】命令。③单击【计算机】窗口【导航】窗格下方的【文件夹】按钮，即可打开【资源管理器】。

　　在【资源管理器】窗口左侧的【导航】窗格中单击【文件夹】列表中的任意一项，如【库】文件夹，这时窗口右侧的内容列表中就会显示包含在其中的文件和子文件夹。双击内容列表中的任意一个文件夹，如双击【图片】文件夹，就可以打开此文件夹进行查看，继续双击内容列表中的【示例图片】文件夹将其打开，就会在内容列表中显示其中的内容，如图 2-26 所示。

图 2-26　文件浏览

2. 更改文件或文件夹的排列方式

　　在 Windows 7 中，我们还可以将文件按照【名称】、【修改日期】、【类型】、【大小】等类型来排列。除此之外，还可以为视频、图片、音乐等特殊的文件夹添加与其文件类型相关的排列方式。这样不但能够将各种文件归类排列，还可以加快文件或文件夹的查看速度。

　　在【资源管理器】的内容列表中的空白处右击，从弹出的快捷菜单中选择【排列方式】命令，然后在其子菜单中选择需要的排列方式，此例选择【修改日期】排列方式命令，如图 2-27 所示。文件或文件夹就会按照选择的排列方式进行排列，如图 2-28 所示。

图 2-27　选择排列方式

图 2-28　重排后的文件顺序

2.6.3　文件与文件夹的基本操作

1. 新建文件/文件夹

计算机中有一部分文件是现有的，如 Windows 7 系统及其他应用程序中自带了许多文件或文件夹；另一部分文件或文件夹是用户根据需要建立起来的，如用画图工具画一张图画、用 Word 软件写一篇文章等。为了把文件归类放置，还可以新建一个文件夹，把同类型文件放在其中。

在 Windows 7 中新建文件和文件夹的方法和在以前 Windows 版本中的方法差不多，都是在资源管理器中右击，然后从弹出的快捷菜单中选择相应的新建命令来创建文件和文件夹，其步骤如下。

(1) 在需要建立文件夹的位置右击，在弹出的快捷菜单中依次选择【新建】|【文件夹】命令，如图 2-29 所示。该位置，即新建了一个名为【新建文件夹】的文件夹，如图 2-30 所示。

图 2-29　选择新建文件夹命令

图 2-30　新建的文件夹

(2) 当新建文件夹名为高亮显示时，可直接在文件夹名文本框中为文件夹输入一个新的名称，输入完毕后，直接按 Enter 键完成操作，如图 2-31 所示。

图 2-31　命名新建的文件夹

2. 选择文件/文件夹

选择单个文件/文件夹的方法很简单，即：找到要选择的文件/文件夹所在位置，单击要选择的文件/文件夹，这时被选中的文件/文件夹以浅蓝色背景显示；若要取消对文件/文件夹的选择状态，只需再次单击文件或文件夹以外的空白区域。

若需要选择多个文件/文件夹进行相同的操作，逐一选中文件/文件夹就太麻烦了。下面介绍几种较为简单的方法。

方法一：鼠标拖动法，操作步骤如下。

找到需要选择的文件/文件夹所在位置，若要选择的文件或文件夹排列在一起(或呈矩形状)，则按住鼠标左键不放，用鼠标指针拖出一个蓝色矩形框框住它们，如图 2-32 所示，松开鼠标左键，即可将多个文件/文件夹选中。

图 2-32　用鼠标选择文件及文件夹

方法二：利用 Ctrl 键选择多个不连续的文件/文件夹，操作步骤如下。

找到需要选择的文件/文件夹所在位置，按住 Ctrl 键不放，依次单击需要的文件/文件夹。选择完毕后释放 Ctrl 键，即可选择多个不连续的文件/文件夹(也可以选择相邻的文件/文件夹)，如图 2-33 所示。

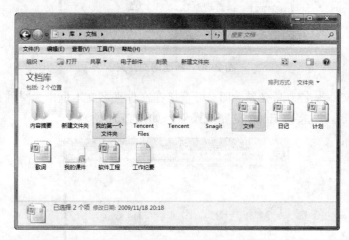

图 2-33　用 Ctrl 键配合鼠标选择文件及文件夹

技巧：按下 Ctrl 键的同时，如果再次单击被选中的某个文件或文件夹，将取消对此文件或文件夹的选择。

方法三：利用 Shift 键选择多个连续的文件/文件夹，操作步骤如下。

找到需要选择的文件/文件夹所在位置，单击要选中的第一个文件/文件夹，如图 2-34 所示。

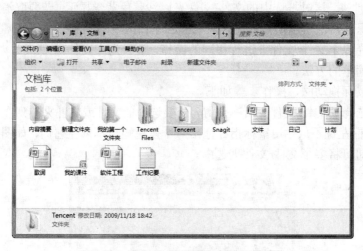

图 2-34　配合 Shift 键选择文件及文件夹

按住 Shift 键不放，再单击要选择的最后一个文件/文件夹，其间的文件或文件夹将全部被选中，如图 2-35 所示。

图 2-35　配合 Shift 键选中的文件及文件夹

技巧：在选择了多个连续的文件/文件夹后，若想取消对其中某个文件/文件夹的选择，可在按住 Ctrl 键的同时单击该文件/文件夹。

方法四：若要选择某文件夹窗口中的全部文件或文件夹，可依次选择菜单栏中的【编辑】|【全选】命令，或按下 Ctrl+A 组合键即可。

3. 复制文件或文件夹

复制文件或文件夹是指在需要的位置创建它的一个备份，但并不改变原来位置上的文件或文件夹的内容。复制文件或文件夹的具体操作步骤如下。

(1) 找到需要的文件或文件夹所在位置，选择要复制的文件或文件夹(可以选择多个文件/文件夹)，如图 2-36 所示。

图 2-36　选中要复制的文件

(2) 在选中文件或文件夹的情况下，单击工具栏上的【组织】按钮，从弹出的下拉菜单中选择【复制】命令。

(3) 在【资源管理器】的【导航】窗格中单击目标文件夹(如"文件备份")。

(4) 单击工具栏上的【组织】按钮，从弹出的下拉菜单中选择【粘贴】命令，文件就可以被复制到目标位置，如图 2-37 所示。

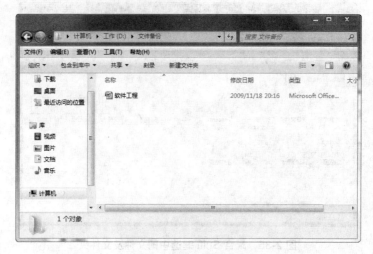

图 2-37　复制的文件

4. 移动文件或文件夹

如果需要将某个文件或文件夹直接移动到另外一个文件夹中，首先打开该文件或文件夹所在的文件夹窗口，然后再打开目标文件夹窗口，将两个窗口都置于桌面上，在第一个文件夹窗口(原位置)选中要移动的文件或文件夹，并按住鼠标左键不放，将其拖动至第二个文件夹窗口(目标文件夹)中，松开鼠标左键，即可完成文件/文件夹的移动。

5. 重命名文件或文件夹

找到需要的文件或文件夹所在位置，选择要重命名的文件或文件夹，单击工具栏上的【组织】按钮 组织▼ ，从弹出的下拉菜单中选择【重命名】命令，此时文件/文件夹名呈反白显示的可输入状态。在文件名文本框中输入新的名称，然后按下 Enter 键或在文件/文件夹名外的其他空白位置单击，即可完成重命名操作。

技巧：除了使用上述方法重命名文件/文件夹外，还有以下三种方法：①单击需要重命名的文件或文件夹，按下 F2 键，此时文件或文件夹的名称呈可输入状态，输入新名称后，按下 Enter 键即可。②右击要重命名的文件或文件夹，在弹出的快捷菜单中选择【重命名】命令，此时文件或文件夹的名称呈可输入状态，输入新名称按下 Enter 键即可。③在文件/文件夹名称上单击两次(要注意速度不能过快，否则就成双击了)，此时文件/文件夹名称就会呈可输入状态，输入新名称后，按下 Enter 键即可。

6. 删除文件或文件夹

找到要删除的文件/文件夹所在位置，选择要删除的文件或文件夹，单击工具栏上的【组织】按钮 组织▼ ，从弹出的下拉菜单中选择【删除】命令，或直接按下快捷键 Delete 键，或右击该文件或文件夹并且从快捷菜单中选择【删除】命令，都会出现如图 2-38 所示的【删除文件】对话框，在此单击【是】按钮，就可以将文件或文件夹删除了。

图 2-38　【删除文件夹】对话框

2.6.4　隐藏与显示文件或文件夹

默认情况下的 Windows 7 不会显示系统文件和隐藏属性的文件，如果需要对这些文件进行操作，则需要设置这些文件能够在资源管理器中正常显示，隐藏文件的操作步骤如下。

(1) 在要隐藏的文件或文件夹上右击(此处以文件夹为例)，从弹出的快捷菜单中选择【属性】命令。

(2) 在弹出的【工作属性】对话框中，切换到【常规】选项卡，选中【属性】栏中的【隐藏】复选框，然后单击【确定】按钮，如图 2-39 所示。

图 2-39　【工作属性】对话框

(3) 在弹出的【确认属性更改】对话框中，选中需要的单选按钮，然后单击【确定】按钮，如图 2-40 所示。

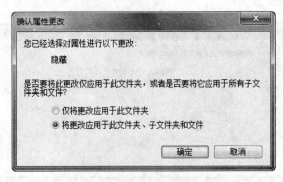

图 2-40　【确认属性更改】对话框

(4) 在弹出的【应用属性】对话框中显示应用隐藏属性的进程,显示完毕后该对话框自动关闭。隐藏的文件夹在当前用户中以半透明方式显示,而其他用户登录计算机时根本看不到该文件夹。

 提示:取消对文件或文件夹的隐藏只需在步骤(2)所对应的图示中取消选中【隐藏】复选框,然后单击【确定】按钮。

2.7　Windows 7 的个性设置

本节主要介绍 Windows 7 的个性设置,包括桌面设置、边栏应用等内容。

2.7.1　Windows 7 的桌面设置

为了使 Windows 7 桌面更加美观、赏心悦目,还需要对 Windows 7 桌面进行个性化设置。在桌面上右击,从弹出的快捷菜单中选择【个性化】命令。打开【个性化】窗口,窗口底部区域显示了个性化外观和声音设置的相关选项,如图 2-41 所示。下面介绍如何进行个性化设置。

1. 桌面图标设置

为了增加使用的便利性,通常把一些常用的系统图标放在桌面上,操作步骤如下。

(1) 在桌面上右击,从弹出的快捷菜单中选择【个性化】命令,打开【个性化】窗口。单击窗口左侧任务窗格中的【更改桌面图标】链接。

(2) 弹出【桌面图标设置】对话框,在【桌面图标】选项卡中的【桌面图标】选项组中选中要在桌面上添加的复选框,然后单击【确定】按钮,如图 2-42 所示,所选图标就会被添加到桌面上了。

2. Windows 7 颜色外观设置

在 Windows 7 中,可以随心所欲地调整【开始】菜单、任务栏及窗口的颜色和外观,具体操作步骤如下。

(1) 在桌面上右击,从弹出的快捷菜单中选择【个性化】命令,打开【个性化】窗口,单击【窗口颜色】链接。

图 2-41　【个性化】窗口

图 2-42　【桌面图标设置】对话框

(2) 打开【更改窗口边框、「开始」菜单和任务栏的颜色】界面，在 Windows 7 颜色方案中单击喜欢的颜色，如单击橘黄色；选中【启用透明效果】复选框可以使窗口具有像玻璃一样的透明效果；拖动【颜色浓度】右侧的滑块可以调节所选颜色的浓度。在整个调整的过程中可以随时预览到调整效果，若满意，单击【确定】按钮保存设置即可，如图 2-43 所示。

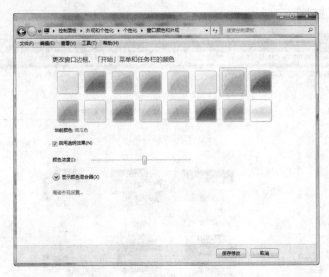

图 2-43　更改颜色的对话框

3. 更换桌布

Windows 7 桌面背景俗称桌布，大家可以根据自己的喜好更换更漂亮的桌布。

(1) 在桌面上右击，从弹出的快捷菜单中选择【个性化】命令，打开【个性化】窗口，单击窗口中的【桌面背景】链接。

(2) 打开【选择桌面背景】界面，图片列表框中提供了多张图片可供选择。如果想选择计算机中的图片作为背景，可单击【浏览】按钮从计算机中选择图片，如图 2-44 所示。

(3) 在弹出的【浏览文件夹】对话框中选择需要的文件夹，然后单击【确定】按钮，如图 2-45 所示。

图 2-44　【选择桌面背景】界面

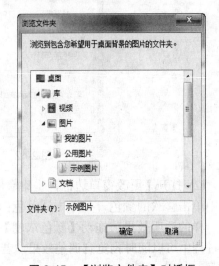

图 2-45　【浏览文件夹】对话框

(4) 返回到【选择桌面背景】界面，单击【确定】按钮保存设置，如图 2-46 所示。这时，桌面背景已经更换成自己选择的图片了，如图 2-47 所示。

图 2-46 【选择桌面背景】界面

图 2-47 更换后的桌面背景

4. 屏保设置

若屏幕长时间显示同一个画面，就会使屏幕受到损坏，从而缩短屏幕的使用寿命。如果设置了屏保功能，一段时间内不使用计算机就会自动启动屏幕保护程序，让屏幕上显示动画，以保护屏幕。

我们可以通过设置让屏保靓起来，具体操作步骤如下。

(1) 在桌面上右击，从弹出的快捷菜单中选择【个性化】命令，打开【个性化】窗口，单击窗口下部的【屏幕保护程序】链接。

(2) 弹出【屏幕保护设置】对话框，在【屏幕保护程序】下拉列表框中选择喜欢的屏保程序。

(3) 选择好屏保程序后，可在对话框中的预览窗口中预览到屏保效果；然后在【等待】文本框中设置屏保等待时间；设置完毕后单击【确定】按钮即可。

> **提示：** 屏保等待时间就是在电脑不被使用的情况下，等待自动启动屏幕保护程序的时间。

2.7.2　Windows 7 边栏应用

Windows 7 自带了很多小工具，如时钟、股票、日历、天气等，这些小工具可以在桌面的边栏显示，读者可依据个人喜好选择不同的工具，以彰显个性。

1. 打开与关闭 Windows 7 边栏

Windows 7 桌面上的边栏可以随意打开与关闭，具体操作步骤如下。

(1) 在桌面上右击，从弹出的快捷菜单中选择【小工具】命令，弹出小工具对话框。

(2) 如图 2-48 所示，在对话框中右击要添加的图标，如图片拼图板，从弹出的快捷菜单中选择【添加】命令，或者双击要添加的小工具图标。

> **提示：** Windows 7 附送的小工具有 11 个：CPU 仪表盘、便笺、股票、幻灯片放映、货币、联系人、日历、时钟、天气、图片拼图板和源标题。通过单击【联机获取更多小工具】链接到官网还可以下载 167 个各式小工具，将下载的工具进行安装后，就可以显示在图 2-50 所示的列表中了。小图标就被添加到边栏中的效果，如图 2-49 所示。

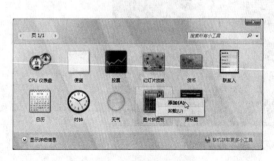

图 2-48　添加小工具

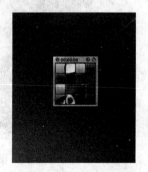

图 2-49　添加后的效果

(3) 若想从边栏中删除某个图标，可在该图标上右击，从弹出的快捷菜单中选择【关闭小工具】命令。还可以单击小工具旁边的【关闭】按钮将其关闭。

2. 边栏小工具的使用和设置

当鼠标指针指向【边栏】中的小工具时，在其右侧就会显示【关闭】按钮和【选项】

按钮。单击【选项】按钮，可以对其进行设置。下面以时钟为例进行讲解。

(1) 单击时钟右侧的【选项】按钮，如图 2-50 所示。

(2) 在弹出的当前图标的设置对话框中可进行相关设置，设置完毕后单击【确定】按钮，如图 2-51 所示。

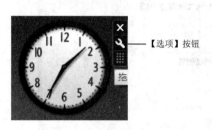

图 2-50　单击【选项】按钮

图 2-51　设置时钟

 提示： 不同的小工具所对应的更改设置选项是不同的。

2.8　回到工作场景

通过前面内容的学习，读者应该已经掌握了 Windows 7 操作系统的相关知识。下面回到 2.1 节的工作场景中，完成 Windows 7 操作系统的备份和还原。

【工作过程一】部署硬盘，划出映像分区

使用 ADDS 之类的无损分区软件，在硬盘上划出一块，如 10 GB，分区的卷标设为 RECOVERY，并定义成 R 盘。此盘专为存储 C 盘的系统映像而设，大小视 C 盘安装后占用的空间而定，一般略大于 C 盘全部文件所占空间，然后进行 NTFS 格式格式化。

【工作过程二】隐藏备份分区的盘符

(1) 依次选择【控制面板】|【管理工具】|【计算机管理】命令，打开如图 2-52 所示的典型界面。在左侧窗格中选择【磁盘管理】选项。

(2) 右击 R 分区，在弹出的快捷菜单中选择【更改驱动器号和路径】命令，弹出【更改 R 盘驱动器号和路径】对话框，单击【删除】按钮，然后在弹出的对话框中单击【是】按钮，即删除了驱动器 R，仅剩下一个 RECOVERY 的卷标，没有盘符了，如图 2-53 所示。

【工作过程三】备份系统到某一个位置

备份系统时，映像文件的存放位置可以自行定义，但此时 R 盘不可见，无法直接存入 R 盘。操作步骤如下。

(1) 依次选择【控制面板】|【备份和还原】命令，打开【备份和还原】窗口，如图 2-54

所示。

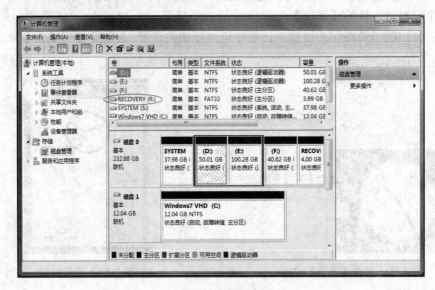

图 2-52　磁盘管理界面

图 2-53　更改 R 盘驱动器号和路径

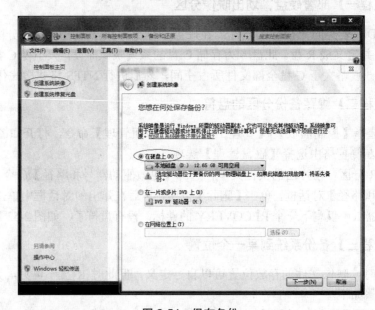

图 2-54　保存备份

(2) 选择一个空间充裕的盘，按照提示备份系统，直至完成。此时，目标磁盘上就形成了一个新目录，里面是刚才备份下来的内容。

【工作过程四】存储并隐藏映像文件

(1) 为刚才隐藏的分区重新分配一个盘符 R，使其可见。

(2) 将刚才形成的备份目录移动到这个 R 盘上。

(3) 重新隐藏 R 盘。参照【工作过程二】的方法操作即可。

至此，我们成功备份了 Windows 7 操作系统。

下面使用这个备份进行系统还原，就是在系统启动时调出 Windows 7 内置的 Win RE (Windows 恢复环境)，按照提示一步步恢复即可。

(1) 开机菜单出现时，别按 Enter 键，按住 F8 键。

(2) 出现高级启动菜单时，选择第一项【修复计算机】命令启动 Windows 7 内置的 Win RE。

(3) 选择备份系统时的用户名，并输入密码。

(4) 【系统修复选项】窗口出现时，单击【系统映像恢复】按钮。系统会自动搜寻到备份的那个系统，尽管它被我们转移到了一个不可见的分区上。然后开始恢复，直到完成。

(5) 如果你将那个备份刻盘保存了，可以在(4)中单击【选择系统映像】按钮并指定从光盘上进行恢复。

2.9 工作实训营

1. 训练内容

在 Windows 7 操作系统中，完成相关的个性设置。

(1) 在桌面上添加【我的电脑】、【网上邻居】图标。

(2) 设置时钟、日历、天气等小工具在桌面边栏显示的效果。

(3) 设置窗口的颜色为"黄昏"，并启用透明效果。

(4) 设置屏幕保护程序为"气泡"，等待时间为 8 分钟。

2. 训练目的

(1) 复习本章所学的相关内容。

(2) 掌握 Windows 7 的个性设置，主要包括桌面设置、边栏应用等内容。

(3) 在轻松中完成 Windows 7 操作系统的学习之旅。

本章习题

一、选择题

(1) 以下选项中不符合 Windows 7 Premium Ready 规格的是_____。

A. 至少 1GHz 处理器　　　　　　B. 512 MB 内存

C. 40 GB 硬盘　　　　　　　　　D. 128 MB 显存

(2)　在放入 Windows 7 光盘安装系统前，应先在 BIOS 中将第一启动盘设置为_____。

A. Floppy　　　　　　　　　　　B. HDD-0

C. CDROM　　　　　　　　　　　D. HDD-1

(3)　显示快捷菜单的操作是_____。

A. 单击鼠标右键　　　　　　　　B. 单击鼠标左键

C. 双击鼠标右键　　　　　　　　D. 双击鼠标左键

(4)　任务栏最右角显示的是_____。

A. 【开始】按钮　　　　　　　　B. 时间

C. 输入法图标　　　　　　　　　D. 【快速启动】栏

(5)　全选某个文件夹中的所有文件的快捷键是_____。

A. Ctrl+X　　　　　　　　　　　B. Ctrl+V

C. Ctrl+A　　　　　　　　　　　D. Ctrl+C

(6)　借助_____键可以在文件夹中选择多个不连续文件/文件夹。

A. Shift　　　　　　　　　　　　B. Ctrl

C. Enter　　　　　　　　　　　　D. Alt

(7)　在进行文件移动的过程中，文件剪切的快捷键是_____。

A. Ctrl+X　　　　　　　　　　　B. Ctrl+V

C. Ctrl+A　　　　　　　　　　　D. Ctrl+C

(8)　在【控制面板】窗口中单击_____可以进行软件删除操作。

A. 【程序和功能】图标　　　　　B. 【管理工具】图标

C. 【个性化】图标　　　　　　　D. 【默认程序】图标

(9)　按_____键可以在不同的中/英文输入法中切换。

A. Ctrl+Shift　　　　　　　　　B. Ctrl+Alt

C. Ctrl+空格键　　　　　　　　D. Shift+空格键

(10) 磁盘维护不包括_____操作。

A. 磁盘格式化　　　　　　　　　B. 磁盘碎片整理

C. 磁盘清理　　　　　　　　　　D. 磁盘检测

二、填空题

(1)　_____是 Windows 7 中的一个界面改进，可以使窗口四周隐约显示出其下面的背景图案。

(2) Windows 7 有一个有趣的功能，即_____，登录到系统之后就可以在屏幕右侧看到日历、时钟、便签和天气预报等组件。

(3)　键盘分为_____、_____、_____、_____和_____5 个区，其中_____区是主要的操作对象。

(4) 文件名一般由_____和_____两部分组成，这两部分由一个小圆点隔开，_____代表文件的类型。

(5) 使用磁盘碎片整理程序可以_____本地磁盘和_____碎片文件和文件夹，以便每个文件或文件夹都可以占用磁盘上单独的磁盘空间。

三、简答题

(1) 如何正确启动和退出 Windows 7 操作系统？

(2) 安装 Windows 7 操作系统的基本条件是什么？

(3) 简述如何进行输入法的切换。

(4) 如何创建还原点？

第 3 章

文字处理软件 Word 2007

 本章要点

- Word 的基本概念及 Word 的启动与退出
- 文档的创建、输入、打开、保存和打印
- 文本的选定、复制、移动、查找与替换等基本编辑技术
- 文字格式、段落设置、页面设置和分栏等基本排版技术
- 表格的制作、修改，表格中文字的排版和格式设置等
- 图形或图片的插入、图形的绘制和编辑

技能目标

- 文字格式、段落设置、页面设置和分栏等基本排版技术
- 表格的制作、修改，表格中文字的排版和格式设置等

3.1 工作场景导入

【工作场景】用 Word 2007 进行文档排版

小李是广东佛山沃生照明有限公司的员工，公司将要召开一场项目新闻发布会，提前安排小李制作一份精美的邀请函，如图 3-1 所示。要求在函件中添加水印背景、插入剪辑和艺术字并采用邮件合并高级技巧。

图 3-1 制作的邀请函

【引导问题】

(1) 在 Word 2007 中，你会进行文档的创建、输入、打开、保存等操作吗？

(2) 在 Word 2007 中，你会插入并设置艺术字标题吗？

(3) 在 Word 2007 中，你会进行文字格式、段落设置、页面设置和分栏等基本排版操作吗？

3.2 认识 Word 2007

Word 2007 是 Microsoft(微软)公司最新出品的 Office 2007 系列办公软件中的重要组件之一，是一款专业的文档编辑软件，使用它可以编辑和制作各种类型的文档。

3.2.1 启动 Word 2007

启动 Word 2007 的方法有两种。

1. 通过【开始】菜单启动

安装的 Word 2007 软件一般会在【所有程序】菜单中，启动的方法如下。

(1) 单击【开始】按钮，在弹出的【开始】菜单中依次选择【所有程序】| Microsoft Office | Microsoft Office Word 2007 命令。

(2) 开始启动 Word 2007，同时自动创建一个名为"文档 1"的空白文档作为打开后的 Word 2007 窗口。

2. 通过桌面快捷图标启动

依次选择【开始】|【所有程序】| Microsoft Office | Microsoft Word 2007 命令，在 Microsoft Word 2007 命令上右击，在弹出的快捷菜单中依次选择【发送到】|【桌面快捷方式】命令。这时，桌面上就会出现 Word 2007 的快捷图标，就可通过双击该快捷方式图标来启动 Word 2007。

3.2.2　退出 Word 2007

退出 Word 2007 程序的方法很多，下面介绍几种比较简单易行的方法。

1. 单击【关闭】按钮 ✕

如果要关闭当前的文档，可以直接单击标题栏右侧的【关闭】按钮 ✕ 。

2. 使用 Office 按钮退出程序

在对文档处理完成后，单击文档窗口中的 Office 按钮，在弹出的下拉菜单中选择【关闭】命令即可退出程序。

提示：如果对文档进行了处理又没有保存，在关闭文档时屏幕上会出现如图 3-2 所示的提示对话框。可根据需要选择相应的选项。

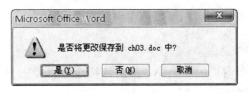

图 3-2　提示对话框

3. 标题栏处关闭

在 Word 文档的窗口标题栏上右击，从弹出的快捷菜单中选择【关闭】命令，也可退出程序，将文档关闭。

4. 快捷键关闭

按下快捷键 Alt + F4 可以关闭 Word 文档。

注意：如果同时打开了多个 Word 文档，就会出现多个 Word 窗口，此时若单击某个 Word 文档窗口上的关闭按钮，只能关闭该文档而不会退出 Word 2007。若希望退出 Word 2007，就必须单击窗口左上角的 Office 按钮，在下拉菜单中选择【退出】命令。

3.2.3　Word 2007 工作界面

Word 2007 具有非常人性化的操作界面，使用起来很方便。启动 Word 2007 后出现的是它的标准界面，如图 3-3 所示。

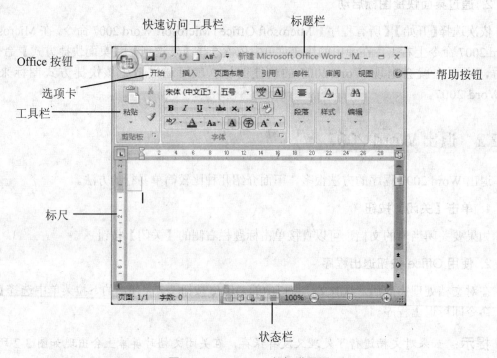

图 3-3　Word 2007 的标准界面

下面简单介绍 Word 文档窗口中各组成部分及其功能。

1. Office 按钮

【Office 按钮】位于窗口的左上角，单击该按钮可以弹出一个下拉菜单，选择其中的命令可打开、保存或打印文档。

2. 标题栏

标题栏位于程序窗口的最上方，它主要有四个作用。

- 显示文档的名称和程序名。
- 最右侧控制按钮，分别是窗口的【最小化】按钮、【还原】按钮和【关闭】按钮。单击【还原】按钮或拖动标题栏就可以移动整个窗口。
- 标题栏的左侧为【快速访问工具栏】，只要在其图标上单击就可以实现相应的操作。单击 图标，在其下拉菜单中选择任一命令就可以将其设置为快速工具，其图标出现在【快速访问工具栏】中。
- 可以让我们很清楚地知道该窗口的状态，如果标题栏是蓝色的，则表明该窗口是活动窗口，如果是灰色的则不是。

3. 选项卡

选项卡位于标题栏的下面，它是各种命令的集合，将各种命令分门别类地放在一起，只要切换到某个选项卡，该选项卡中的所有命令就会在工具栏中显现。比如，【开始】选项卡如图 3-4 所示。

图 3-4　Word 2007 的选项卡

4. 工具栏

工具栏上列出了一系列图标，每个图标按钮代表一个命令。需要哪个工具，只需要先将其切换到相应的选项卡状态下，然后单击使用即可。

5. 状态栏

在窗口的最下边是状态栏，用于表明当前光标所在页面，文档字数总和，Word 2007 下一步准备要做的工作和当前的工作状态等，右边还有视图按钮、显示比例按钮等。

6. 标尺

标尺的作用是设置制表位、缩进选定的段落。水平标尺上提供了首行缩进、悬挂缩进/左缩进、右缩进三个不同的滑块，选中某个滑块，然后拖动鼠标指针，就可以快速实现相应的缩进操作。

7. 帮助按钮

单击【帮助】按钮，可以打开【Word 帮助】窗口，其中列出了一些帮助的内容，如图 3-5 所示。可以在【搜索】文本框中输入要搜索的内容，然后单击【搜索】按钮，向 Word 2007 寻求帮助。

图 3-5　【Word 帮助】窗口

3.2.4　Word 2007 中的视图方式

Word 2007 提供了多种在屏幕上显示 Word 文档的方式，每一种显示方式都称为一种视图。Word 2007 提供了五种视图，具体介绍如下。

1. 普通视图

在普通视图下不能显示绘制的图形、页眉、页脚、分栏等效果，所以一般利用普通视图进行最基本的文字处理，工作速度较快。

2. Web 版式视图

在 Web 版式视图中，Word 对网页进行了优化，可看到在网站上发布时网页的外观。正文显示得更大且自动换行以适应窗口。

3. 页面视图

在【视图】选项卡的【显示/隐藏】选项组中选中【文档结构图】复选框，就可在普通视图的左侧出现一个显示有文档结构的窗格，在该窗格中单击某个标题就可在右侧窗格中显示相应的内容。【页面视图】+【文档结构图】特别适合编写较长的文档。

4. 大纲视图

在大纲视图中将出现【大纲】工具栏，可以方便查看和修改文档的结构，可以折叠或展开文档、上移或下移文本块等。

5. 阅读版式视图

阅读版式视图是进行了优化的视图，模拟纸质书籍阅读模式，增强了文档的可读性。

3.3　文档编辑

本节主要介绍 Word 2007 文字编辑的基本操作。包括如何创建、保存和打开一个文档；在创建或打开一个文档后，如何进行文字输入、文本选定、文本复制、文本移动、文本查找和替换等操作；文本编辑完成之后，如何将文档保存。

3.3.1　文档的创建、保存和打开

在 Word 中，用户可以创建和编辑任何形式的文档。

1. 文档的创建

在 Word 2007 中，【新建】任务窗格的各个标签中提供了多种不同的文档模板，在这些模板中存放着预先定义好的设置，操作步骤如下。

(1) 单击 Office 按钮，在下拉菜单中选择【新建】命令。

(2) 在【新建文档】对话框中选择【已安装的模板】选项，如图 3-6 所示。

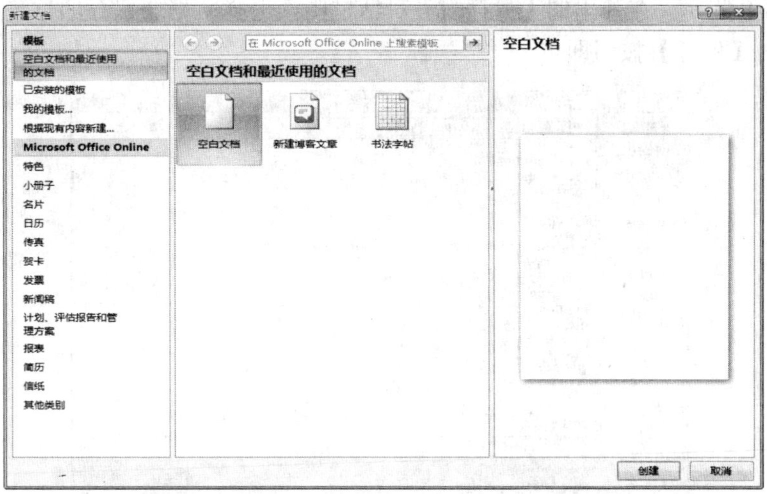

图 3-6　【新建文档】对话框

(3) 选择模板后单击【创建】按钮，建立一个新的文档。

提示：同时按下 Ctrl +N 组合键也可以新建文档。

2. 文档的保存

对于输入的内容，只有将它保存起来，才能在以后对它进行查看或修改。

第一种保存文档的方法为通过文件菜单保存。这种方法比较适用于新建的、没有经过保存的文档，其操作步骤如下。

(1) 完成文档编辑工作后，单击 Office 按钮，在下拉菜单中选择【保存】命令。

(2) 如果当前文档是新文档，将弹出【另存为】对话框。首先在【保存位置】下拉列表框中选择文档要保存的位置；接下来在【保存类型】下拉列表框中选择文档要被保存的类型，默认的文件类型为.docx；然后在【文件名】文本框中输入文档的名称；最后单击【保存】按钮。

提示：还可以通过以下两种方法来打开【另存为】对话框：
　　　① 直接在标题栏中单击【保存】按钮。
　　　② 按下 Ctrl+S 组合键。

第二种保存文档的方法为通过工具栏保存。这种方法比较适用于已经保存过的文件，在编辑过程中不定时地进行快捷保存，具体方法如下。

单击【快速访问工具栏】中的【保存】按钮，直接在原来位置保存。

提示：如果当前文档是新文档，将弹出【另存为】对话框，如图 3-7 所示。接下来的操作按照第一种方法的步骤(2)进行。

第三种保存文档的方法为另存 Word 文档。

如果想把当前已保存的文档以其他的文件名保存，或要保存在其他位置，可以单击

Office 按钮,在下拉菜单中选择【另存为】命令,在打开的对话框中单击你需要保存的文档副本,如图 3-8 所示。在弹出的【另存为】对话框中,选择文档要保存的位置、类型,输入文件名,单击【保存】按钮即可。

图 3-7　【另存为】对话框

图 3-8　另存 Word 文档

3.3.2　文本的输入

新建一个空白文档后,就可以输入文本了。输入的文本既可以是英文,也可以是中文,我们只需要切换输入法。

打开新建的空白文档,在 Word 窗口的编辑区内定位光标。选择一种熟悉的输入法,如"搜狗拼音输入法",即可开始输入文本内容。

3.3.3　文本的选择

要编辑和修改文档,首先要学会如何选择文本,在 Word 中选择文本的方法有很多而且也非常灵活，下面介绍几种方法。

1. 通过鼠标选择

将光标定位到要选择文本的开始位置，然后按住鼠标左键并拖动到要选择文本的结束位置后松开；或者按住 Shift 键，在要选择文本的结束位置处单击，就可以选中光标与鼠标指针之间的所有连续文本了。这个方法对连续的字、句、行、段的选择都适用，如图 3-9 所示。

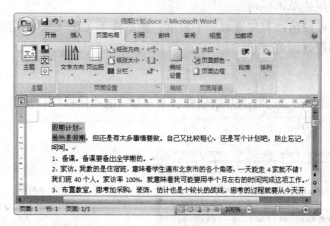

图 3-9　用鼠标选择文本

2. 行的选择

如果觉得使用鼠标拖动的方法选择一行文本是件麻烦的事，那就把鼠标指针移动到要选择行的左侧选择区，当鼠标指针变成了一个斜向右上方的箭头 ⤢ 时，单击即可选中这一行，如图 3-10 所示。如果想选择连续多行文本，可在单击选择首行(或末行)文本时，按下鼠标左键不放，向下或向上拖动来实现。

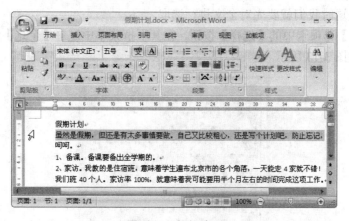

图 3-10　行的选取

提示：把光标定位到一行的任意位置处，如果按下 Shift+End 组合键，可以选择从光标到这行末尾的文本；如果按下 Shift+Home 组合键，可以选该行开始到光标位置处的文本。

3. 段落的选择

如果要选择的文本是一个段落，也可以用拖动鼠标的方法来选择。要是选择不连续的段落该怎么办呢？针对不同情况有不同的操作方法。

- 选取一段：在要选取的段落中的任意位置连续单击三次，就可以选中整个段落；或者在要选取的段落左侧单击两次也可选中该段落。
- 选取连续段落：把光标定位到要选取段落的开头，按下 Shift 键，然后在最后一个段落的末尾处单击即可。
- 选取不连续段落：首先选取一个段落，然后按下 Ctrl 键，再用拖动鼠标的方法选取需要的段落即可。

4. 矩形选取

按住 Alt 键不放，在要选取的开始位置按下左键，拖动鼠标指针拉出一个矩形的选择区域即可，如图 3-11 所示。

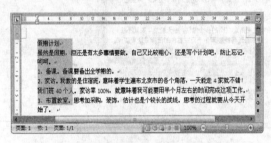

图 3-11　矩形选取　　　　　　　　图 3-12　全文选取

5. 全文选取

在编辑文档的过程中，常常要对整个文档的文本进行相同的操作，如把文本的字号都设置为四号等，这时我们就要先对全文进行选取。

单击【开始】选项卡中的【选择】按钮，在其下拉菜单中选择【全选】命令，如图 3-12 所示。其效果如图 3-13 所示。

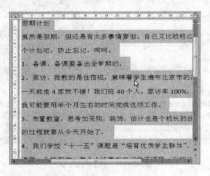

图 3-13　全文选取效果

提示：选取整篇文档最方便快捷的方法就是按下 Ctrl+A 组合键。或者把鼠标指针移动到编辑区左侧的选择区，连续单击三次也可选中全文。

3.3.4　文本的复制

复制文本的方法多种多样，下面介绍一些常用的方法。

1. 使用菜单命令实现一次复制

在编辑文档时常常要用到复制功能，一般都是通过菜单命令来实现的，操作步骤如下。

(1) 选择要重复输入的文字；然后单击【开始】选项卡中的【复制】按钮，或在选中区域右击并在弹出的快捷菜单中选择【复制】命令，或按下 Ctrl+C 组合键对文字进行复制。

(2) 在要输入文本的地方定位光标，再单击【开始】选项卡中的【粘贴】按钮，或右击并选择快捷菜单中的【粘贴】命令，或同时按下 Ctrl+V 组合键。

提示：不管用哪种方式复制文本后，都会在目标位置出现一个【粘贴选项】按钮，单击该按钮，弹出的下拉菜单如图 3-14 所示。其中的三个命令介绍如下。

- 【保留源格式】命令：保留文本原来的格式。
- 【匹配目标格式】命令：使文本与当前文档的格式保持一致。
- 【仅保留文本】命令：选择该命令可以去除要复制内容中的图片和其他对象，只保留纯文本内容。

2. 使用 Office 剪贴板的【复制】和【粘贴】命令

将项目复制到 Office 剪贴板以将其添加到项目集合中，然后就可以随时将其从 Office 剪贴板粘贴到任何 Office 文档中。收集的项目将保留在 Office 剪贴板中，直到退出所有 Office 程序或者从剪贴板任务窗格中将其删除，操作步骤如下。

(1) 在【开始】选项卡的【剪贴板】选项组中，单击【剪贴板】任务窗格启动按钮，打开【剪贴板】任务窗格，如图 3-15 所示。

图 3-14　【粘贴选项】按钮下拉菜单　　　　　　图 3-15　【剪贴板】任务窗格

(2) 打开一个文档，选中其标题。在【开始】选项卡的【剪贴板】选项组中，单击【复制】按钮，在【剪贴板】任务窗格的粘贴项目中会出现"假日计划"字样，如图 3-16 所示。

(3) 复制假日计划的第一段，如图 3-17 所示。

(4) 把假日计划的第二段剪切掉，如图 3-18 所示。

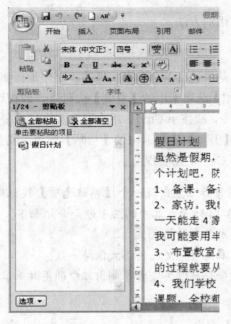

图 3-16　粘贴项目中出现"假日计划"

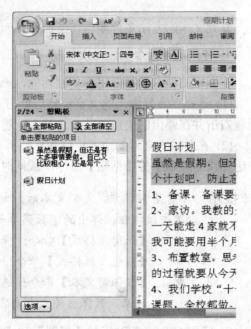

图 3-17　复制文本

图 3-18　剪切文本

(5) 单击项目粘贴的目标位置。如果要逐个粘贴多个项目，可以在【剪贴板】任务窗格中双击每个要粘贴的项目，如图 3-19 所示。

(6) 如果要粘贴所有项目，可以在【剪贴板】任务窗格中单击【全部粘贴】按钮，如图 3-20 所示。

(7) 如果要清空 Office 剪贴板中所有的粘贴项目，只需单击【全部清空】按钮，如图 3-21 所示。

图 3-19　粘贴文本

图 3-20　全部粘贴

图 3-21　全部清空

3.3.5　文字的移动

如果在编辑文档时，发现某些文字的位置安排错误，就可能要进行文字的移动，其操作步骤如下。

(1) 选中要移动的文字。

(2) 拖动文字到要插入的地方松开鼠标左键，就可以移动到该处，非常简单。

提示：要移动文本，也可以这样做：

- 先选中要移动的文字，按下 F2 键，此时光标变成短虚线，用键盘把光标定位到要插入文字的位置，按下 Enter 键，文字就移动过来了。
- 通过剪切按钮实现移动。首先选中要移动的文字，单击【开始】选项卡中的【剪切】按钮，把鼠标指针移到目标位置，再单击【粘贴】按钮，就可以实现文本移动了。
- 按下 Ctrl+X 组合键进行剪切，再按下 Ctrl+V 组合键进行粘贴，也可以实现文本移动。

3.3.6 查找和替换

在编辑文档的过程中,特别是在长文档中,经常遇到要查找某个文本或要更正文档中多次出现的某个文本的情况,此时使用查找和替换功能可快速达到目的。

1. 文本的查找

要在较长的文章中查找某一串文字,利用 Word 提供的查找功能,可以快速完成。比如要在假日计划中查找"学习"这个词,可以进行以下操作来实现。

(1) 把光标定位在文档开头,单击【开始】选项卡中的【查找】按钮,弹出【查找和替换】对话框。

(2) 切换到【查找】选项卡,在【查找内容】文本框中输入"学习",如图 3-22 所示。

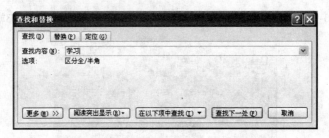

图 3-22 【查找】选项卡

(3) 单击【查找下一处】按钮。如果系统查找到所要查询的文字 "学习"时,将会把"学习"这两个字选中,如图 3-23 所示。

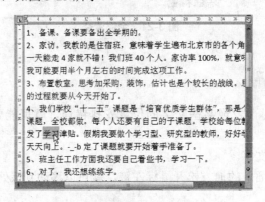

图 3-23 查找到"学习"文字

2. 文本的替换

把假期计划文档中出现的所有的"假期"字样替换成"假日"字样时,可以使用替换功能,其操作步骤如下。

(1) 单击【开始】选项卡中的【替换】按钮,弹出【查找和替换】对话框。

(2) 切换到【替换】选项卡,在【查找内容】文本框中输入"假期",在【替换为】文本框中输入"假日",如图 3-24 所示。

图 3-24 【替换】选项卡

(3) 单击【替换】按钮，系统将会查找到第一处符合条件的文字串，如果想替换，再次单击【替换】按钮，查找到的文字串就会被替换，同时找到下一处文字串。如果不想替换，单击 【查找下一处】按钮，则将继续查找下一处符合条件的文字串。

3.3.7 自动更正

在平时编辑完文档时，每次都要在文档的末尾签名处插入相片，久而久之会感觉特别麻烦。为了在假期计划的文档中快速而简单地输入相片，可以利用自动更正功能，其操作步骤如下。

(1) 在文档中插入相片，并且选中它。

(2) 打开【Word 选项】对话框，如图 3-25 所示。单击【校对】标签，在对应的选项卡中单击【自动更正选项】按钮，弹出【自动更正】对话框。

图 3-25 【Word 选项】对话框

(3) 切换到【自动更正】选项卡，在【替换】文本框中输入替换字词，替换字词既要形象又要便于理解和记忆，如输入"我的相片"。

(4) 单击【确定】按钮。以后再输入相片时，只需要输入文字"我的相片"，系统就会自动地把相片插入到文档中。

3.4 文字段落设置

本节将详细介绍文字段落设置，包括字符格式、段落字符格式、首字下沉、边框、底纹和分栏等内容。

3.4.1 设置字符格式

通过设置文档中字符的格式，可以使文档更加美观。

1. 字符的字体格式

录入完文字后，有必要对某些文字进行必要的字体格式设置，如标题字体、字号、字形等，其操作方法如下。

(1) 选择要设置格式的字符。

(2) 切换到【开始】选项卡，在【字体】选项组中可以看到【字体】、【字号】等设置按钮。单击【字号】按钮旁边的下拉列表箭头按钮，在下拉菜单中选择字体大小。

(3) 单击【字体】按钮旁边的箭头按钮，在下拉菜单中选择字体类型。

(4) 依次单击【加粗】按钮 **B**、【倾斜】按钮 *I*，对文本进行加粗、倾斜设置。

技巧： 在对字体进行设置时，也可以在选中的文字上右击，在弹出的快捷菜单中选择【字体】命令，然后在弹出的【字体】对话框中对文字的字体、字号、字形、字符间距及文字效果等进行综合设置，如图 3-26 所示。

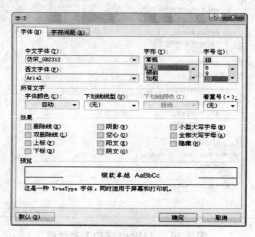

图 3-26 【字体】对话框

2. 设置字符间距

设置文档的字体、字号和字形后，如果标题字符间距过小，可以对标题的字符间距进行调整，同时还可以为标题添加一些文字效果使之更醒目，其操作步骤如下。

(1) 选择要设置格式的字符。

(2) 在【开始】选项卡中单击【字体】对话框启动器，如图 3-27 所示。

(3) 在弹出的【字体】对话框中，切换到【字符间距】选项卡，接着在【间距】下拉列表框中选择【加宽】选项，然后在右侧的【磅值】微调框中选择【8 磅】选项，如图 3-28 所示。

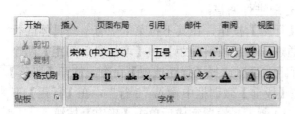

图 3-27　单击【字体】对话框启动器

图 3-28　【字符间距】选项卡

3.4.2　段落字符格式

1. 段落缩进

段落缩进包括 4 种方式：左缩进、右缩进、首行缩进和悬挂缩进，如图 3-29 所示。

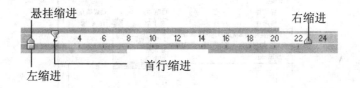

图 3-29　段落缩进方式

- 左缩进：设置段落与左页边距之间的距离。左缩进时，首行缩进标记和悬挂缩进标记会同时移动。左缩进可以设置整个段落左边的起始位置。
- 右缩进：拖动该标记，可以设置段落右边的缩进位置。
- 首行缩进：可以设置段落首行第一个字的位置，在中文段落中一般采用这种缩进方式，默认缩进两个字符。
- 悬挂缩进：可以设置段落中除第一行以外的其他行左边的开始位置。

设置段落缩进的方法有两种。

- 利用水平标尺进行段落缩进的设置：水平标尺上有多种标记，通过调整标记的位置可以设置光标所在段落的各种缩进，如图 3-29 所示。在设置的同时按住键盘上的 Alt 键不放，可以更精确地在水平标尺上设置段落缩进。

● 利用【段落】对话框进行段落缩进的设置：选中要设置缩进的段落，然后在【开始】选项卡的【段落】选项组中单击 按钮，弹出【段落】对话框，切换到【缩进和间距】选项卡，在【缩进】选项组中选择【首行缩进】选项，单击【确定】按钮即可。

提示：还可以通过单击【减少缩进量】按钮和【增加缩进量】按钮 来实现段落的缩进。

2. 段落间距和行间距

行距就是行与行之间的距离，而段间距是段落与段落之间的距离。行距一般系统默认值是 1.0，如果觉得这个距离太小，可以对行距进行调整。

选中文档，单击【开始】选项卡中的【行距】按钮，在其下拉菜单中有一些具体的行距数值，根据需要，单击它即可。还可以通过【增加段前间距】和【增加段后间距】两个命令对段间距进行设置。如果没有合适的行距，可以选择【行距选项】命令，打开【段落】对话框，对段间距进行更精确的设置。如在【段前】微调框中输入"3 行"，在【行距】下拉列表框中选择【多倍行距】选项，如图 3-30 所示，设置完成后单击【确定】按钮。

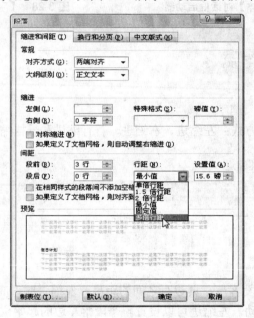

图 3-30　【段落】对话框

3. 设置段落的对齐方式

段落有 5 种对齐方式。
● 左对齐：将文本向左对齐。
● 右对齐：将文本向右对齐。
● 两端对齐：调整文字的水平间距，使其均匀分布在左、右页边距之间。两端对齐使两侧文字具有整齐的边缘。
● 居中对齐：将所选段落的各行文字居中对齐。

● 分散对齐：将所选段落的各行文字均匀分布在该段左、右页边距之间。

可以在图 3-30 所示的【段落】对话框中的【对齐方式】下拉列表框中设置段落的对齐方式，也可以利用工具栏中的对齐按钮来设置，如图 3-31 所示，无按钮被选中时表示左对齐。

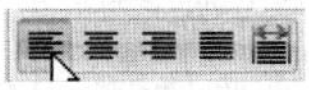

图 3-31　对齐按钮

提示：如果只设置一个段落格式，只要把光标定位在该段落中即可；如果设置多个段落，则可先选择各段落再一起设置。

3.4.3　首字下沉

首字下沉是一种特殊的排版方式，就是把一篇文档开头第一句的第一个字放大数倍，从而起到醒目的作用，操作步骤如下。

(1) 把光标移到需要设置首字下沉的段落中，单击【插入】选项组中的【首字下沉】按钮。

(2) 在其下拉菜单中有三种预设的方案，可以根据需要选择使用；如果要进行详细的设置，可以选择【首字下沉选项】命令，如图 3-32 所示。

(3) 在弹出的【首字下沉】对话框中进行设置，如图 3-33 所示。

图 3-32　选择【首字下沉选项】命令

图 3-33　【首字下沉】对话框

(4) 如在简报文档中设置下沉，下沉行数为 3 行，字体为楷体，效果如图 3-34 所示。

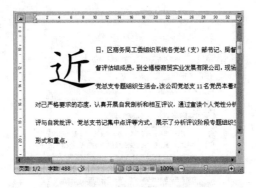

图 3-34　首字下沉的效果

3.4.4　边框和底纹

在 Word 中可以为选中的文本、段落或整个页面设置边框和底纹，以突出显示某个部分。

1. 添加边框

(1) 选择要添加边框的段落，单击【边框和底纹】按钮⬚▾，弹出【边框和底纹】对话框。

(2) 切换到【边框】选项卡，在【设置】选项组中选择要应用的边框类型，例如【方框】，然后在【样式】列表框中选择边框线的样式，接着在【颜色】下拉列表框中选择边框线的颜色，再在【宽度】下拉列表框中选择边框线的粗细，最后在【应用于】下拉列表框中选择应用边框的范围，并单击【确定】按钮，添加边框后的效果如图 3-35 所示。

图 3-35　添加边框

2. 添加底纹

添加底纹的方法与添加边框的方法基本一样，都是先选中对象，然后在【边框和底纹】对话框中进行设置。

选中要添加底纹的段落，单击【边框和底纹】按钮⬚▾，弹出【边框和底纹】对话框。切换到【底纹】选项卡，可以在里面进行底纹的设置。设置完成之后，单击【确定】按钮，其效果如图 3-36 所示。

图 3-36　添加底纹

☞ **提示**：还可以通过单击【边框】按钮□ ▼ 和【底纹】按钮 A 直接进行设置。

3.4.5 分栏

为了美化版面，人们往往会将页面分成两栏或多栏。

1. 分栏宽相等的栏

如果分栏后每栏的宽度都不一样，将会影响文档的美观且会给阅读带来极大的不便。设置宽度相等的分栏的具体操作如下。

(1) 在文档中选中要分栏的文本，如在简报中选中所有文本。切换到【页面布局】选项卡，在【页面设置】选项组中单击【分栏】按钮。

(2) 在下拉菜单中选择预置的分栏样式，如果选择【更多分栏】命令，则会弹出【分栏】对话框，如图 3-37 所示。

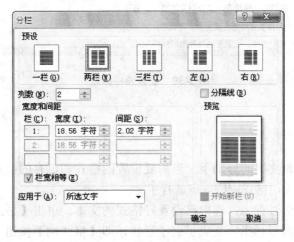

图 3-37 【分栏】对话框

(3) 对简报进行如下设置：分为两栏，栏宽相等，应用于所选文本，不设置分隔线，单击【确定】按钮，其效果如图 3-38 所示。

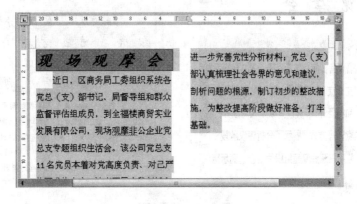

图 3-38 分栏效果

2. 设置通栏标题

对简报的正文设置分栏后，我们还可以将其标题设置为跨越多栏的通栏标题，这样看起来比较舒适、美观。

(1) 选定要设置成通栏标题的文本，单击【分栏】按钮，在下拉菜单中选择【一栏】选项。

(2) 把标题的对齐方式设置为居中对齐，通栏标题的设置效果如图 3-39 所示。

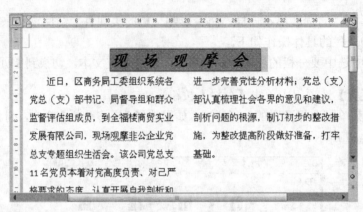

图 3-39 设置通栏标题

3.4.6 格式刷

格式刷是快速编辑文字的好助手，当需要设置的格式和已有的格式相同时，不必再重复进行格式设置，直接用格式刷刷一下就行了。

使用格式刷的操作过程为：选中已设置好格式的文本，单击【格式刷】按钮，把鼠标指针移到编辑区，这时鼠标指针变成了刷子形状，即【格式刷】按钮上的图标形状。找到要设置格式的文本，拖动鼠标刷过去就行了，其效果如图 3-40 所示。

图 3-40 效果对比

提示：单击【格式刷】按钮 ，复制一次格式后系统会自动退出复制状态。如果双击而不是单击时，则可以多次复制格式，要退出格式复制状态，可以再次单击【格式刷】按钮 或按下 Esc 键。

3.5　页面设置与打印

本节主要介绍页面设置，包括添加页眉、页脚和页码，设置页边距等内容。创建好一篇文档后，如果要把它打印出来，就要对它的页面进行设置，不然在打印时，可能会出现文档内容打印不全等问题。

3.5.1　添加页眉、页脚和页码

可以在每个页面的顶部设置页眉，也可以在底部设置页脚，在页眉和页脚中可以插入文本或图形。例如，可以添加页码、时间和日期、公司徽标、文档标题、文件名或作者姓名等，这样可以使文档更加丰富。

1. 添加页眉页脚

页眉位于页面的顶端，页脚位于页面的底端，它们不占用正文的显示位置，而显示在正文与页边缘之间的空白区域。一般用来显示一些重要信息，如文章标题、作者、公司名称、日期等。

在【插入】选项卡中单击【页眉】或【页眉】按钮，单击所需的页眉或页脚样式，页眉或页脚即被插入文档的每一页中。例如，在页眉中输入"简报范文"字样，单击【关闭页眉和页脚】按钮，退出页眉页脚的编辑状态，其效果如图 3-41 所示。

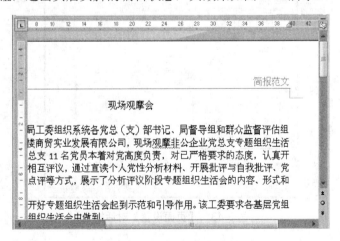

图 3-41　添加页眉页脚

2. 添加页码

在【插入】选项组中单击【页码】按钮，如图 3-42 所示，然后根据需要选择页码在文档中显示的位置。

图 3-42　添加页码

3.5.2　页面设置

1. 页边距设置

页边距就是页面上打印区域之外的空白空间。如果页边距设置得太窄，打印机将无法打印纸张边缘的文档内容，导致打印不全。所以在打印文档前应先设置文档的页面。

在【页面布局】选项卡中单击【页边距】按钮，在其下拉菜单中有 6 个页边距选项。可以使用这些预定好的页边距，也可以通过【自定义页边距】命令设置页边距。如果选择【自定义页边距】命令，则会弹出【页面设置】对话框，切换到【页边距】选项卡，可以在【页边距】选项组中的【上】、【下】、【左】、【右】文本框中输入数值，如图 3-43 所示。

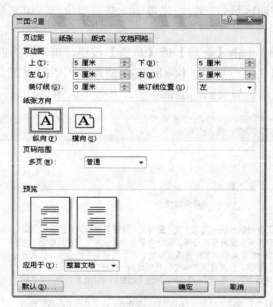

图 3-43　【页面设置】对话框

2. 纸张设置

下面设置稿件打印纸张的大小。

(1) 在【页面布局】选项组中单击【纸张大小】按钮，在其下拉菜单中包括一些预定好的选项，可以根据需要选择使用。也可以通过【其他页面大小】命令进行设置，如图 3-44 所示。

图 3-44 设置纸张大小

(2) 选择【其他页面大小】命令，打开【页面设置】对话框，切换到【纸张】选项卡。

(3) 在【纸张大小】选项组中，选择【自定义大小】选项，在【高】、【宽】文本框中输入数值。

3. 文档网格的设置

网格对我们来说并不陌生，如我们所使用的信纸、笔记本、作业本上都有。在 Word 文档中也一样可以设置网格。

打开【页面设置】对话框，切换到【文档网格】选项卡；在【网格】选项组中选中【指定行和字符网格】单选按钮，再单击【绘图网格】按钮。在【绘图网格】对话框中，选中【在屏幕上显示网格线】复选框，如图 3-45(a)所示。单击【确定】按钮，其效果如图 3-45(b)所示。

(a) 【绘制网格】对话框

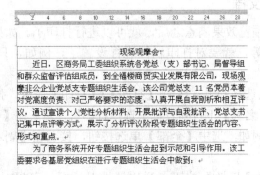

(b) 文档网格效果

图 3-45 设置文档网格

3.5.3 打印预览和打印文档

在文档编辑和页面设置完成后就可以进行打印了。打印之前可先预览打印效果。

1. 打印预览

打印预览视图是一个独立的视图窗口，与页面视图相比，可以更真实地表现文档外观。而且在打印预览视图中，可任意缩放页面的显示比例，也可以同时显示多个页面。

通过 Office 按钮进行打印预览是最常用的方法，操作步骤如下。

(1) 单击 Office 按钮，在下拉菜单中选择【打印】|【打印预览】命令，如图 3-46 所示。

图 3-46 选择【打印预览】命令

(2) 预览效果如果觉得满意，单击工具栏中的【打印】按钮就可以了。

(3) 可以在预览窗口中通过工具栏进行简单的修改，如果要进行大的修改可以单击【关闭】按钮，退出预览状态，返回页面视图进行调整。

提示： 如果对预览的效果不满意，还可以单击【页面设置】对话框的启动器，打开【页面设置】对话框重新进行设置。

2. 打印文档

对打印预览效果满意之后，就可以进行打印了。如果只需要打印部分文档或采取其他的打印方式等，就要对打印属性进行设置了，例如，只打印稿件的第一页可以进行如下设置。

(1) 依次选择 Office 按钮|【打印】|【打印】命令，弹出【打印】对话框。

(2) 在【名称】下拉列表框中选择打印机，然后在【页面范围】选项组中选择要打印的文档范围，例如，选中【全部】单选按钮，接着在【副本】文本框中设置需要打印的文本副本数目。

(3) 单击【属性】按钮，弹出属性对话框，可以对页面的布局和纸张进行设置，如图 3-47 所示。

图 3-47　属性对话框

(4) 设置完成后，单击【确定】按钮即可。

 ## 3.6　高级排版

本节将详细介绍 Word 的高级排版。Word 的功能非常强大，绝不仅仅限于基本的文档操作，它还提供了很多高级功能，可以使用户处理起文档来更加方便快捷，文档内容更加丰富多彩。

3.6.1　模板

用户可以根据特定的需要来定制模板。

依次选择 Office 按钮 |【另存为】|【Word 模板】命令，在【另存为】对话框中，单击【受信任模板】图标，输入新模板的文件名，在【保存类型】下拉列表框中选择【Word 模板】选项，然后单击【保存】按钮即可创建新的模板，如图 3-48 所示。

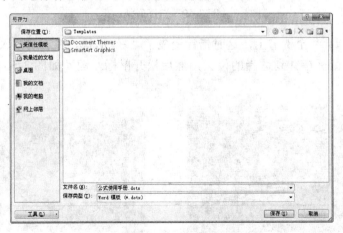

图 3-48　创建模板

3.6.2 绘制图形

在 Word 2007 中可以使用【插入】选项卡中的【插图】选项组中的【形状】按钮来绘制各种图形。单击【形状】按钮,在下拉菜单中可以看到可绘制的各种形状,包括线条、基本形状、箭头总汇、流程图、标注和星与旗帜 6 类。单击与所需形状相对应的图标按钮,然后在页面中拖动鼠标指针,即可绘出所需的图形,并自动在功能区显示绘图工具的【格式】选项卡。【格式】选项卡中各组工具的具体功能说明如下。

- 插入形状:用于插入图形,以及在图形中添加和编辑文本。
- 形状样式:用于更改图形的总体外观样式。
- 阴影效果:用于为图形添加阴影效果。
- 三维效果:用于为图形添加三维效果。
- 排列:用于指定图形的位置、层次、对齐方式以及组合和旋转图形。
- 大小:用于指定图形的大小尺寸。

如制作一张生日贺卡时,为了让标题更加醒目漂亮,常常要为贺卡的标题做一个衬底,操作步骤如下。

(1) 单击【插入】选项卡中的【形状】按钮,在其下拉列表中单击【星与旗帜】栏中的【爆炸型 2】图标,如图 3-49 所示。

图 3-49　选择形状

(2) 把鼠标指针移至贺卡上,这时指针变成了"+"形状。在想要插入的地方按住鼠标左键不放,拖动鼠标指针到适当的位置,然后松开鼠标左键,如图 3-50 所示。其效果如图 3-51 所示。

图 3-50　拖动鼠标指针到适当的位置

图 3-51　释放鼠标左键后的效果

3.6.3　艺术字

艺术字是指具有艺术效果的文字，如带阴影的、扭曲的、旋转的和拉伸的文字等。

1. 插入艺术字

单击【插入】选项卡中的【艺术字】按钮。在其下拉列表中选择一种艺术字样式，如图 3-52 所示，弹出【编辑艺术字文字】对话框。在对话框中输入文字"生日快乐！"，如图 3-53 所示，单击【确定】按钮，这时"生日快乐！"字样的艺术字将出现在文档中。

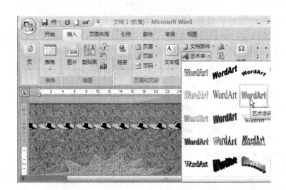

图 3-52　单击【艺术字】按钮

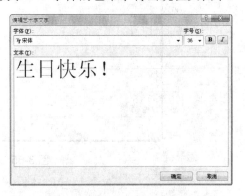

图 3-53　【编辑艺术字文字】对话框

2. 设置艺术字格式

为了使插入的艺术字与文档更协调、字体更加美观，下面进行艺术字格式的设置。

(1) 选中艺术字并右击，在弹出快捷菜单中选择【设置艺术字格式】命令。

(2) 弹出【设置艺术字格式】对话框，在【颜色与线条】选项卡中把【颜色】设置为"粉色"，如图 3-54 所示。

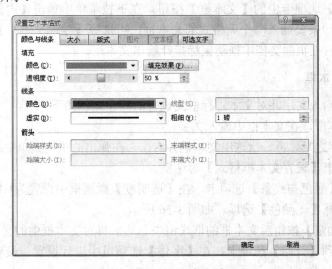

图 3-54　【颜色与线条】选项卡

(3) 切换到【版式】选项卡，如图 3-55 所示，选择【浮于文字上方】版式选项，单击【确定】按钮。

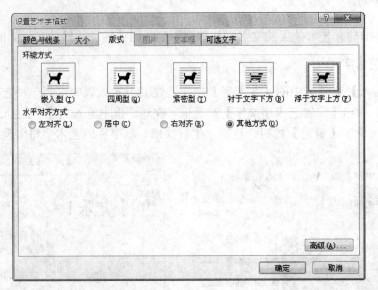

图 3-55 【版式】选项卡

3.6.4 文本框

在文档中使用文本框可以将文字或其他图形、图片、表格等对象在页面中独立于正文放置，并方便定位。文本框中的内容可以在框中进行任意调整。Word 2007 内置了一系列具有特定样式的文本框。

1. 插入文本框

单击【插入】选项卡中的【文本框】按钮，在下拉菜单中单击【内置】栏中所需的文本框图标即可。如果要插入一个无格式的文本框，可选择【绘制文本框】或【绘制竖排文本框】命令，然后在页面文档中拖动鼠标指针绘出文本框。

2. 格式化文本框

在文本框中输入文字并对文本进行格式设置的操作步骤如下。

(1) 选中文本框，在文本框中输入文字。

(2) 输入文字之后，再一次选中文本框并右击，在弹出的快捷菜单中选择【设置文本框格式】命令，弹出【设置文本框格式】对话框。

(3) 切换到【颜色与线条】选项卡，在【透明度】微调框中设置为 100%，在【颜色】下拉列表框中选择【无颜色】选项，如图 3-56 所示。

(4) 单击【确定】按钮后文本框的框线消失。然后再对文本框中的文字进行格式设置，选择文字，切换到【开始】选项卡，在【字体】选项组中进行设置。最后通过鼠标指针拖动调整文本框的大小。

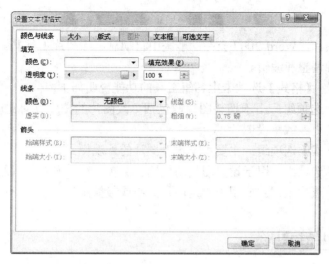

图 3-56　【颜色与线条】选项卡

3.6.5　图片

在 Word 2007 中可以插入多种格式的图片，如.bmp、.tif、.pic、.pcx 等。

1. 插入图片

(1) 单击【插入】选项卡中的【图片】按钮。

(2) 弹出【插入图片】对话框，在图片库中找到一个合适的图片，如图 3-57 所示。

图 3-57　【插入图片】对话框

(3) 单击【插入】按钮图片就插入到文档中了。

2. 调整图片

选择插入的图片，Word 2007 会在功能区中自动显示【图片工具】-【格式】选项卡，可对图片进行各种调整和编辑。

【图片工具】-【格式】选项卡上各组工具的功能说明如下。

● 【调整】选项组：用于调整图片，包括更改图片的亮度、对比度、色彩模式，以及压缩、更改或重设图片。

● 【图片样式】选项组：主要用于更改图片的外观样式。

● 【排列】选项组：用于设置图片的位置、层次、对齐方式，以及组合和旋转图片。

● 【大小】选项组：主要用于指定图片大小或裁剪图片。

3.6.6 SmartArt 图形

SmartArt 图形用于在文档中演示流程、层次结构、循环或关系。它包括水平列表和垂直列表、组织结构图以及射线图与维恩图等，如图 3-58 所示。

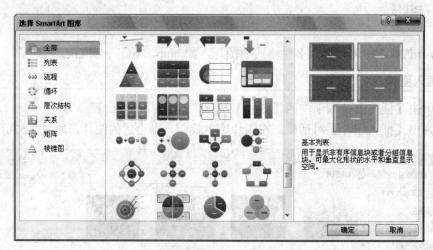

图 3-58　SmartArt 图形

这里以插入一个层次结构的图形来说明 SmartArt 的基本用法。

(1) 在【插入】选项卡的【插图】选项组中单击 SmartArt 按钮，打开【选择 SmartArt 图形】对话框。

(2) 选择左边列表中的【层次结构】选项，在中间列表框中选择【水平层次结构】，如图 3-59 所示，然后单击【确定】按钮。

(3) 对于这个层次结构，需要输入具体的层级关系。可以看到 Word 2007 提供了良好的输入界面，只需要在左侧的提示窗格中输入内容就可以对应完成相应的层级项目。输入的内容立刻就可以显示在图表中，如图 3-60 所示。

(4) 输入完成，将左侧窗格关闭，在层次结构图形外的空白区双击，一个 SmartArt 图形就创建完成了。

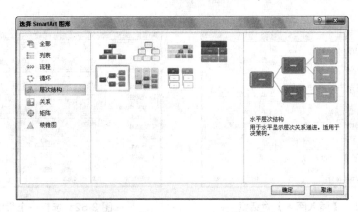

图 3-59　选择【水平层次结构】选项

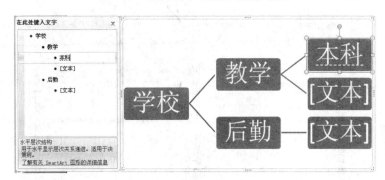

图 3-60　输入具体的层次关系

3.6.7　图表

Word 2007 在数据图表方面有了很大改进，可以在数据图表的装饰和美观方面进行专业级的处理。下面以一个实例介绍图表的使用。在这个例子中，我们要将一天上午的温度用折线图表示出来。表 3-1 为一天上午的温度变化情况。

表 3-1　一天上午的温度变化

时间	3:00	4:30	6:00	7:30	9:00	10:30	12:00
温度	12	12.5	14	15	17	20	25

Word 2007 图表的制作步骤如下。

(1) 选择图表类型。单击【插入】选项卡中的【插图】选项组中的【图表】按钮，打开如图 3-61 所示的对话框。选择【折线图】选项中的第四个图形，如图 3-62 所示。单击【确定】按钮，屏幕右侧会出现根据选择的图表类型而内置的示例数据，如图 3-63 所示。

(2) 整理原始数据。将表 3-1 中的数据输入到右侧的 Excel 表格中，系统将自动绘制出相应的折线图，如图 3-64 所示。

图 3-61　【插入图表】对话框

图 3-62　选择一个折线图

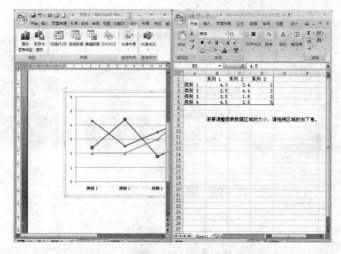
图 3-63　内置示例数据和对应的折线图

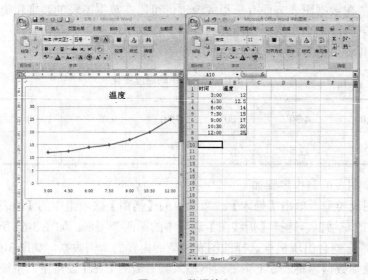
图 3-64　数据输入

(3) 图表布局。通常图表都要有横坐标、纵坐标和曲线的标目，要显示标目，在【设计】

选项卡的【图表布局】选项组中选择一种布局,我们选择"布局 10",并将横坐标和纵坐标的标目改为"实时"和"温度",如图 3-65 所示。

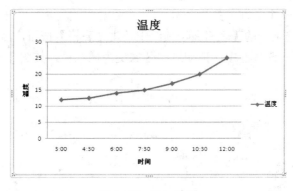

图 3-65 增加标目

3.7 表格处理

本节将详细介绍 Word 中的表格处理,主要包括创建表格、编辑表格、设置表格格式及其文本和表格的转换等内容。

3.7.1 创建表格

1. 绘制表格

(1) 单击【插入】选项卡中的【表格】按钮,在其下拉菜单中选择【绘制表格】命令。

(2) 把鼠标指针移至编辑区,鼠标指针将会变成铅笔的形状,同时在标题栏上将出现"表格工具"以及它的【设计】和【布局】两个选项卡,如图 3-66 所示。

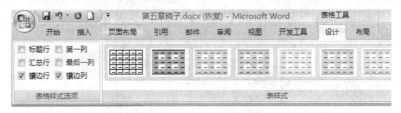

图 3-66 出现【设计】和【布局】选项卡

(3) 当鼠标指针变成铅笔的形状时,按住鼠标左键不放,在文档的空白处拖动就可以绘制出整个表格的外边框了。

(4) 按住鼠标左键不放,从起点到终点以水平方向拖动鼠标指针,可在表格中绘制出横线。

利用步骤(4)的方法可在表格的边框内绘制水平线、垂直线和斜线,根据需求完成表格。

2. 用【插入表格】按钮创建表格

利用【插入表格】按钮可以快速插入一个最大为八行十列的表格。下面以创建问卷调查表单为例,创建一个七行七列的表格。

(1) 在【插入】选项卡的【表格】选项组中单击【表格】按钮,然后在弹出的下拉菜单中将鼠标指针移到制表选择框中,拖动过的区域变为橘红色,如图 3-67 所示。

图 3-67　【表格】按钮

(2) 当制表选择框顶部显示 7×7 表格时单击,在光标位置处即会插入一个七行七列的表格。

3. 用【插入表格】对话框创建表格

单击【插入】选项卡中的【表格】按钮,在下拉菜单中选择【插入表格】命令,弹出【插入表格】对话框,在【插入表格】对话框中进行设置。这里在【列数】文本框中输入"7",在【行数】文本框中输入"7",在【"自动调整"操作】选项组中选中【固定列宽】单选按钮,如图 3-68 所示,单击【确定】按钮,这时在光标位置处也会出现一个七行七列的表格。

图 3-68　【插入表格】对话框

3.7.2　编辑表格

1. 数据录入

表格中行和列交叉处的小方格称为单元格。将光标定位在单元格中，可输入数据，按 Tab 键或按方向键可将光标移到下一个单元格，继续输入内容。在单元格中输入文本的方法与在文档页面中一样，当输入的文本到达单元格右边线时会自动换行；按下 Enter 键可以在单元格中开始一个新的段落。

2. 行、列、单元格和表格的选择

将光标移到一行的最左端，当鼠标指针变成指向右上角的箭头 ⤢ 时，单击即可选定一行。将光标移到一列的最上端，当鼠标指针变成向下的黑色小箭头 ↓ 时，单击即可选定一列。将光标移到一个单元格的左边，当鼠标指标变成指向右上角的黑色小箭头 ➹ 时，单击即可选中这个单元格。当选中一行(列或单元格)时，按 Delete 键将删除行(列或单元格)中的数据，当前行(列或单元格)仍然存在。将鼠标指针指向表格，单击表格左上角的标记 ⊞，可选中整个表格。

3. 插入和删除行/列

(1) 将光标定位在某一行的任意单元格中，然后单击【布局】选项卡中的【行和列】选项组中的【在上方插入】或【在左侧插入】或【在右侧插入】按钮，即可在当前位置插入新的行/列。

(2) 将光标定位在要删除的行的任一单元格中，在【布局】选项卡中单击【删除】按钮，在其下拉菜单中选择【删除行】/【删除列】命令，即可将指定的行/列删除。

4. 插入和删除单元格

除了可以在表格中插入和删除列和行外，还可以在表格中插入单元格，具体操作如下。

(1) 将光标定位在要插入单元格处的右侧或上方的单元格中，在【表格工具】-【布局】选项卡上，单击【行和列】对话框启动器，弹出如图 3-69 所示的【插入单元格】对话框，在其中选择某种插入方式，单击【确定】按钮即可。

(2) 将光标定位在要删除的单元格中，在【布局】选项卡中单击【删除】按钮，在其下拉菜单中选择【删除单元格】命令，弹出【删除单元格】对话框，在其中选择某种删除方式，单击【确定】按钮即可，如图 3-70 所示。

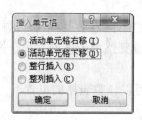

图 3-69　【插入单元格】对话框

图 3-70　【删除单元格】对话框

5. 合并和拆分单元格

- 合并单元格：选中多个连续的单元格，在【布局】选项卡中单击【合并单元格】按钮，就可以将多个单元格合并为一个单元格了。
- 拆分单元格：将光标定位在某一个单元格中，在【布局】选项卡中单击【拆分单元格】按钮，在弹出的【拆分单元格】对话框中进行设置，如在【列数】微调框中输入"6"，单击【确定】按钮，如图 3-71 所示，这样原来的一个单元格变成了6 个单元格。

图 3-71 【拆分单元格】对话框

3.7.3 设置表格格式

1. 调整表格的列宽

把光标定位在要调整的单元格中，单击【布局】选项卡中的【属性】按钮，在弹出的【表格属性】对话框中切换到【列】选项卡，在【指定宽度】文本框中输入要调整的尺寸，单击【确定】按钮即可。

提示：把光标定位在要调整列宽的边线上，待指针变成 ╋ 形状时，拖动鼠标可以自由地调整列宽。

2. 调整表格的行高

将光标定位在要调整的单元格中，然后打开【表格属性】对话框，切换到【行】选项卡。在【指定高度】文本框中输入要调整的尺寸，单击【确定】按钮即可。

提示：把光标定位在要调整行高的边线上，当指针变成 ╪ 形状时，拖动鼠标可以自由地调整行高。

3. 调整表格的大小、位置

- 调整表格的大小：将鼠标指针放在表格右下角的小正方形上，这时鼠标指针就变成了一个拖动标记。按下鼠标左键拖动，可以改变整个表格的大小，拖动的同时表格中的单元格的大小也会调整。
- 调整表格的位置：拖动表格左上角的图标 ⊞ 就可以调整表格的位置。

3.7.4　文本和表格的转换

Word 可以实现文档中的文字与表格间的相互转换，比如可以一次性将多行文字转换为表格的形式，或将表格形式转换为文字形式。

1. 文本转换成表格

选中所需转换的文本，然后单击【插入】选项卡中的【表格】按钮，在其下拉菜单中选择【文本转换成表格】命令，弹出【将文字转换成表格】对话框。在【列数】微调框中输入所需的列数，在【自动调整操作】选项组中选中【固定列宽】单选按钮，在【文字分隔位置】选项组中选中【制表符】单选按钮，如图 3-72 所示，单击【确定】按钮即可。

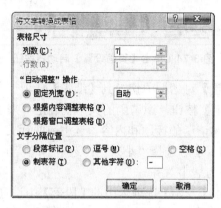

图 3-72　【将文字转换成表格】对话框

2. 表格转换成文本

选中要转换的表格，单击【布局】选项卡中的【转换为文本】按钮 ，在弹出的【表格转换为文本】对话框中选中【制表符】单选按钮，如图 3-73 所示，单击【确定】按钮，表格即变成文本形式了。

图 3-73　选中【制表符】单选按钮

3.8　回到工作场景

学习了文字处理软件 Word 2007 中相关的基本操作后，下面回到 3.1 节的工作场景中完成文档的排版。

【工作过程一】进行公司邀请函的文字制作

(1) 新建一个空白文档,单击【页面布局】选项卡中的【页面设置】选项组中的【页面设置】启动器按钮,如图 3-74 所示。

图 3-74　单击【页面设置】启动器按钮

(2) 在弹出的【页面设置】对话框中切换到【纸张】选项卡。在【纸张大小】下拉列表框中选择 16 开,单击【确定】按钮,邀请函的大小就确定下来了。

(3) 在空白文档中输入邀请函的标题和内容。选中前两行文字,在【开始】选项卡中的【字体】选项组中选择黑体,字号选择"小二";选中"邀请函"文字,设置字体为黑体,字号为一号。前三行均设置为居中对齐。

(4) 选中正文文字,单击【开始】选项卡中的【段落】中设置启动器按钮,打开【段落】对话框。在【间距】选项组的【行距】下拉列表框中选择【1.5 倍行距】,然后单击【确定】按钮,设置后的邀请函如图 3-75 所示。

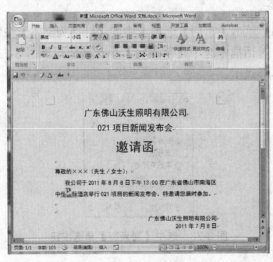

图 3-75　设置正文格式

【工作过程二】为邀请函添加水印背景

(1) 单击【页面布局】选项卡中的【页面背景】选项组中的【水印】按钮,在弹出的下拉菜单中选择【自定义水印】命令,打开【水印】对话框,选中【图片水印】单选按钮,系统默认【缩放】参数为【自动】，并默认选中【冲蚀】复选框。

(2) 单击【选择图片】按钮，打开【插入图片】对话框，选好用来制作背景的图片后，单击【插入】按钮。

(3) 返回到【水印】对话框，可以看到【选择图片】按钮旁已经加载了所选图片的路径，在【缩放】下拉列表框中调整图片的缩放比例，这里选择 150%。

(4) 单击【确定】按钮，图片以水印的格式插入，效果如图 3-76 所示。

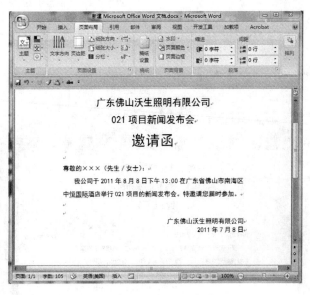

图 3-76　添加水印的邀请函

【工作过程三】插入剪辑和艺术字来美化邀请函

(1) 单击【插入】选项卡中的【剪贴画】按钮，弹出【剪贴画】任务窗格，在此选择一张剪贴画，这时文档中就插入了所选的剪贴画，效果如图 3-77 所示。

图 3-77　插入剪贴画的邀请函

(2) 选中图片右击,在快捷菜单中选择【大小】命令,弹出【大小】对话框,在【大小】选项卡中选中【锁定纵横比】复选框,在【缩放比例】选项组中设置【高度】为 40%,此时文档中的图片按默认大小的 40%显示,单击【关闭】按钮。

(3) 选中图片右击,在快捷菜单中选择【文字环绕】|【衬于文字下方】命令。

(4) 选中图片右击,在快捷菜单中选择【设置图片格式】命令,在弹出的【设置图片格式】对话框中单击【图片】选项卡中的【重新着色】按钮,选择【冲蚀】选项,单击【关闭】按钮。

(5) 选中图片,将它拖动到标题文字的右侧,或者用键盘上的方向键移动图片,效果如图 3-78 所示。

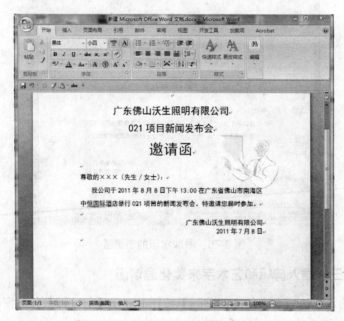

图 3-78 设置剪贴画格式后的邀请函

(6) 单击【插入】选项卡中的【艺术字】按钮,在其下拉列表中选择一种艺术字样式,如选择样式 21,弹出【编辑艺术字文字】对话框,在对话框中输入标题,如"欢迎光临"。

(7) 单击【确定】按钮,这时"欢迎光临"字样的艺术字将出现在邀请函中,调整位置后效果如本章开头的图 3-1 所示。

【工作过程四】进行邮件合并

(1) 单击【邮件】选项卡中的【开始邮件合并】按钮,在下拉列表中选择文档类型为【信函】。

(2) 在【邮件】选项卡中单击【选择收件人】按钮,在下拉列表中选择【键入新列表】命令。

(3) 在【新建地址列表】对话框中输入信息后,单击【确定】按钮。

(4) 在【保存通讯录】对话框的【文件名】文本框中输入文件名后,单击【保存】按钮。

3.9　工作实训营

1. 训练内容

小陈是某杂志社的一名员工，本周的一项工作任务是使用 Word 2007 录入一篇名为"珍惜自己"的文章并对其进行排版，最终效果如图 3-79 所示。

图 3-79　排版最终效果图

2. 训练要求

(1) 掌握文档的创建、保存的方法。

(2) 掌握设置字体格式的方法。

(3) 掌握插入图片的方法。

本章习题

一、选择题

(1) 要关闭 Word 程序，应_____。

　　A. 单击标题栏右侧的【关闭】按钮

　　B. 选择【Office 菜单】中的【关闭】命令

　　C. 单击【Office 菜单】中的【退出 Word】按钮

　　D. 按 Alt+F4 组合键

(2) 要想在编排长文档时提高处理速度、节省时间，可使用_____视图。

A. 普通 　　　　B. 阅读版式 　　C. 页面 　　　　D. 大纲

(3) Word 的默认文字录入状态是插入状态，若要切换到改写状态，可按下_____键。

A. Insert 　　　　B. Delete 　　　　C. PageUp 　　　　D. PageDown

(4) 在中文文档中最常用的对齐方式是_____。

A. 左对齐 　　　　B. 居中 　　　　C. 分散对齐 　　　　D. 两端对齐

(5) 在 Word 文档中执行复制操作的快捷键是_____。

A. Ctrl+A 　　　　B. Ctrl+C 　　　　C. Ctrl+V 　　　　D. Ctrl+P

二、填空题

(1) Word 2007 提供的两种编辑方式为_____和_____。

(2) 使用标尺时可以进行_____操作。

(3) 如果要使用 Word 的替换功能将查找的内容从文档中删除，应在【替换为】文本框内_____。

(4) Word 2007 的文档格式是_____。

(5) 剪切、复制和粘贴的快捷键是_____ 、_____、_____。

(6) 编辑表格时，用鼠标指针拖动垂直标尺上的行标记，可以调整表格的_____。

三、简答题

(1) 启动 Word 2007 有哪些常用方法？

(2) 简述如何进行查找与替换操作。

(3) Word 2007 提供了哪几种缩进方式？

(4) 为什么要使用分栏排版，怎样使用不等宽的两栏版式对文档进行排版？

第 4 章

电子制表软件 Excel 2007

 **本章要点**

- Excel 的启动和退出、表格的创建、编辑和保存等基本操作
- 工作表中函数和公式的应用
- 工作表格式的设置、页面的设置和打印
- Excel 图表的建立、编辑
- 排序、筛选等数据库操作

技能目标

- 工作表中函数和表达式的应用
- Excel 图表的建立、编辑和修改
- 排序、筛选等数据库操作

4.1 工作场景导入

【工作场景】利用 Excel 2007 求解最大利润的问题

某肥料厂专门收集有机物垃圾，如青草、树枝、废弃的花朵等。该厂利用这些废物，掺进不同比例的泥土和矿物质来生产高质量的植物肥料，生产的肥料分为底层肥料、中层肥料、上层肥料及劣质肥料四种。为使问题简单化，假设收集废物的劳动力是自愿的，除了收集成本之外，材料成本是最低廉的。生产各种肥料耗用的原料及各种肥料的单价如图 4-1 所示，原材料的现有库存及单位成本如图 4-2 所示。

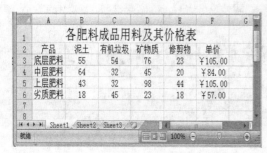

图 4-1　各肥料成品用料及其价格表　　　　图 4-2　原材料库存及成本

根据图 4-1、图 4-2 所示两张工作表的内容，即利用原材料的现有库存，求出应生产各种类型的肥料各多少才能获得最大利润。

【引导问题】

(1) 在 Excel 2007 中，你会进行图表的建立、编辑和修改吗？

(2) 在 Excel 2007 中，你会进行工作表中函数和表达式的应用吗？

(3) 在 Excel 2007 中，你会进行排序、筛选等数据库操作吗？

4.2 认识 Excel 2007

本节主要介绍 Excel 2007 的基本操作，包括 Excel 的启动、窗口的组成、数据的输入及工作簿的保存等。

4.2.1 启动和退出 Excel 2007

安装 Excel 2007 程序后，可通过以下两种方法启动程序，类似于 Word 的启动。

(1) 依次选择【开始】|【所有程序】| Microsoft Office | Microsoft Office Excel 2007 命令，启动 Excel 2007，同时程序会自动创建一个名为"Book1"的空白工作簿。

(2) 创建一个 Excel 桌面快捷方式，双击快捷方式可以启动。

另外，双击现有的 Excel 2007 文档，也可以启动 Excel 2007 程序，同时打开该文档。如果需要新建文档，则可以选择【新建】命令。

退出 Excel 2007 程序有如下几种方法。

(1) 单击文档中的 Office 按钮，在其下拉菜单中单击【退出 Excel】按钮。

(2) 单击标题栏右端的【关闭】按钮 ✕ 。

(3) 将光标放置在标题栏上右击，从弹出的快捷菜单中选择【关闭】命令。

(4) 通过快捷键 Alt+F4 关闭。

4.2.2　Excel 2007 的工作界面

Excel 2007 的界面相比于以前的版本有了很大的改变，工作界面主要包括 Office 按钮、标题栏、菜单栏、快速访问工具栏、数据编辑区、滚动条、工作表选项卡和状态栏等。

1. 数据编辑区

数据编辑区如图 4-3 所示。其中各项内容介绍如下。

图 4-3　数据编辑区

● 【地址栏】文本框：用来显示当前活动单元格或单元格区域的地址。

● 【编辑栏】文本框：用来输入或编辑数据，数据同时显示在当前活动单元格中。

● 【取消】按钮：单击【取消】按钮将取消数据的输入或编辑，同时当前活动单元格中的内容也随之消失。

● 【输入】按钮：单击【输入】按钮将结束数据的输入或编辑，同时将数据存储在当前单元格内。

● 【插入函数】按钮：单击【插入函数】按钮即可执行插入函数的操作。

2. 全选框

单击全选框，可以全选一个工作表。其快捷键是 Ctrl+A 组合键。

3. 活动单元格

单元格是表格中的最小组成部分。活动单元格是指当前选中的单元格，它的四周由黑色边框包围。可以编辑单元格中的数据，还可以对数据进行移动或复制单元格等操作。

4. 工作表选项卡

用于显示一个工作簿中的各个工作表的名称。单击不同工作表的名称，可以切换到不同的工作表。当前工作表以白底显示，其他的以浅蓝色底纹显示。

5. 状态栏

状态栏位于窗口的最底部，用于显示执行过程中的操作或命令信息。状态栏左侧显示正在执行的操作，如打开一个文件、粘贴单元格等；如果选择一个命令，则会显示该命令的简要描述。状态栏右侧可以显示一些按键(如 Caps Lock，End 等)是否打开。

4.2.3　工作簿与工作表

工作簿与工作表是两个不同的概念，一个工作簿可以包含多个工作表。

1. 工作簿

在 Excel 中一个文件即为一个工作簿，一个工作簿由一个或多个工作表组成。Excel 启动时会自动产生一个新的工作簿 Book1。在默认情况下，Excel 为每个新建工作簿创建三张工作表，标签名分别为 Sheet 1、Sheet 2、Sheet 3，可分别用来存放如学生名册、教师名册、学生成绩等相关信息。

2. 工作表

打开 Excel 2007 时，首先映入眼帘的工作画面就是工作表。工作表是 Excel 完成一项工作的基本单位，可以输入字符串(包括汉字)、数字、日期、公式、图表等丰富的信息。工作表由多个按行和列排列的单元格组成，工作簿窗口由工作表区、工作表标签、标签滚动按钮、滚动条组成。在工作表中输入内容之前首先要选中单元格。每张工作表有一个工作表标签与之对应(如 Sheet 1)。用户可以直接单击工作表标签名来切换当前工作表。

 提示： 一个工作簿最多有 255 张工作表，一张工作表最多可以有 65 536 行、256 列数据。

3. 单元格

单元格是 Excel 工作簿的最小组成单位，在单元格内可以存放简单的字符或数据，也可以存放多达 32 000 个字符的信息，单元格可通过地址来标识，即一个单元格可以用列号(列标)和行号(行标)来标识，如 B2。

4.3　工作簿的管理

本节主要介绍工作簿的管理，包括工作簿的创建、数据的输入及工作簿的保存等内容。

4.3.1　创建工作簿

1. 新建工作簿

想要用 Excel 来存储编辑需要的数据就要先新建一个工作簿，创建工作簿的方法与创建 Word 文档的方法类似，单击 Office 按钮，在弹出的下拉菜单中选择【新建】命令，打开【新建工作簿】对话框，在模板列表框中选择模板类型，然后选择模板，再单击【创建】按钮即可。

提示：可以通过快捷键 Ctrl+N 快速创建一个空白工作簿。

2. 打开已有的工作簿

方法一：通过 Office 按钮打开，操作步骤如下。

单击 Office 按钮，在弹出的下拉菜单中选择【打开】命令，弹出【打开】对话框，在【查找范围】下拉列表框中选择要打开的文件的具体位置，然后选中要打开的文件，再单击【打开】按钮即可。

方法二：使用快捷方式打开，操作步骤如下。

单击快速访问工具栏上的【打开】按钮，如图 4-4 所示，将会弹出【打开】对话框，在【查找范围】下拉列表框中选择要打开的文件的具体位置，然后选中要打开的文件，最后单击【打开】按钮即可。

图 4-4　单击【打开】按钮

4.3.2　输入数据

工作簿建立后就可以在工作表中输入数据了。在 Excel 工作表的单元格中可以输入文本、数字、日期等。

1. 文本输入

单击要输入文本的单元格，输入文本，且输入的字符不受单元格大小的限制。输入数据后按下 Enter 键，黑色边框自动跳到下一行的同列单元格。

提示：单元格中的文本可以包括任何字母数字和键盘符号的组合。每个单元格最多可包含 32 000 个字符，如果单元格列宽容不下文本字符串，就要占用相邻的单元格。如果相邻单元格中已有数据，就会截断显示。

2. 数字输入

在 Excel 中，数字可用逗号、科学计数法或某种格式表示。输入数字时，只要选中需要输入数字的单元格，按下键盘上的数字键即可。

3. 日期输入

输入日期时可以使用斜线(/)、连字符(-)、文字或者它们的组合来输入一个日期。输入日期有很多种方法，如果输入的日期格式与默认的格式不一致，就会把它转换成默认的日期格式。如输入"2007 年 3 月 18 日"这个日期，可以输入如下形式的日期：

07/3/18	07-3-18	07-3-18	07/3/18
2007/3/18	2007-3-18	2007-3-18	2007/3/18

4.3.3　保存工作簿

保存工作簿是非常重要的操作之一。用户可在工作过程中随时保存文件，以免因意外事故造成不必要的损失，保存工作簿的方法主要有以下几种。

(1) 在操作过程中随时单击工具栏上的【保存】按钮 。

(2) 单击 Office 按钮，在下拉菜单中选择【保存】命令可以保存工作簿。

(3) 单击 Office 按钮，在下拉菜单中选择【另存为】命令可以保存工作簿。对于尚未保存过的工作簿，执行【保存】命令后，将会打开【另存为】对话框，用户需在其中指定文件名称及保存文件的位置，然后单击【保存】按钮即可保存文件。

(4) 按 Ctrl+S 组合键。

4.4　编辑单元格

本节主要介绍单元格的编辑，包括选中单元格、移动单元格、复制单元格、清除单元格、删除单元格等，这些都是单元格的基本操作，读者应该仔细学习，熟练掌握。

4.4.1　选中单元格

单元格是工作表中的最小组成单位，单元格内可以输入文字、数字与字符等信息。对单元格进行操作之前，必须先选择单元格。

1. 选中单个单元格

单元格的选择有两种方法。

(1) 直接在单元格上单击，就能选中单元格，被选中的单元格周围会出现黑色的边框。

(2) 如果要选择特定的单元格没有出现在当前屏幕中，则可以在【地址栏】中输入需要选择的单元格地址，按下 Enter 键就可以了，如图 4-5 所示。

图 4-5　输入单元格地址栏

2. 选择整行

选择整行只要在工作表上单击该行的行号即可。如要选中第三行，只要将鼠标指针放在第三行的行号"3"上，此时鼠标指针变成黑色的小箭头，单击即可。

提示：若选择整列，只要在工作表上单击该列的列号即可。

3. 选择单元格区域

单元格区域是指由多个相邻的单元格构成的矩形区域。用户可以利用鼠标或快捷键来选择一个单元格区域或多个不相邻的单元格区域。

选择一个矩形区域的方法有两种，一种是拖动法，另一种是在【地址栏】中输入。

(1) 将鼠标指针指向第一个单元格 A3，向下角拖动。当包含所有待选的单元格时释放鼠标左键即可选中该区域，选中的单元格区域会以灰色显示。

(2) 在【地址栏】中输入"A3：G6"，按下 Enter 键即可选中，如图 4-6 所示。

图 4-6　地址栏

提示：选择不连续单元格的方法有两种。

方法一：拖动选中第一个区域；然后按住 Ctrl 键不放，再拖动选择第二个、第三个区域；松开 Ctrl 键并释放鼠标左键即可。

方法二：在【地址栏】中输入要选择的单元格地址，不连续地址之间用逗号隔开。例如，要选择单元格 A3 和单元格区域 B6：G6，只要在【地址栏】中输入"A3，B6：G6"，按下 Enter 键即可。

4.4.2　移动、复制单元格

移动单元格数据是将单元格中的数据移至其他单元格中；复制单元格或区域数据是指将某个单元格区域的数据复制到指定的位置，在另一个位置创建一个备份，原来位置的数据仍然存在。

1. 使用剪贴板进行移动和复制

选中要移动数据的单元格或区域，单击工具栏上的【复制】按钮，这时在该区域四周会出现流动的虚线框。

选中目标单元格，如果被剪切的是一个区域，则选择的单元格是目标区域的第一个单元格，单击工具栏中的【粘贴】按钮，就可以将要复制的内容复制过来了。而流动的虚线框并不消失。

技巧：还可以使用快捷键来快速地对单元格内容进行移动或复制。

按下 Ctrl+C 快捷键，可以复制单元格内容；按下 Ctrl+X 组合键，可以剪切单元格内容；按下 Ctrl+V 快捷键，可以粘贴单元格内容。

2. 使用鼠标进行移动和复制

如果要移动或复制的源单元格和目标单元格相距较近，直接使用拖放的方法就可以复制和移动数据。

根据需要，数据移动和复制有两种方式：一种是覆盖式，即改写式，这种方式可以将目标位置单元格内的内容全部替换为新内容；另一种是插入式，这种方式移动和复制则会将新内容插入到插入点位置，而将原来的内容右移或下移，下面从四个方面来讲解。

(1) 覆盖式移动。选中单元格或区域，将光标移动到所选择区域的边框上，当光标变成形状时，按下鼠标左键并拖动到新的位置即可。

(2) 覆盖式复制。选中要复制数据的单元格区域,将光标移动到边框上,按住 Ctrl 键,会发现在箭头右上方出现一个"+"号,拖动光标到指定位置上并释放鼠标左键。此时进行的是复制操作,而不是移动。

提示:当移动单元格或区域中的内容到新的位置时,如果目标区域为空白区域,没有数据,那么将直接进行移动或复制。

(3) 插入式移动法。如果需要将单元格的数据移动和复制到其他单元格,而不是希望覆盖以前的数据,可以使用插入方式来移动复制数据。

选择单元格或区域,拖动其边框的同时按下 Shift 键,这时跟随光标的移动,边框变成一个倒"I"型的虚柱,将其拖动到要插入的位置,释放鼠标左键即可将单元格内容移动到指定位置上。

(4) 插入式复制法。如果要进行插入式复制,方法同上,只是拖动光标的时候要同时按下 Shift 和 Ctrl 键。

4.4.3　插入单元格

修改工作表数据时,可在表中添加一个空行、一个空列或是若干个单元格,而表格中已有的数据会按照指定的方式迁移,自动完成表格空间的调整。

1. 右击插入单元格

在要插入单元格的位置上右击,在弹出的快捷菜单中选择【插入】命令,弹出【插入】对话框,选中【活动单元格右移】单选按钮,如图 4-7 所示。单击【确定】按钮,单元格右边的各个单元格依次向右移动一个单元格。

图 4-7　【插入】对话框

2. 工具栏插入单元格

选中要插入单元格的位置。在【开始】选项卡的【单元格】选项组中,单击【插入】按钮上的倒三角,在其下拉菜单中选择【插入单元格】命令。在弹出的【插入】对话框中选中【活动单元格右移】单选按钮。

4.4.4　清除单元格

清除单元格是将单元格中的数据完全清除,单元格还保留在原位置。

选中要清除数据的单元格或区域，然后在【开始】选项卡的【编辑】选项组中单击【清除】按钮，在其下拉菜单中选择【全部清除】命令。

4.4.5　删除单元格

删除单元格是将选中的单元格及其数据一同删除，原来的位置被其他单元格代替。

选中要删除的单元格或区域，在【开始】选项卡的【单元格】选项组中，单击【删除】按钮上的下拉列表按钮，选择【删除单元格】命令，如图 4-8 所示。

图 4-8　选择【删除单元格】命令

弹出【删除】对话框，选中【右侧单元格左移】单选按钮，如图 4-9 所示。

图 4-9　【删除】对话框

结果如图 4-10 所示，不但将 D3:E6 单元格区域内的数据删除，而且将这几个单元格也删除了，右边 F3:G6 区域的内容移动到 D3:E6 区域。

图 4-10　删除单元格后的效果

4.5 编辑工作表

本节主要介绍工作表的编辑，包括插入工作表，重命名工作表，移动、复制工作表，删除工作表，显示和隐藏工作表等内容。

4.5.1 插入工作表

插入工作表有以下几种方法。

1. 通过【插入工作表】命令添加工作表

打开 Excel 文档选中 Sheet 1 工作表，在【开始】选项卡的【单元格】选项组中单击【插入】按钮，从下拉菜单中选择【插入工作表】命令，就可以在 Sheet 1 工作表前插入一个新的工作表 Sheet 4。

2. 通过快捷菜单命令插入工作表

通过快捷菜单命令插入工作表的具体操作步骤如下。

(1) 打开"Excel 文档"，在 Sheet 1 工作表标签上右击，然后在弹出的快捷菜单中选择【插入】命令。

(2) 在弹出的【插入】对话框中切换到【常用】选项卡，选择【工作表】选项，如图 4-11 所示，单击【确定】按钮就可以在 Sheet 1 工作表前插入一个新的工作表了。

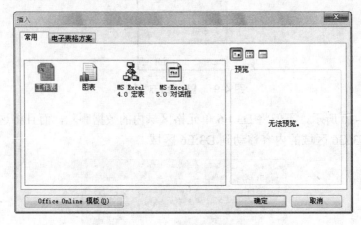

图 4-11 【常用】选项卡

4.5.2 重命名工作表

Excel 工作簿中的工作表名称默认为 Sheet 1、Sheet 2、Sheet 3…，这样不方便记忆和进行有效的管理，下面学习重命名工作表。

1. 直接重命名工作表

(1) 打开工作簿，双击要修改的工作表标签，标签会以反黑显示，如图 4-12 所示。

|◀ ◀ ▶ ▶| sheet1 / Sheet2 / Sheet3

图 4-12 双击 Sheet 1 工作表标签

(2) 输入"销售部"，如图 4-13 所示。

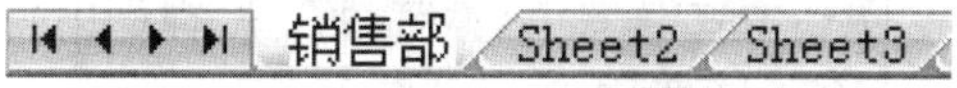

|◀ ◀ ▶ ▶| 销售部 / Sheet2 / Sheet3

图 4-13 输入"销售部"

(3) 按下 Enter 键即可重命名，然后按照同样的方法命名其他工作表。

2. 通过菜单重命名工作表

打开工作簿，选中工作表 Sheet 1，然后在【开始】选项卡的【单元格】选项组中单击【格式】按钮，从下拉菜单中选择【重命名工作表】命令，如图 4-14 所示。

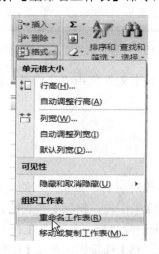

图 4-14 选择【重命名工作表】命令

如图 4-12 所示，这时工作表以反黑显示。输入"销售部"按下 Enter 键即可重命名选中的工作表了。

4.5.3 移动、复制工作表

1. 在同一工作簿中移动/复制工作表

(1) 移动工作表。选中工作表后，拖动至合适的标签位置后放开。

(2) 复制工作表。选中工作表后按住 Ctrl 键，按下鼠标左键不放，拖动到合适的标签位置处再放开。

2. 在不同工作簿中移动或复制工作表

打开工作簿，选中所需要移动或复制的工作表，比如选择"秘书处"，然后在【开始】选项卡的【单元格】选项组中单击【格式】按钮，在下拉菜单中选择【移动或复制工作表】命令，在打开的【移动或复制工作表】对话框中的【下列选定工作表之前】列表中选择需移动或复制的地点，这里选择【移至最后】，并在【工作簿】下拉列表框中选择"公司人员登记表"，如图 4-15 所示。

图 4-15　【移动或复制工作表】对话框

单击【确定】按钮，这样"秘书处"就由"公司员工档案"工作簿中移到"公司人员登记表"工作簿中了。

4.5.4　删除工作表

删除工作表和添加工作表是相对应的，如果插入的工作表多了，或者有些工作表的内容已经不需要了，都可以选择删除工作表，删除工作表的具体操作步骤如下。

(1) 打开工作簿，假如这里要删除"秘书处(2)"工作表，那么选中该工作表。

(2) 在【开始】选项卡的【单元格】选项组中单击【删除】按钮，从下拉菜单中选择【删除工作表】命令。

(3) 对出现的警告信息可以根据需要进行选择。若单击【删除】按钮，系统则删除工作表，否则不会删除。

提示：如果要删除的是一个空的工作表，则不会出现警告信息。

4.5.5　显示、隐藏工作表

在参加会议或演讲等活动时，若不想表格中的重要数据外泄，可将数据所在工作表隐藏，等到需要时再将其显示。

1. 隐藏工作表

隐藏工作表的具体操作步骤如下。

(1) 打开工作簿，选中需要隐藏的工作表，比如选中"秘书处"工作表。

(2) 在【开始】选项卡的【单元格】选项组中单击【格式】按钮；然后在下拉菜单中依次选择【可见性】|【隐藏和取消隐藏】|【隐藏工作表】命令，如图 4-16 所示，这样"秘书处"就被隐藏起来了。最后的效果图如图 4-17 所示，在工作表标签中看不到"秘书处"了。

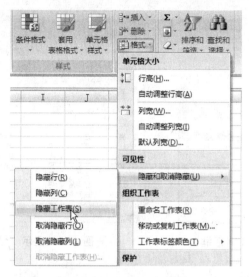

图 4-16　选择【隐藏和取消隐藏】命令

图 4-17　隐藏后的效果

2. 显示隐藏工作表

隐藏了工作表之后，如果需要显示被隐藏的工作表，可以进行以下的操作，其实隐藏和显示是相对的，显示工作表的方法和隐藏是一样的。

(1) 打开"公司员工档案"，单击【格式】按钮，在下拉菜单中依次选择|【可见性】|【隐藏和取消隐藏】|【取消隐藏工作表】命令。

(2) 在弹出的【取消隐藏】对话框中选择需要显示的工作表(这里由于我们只隐藏过一个工作表所以不用选择了)，如图 4-18 所示。

(3) 单击【确定】按钮，被隐藏的工作表就会被显示出来了，如图 4-19 所示。

 提示：在任何一个工作表标签上右击，然后在弹出的快捷菜单上选择【取消隐藏】命令，也可以显示工作表。

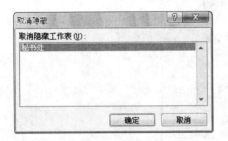

图 4-18 【取消隐藏】对话框

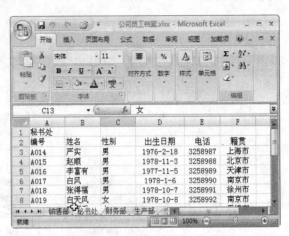

图 4-19 显示"秘书处"工作表

4.6 工作表格式化

本节主要介绍工作表格式化的相关内容，包括调整表格的行高与列宽、合并单元格及对齐数据项、设置边框和底纹的图案与颜色、格式化表格的文本等。通过这些格式设置，可以美化工作表，还可以突出重点数据。

4.6.1 调整表格列宽与行高

1. 调整列宽

当输入数据的长度长于列宽的时候，就需要对单元格的列宽进行调整，下面介绍如何调整表格的列宽。

(1) 通过工具栏上的工具调整，具体方法如下。

打开工作表，选择要调整列宽的列；在【开始】选项卡的【单元格】选项组中单击【格式】按钮，在下拉菜单中选择【列宽】命令，在弹出的【列宽】对话框中输入适当的列宽值，单击【确定】按钮。

(2) 通过拖动的方法也可以达到调整列宽的目的，具体方法如下。

打开工作表，将光标移动到需要调整列的列号右边框，直到出现如图 4-20 所示的形状，按住鼠标左键不放，在该列的左右边框会出现一条黑色的虚线，拖动到适当的位置释放鼠标左键。

2. 调整行高

系统默认单元格行高是 19 个像素，如输入数据的字型高度超出这个高度，则可适当调整行高。方法同调整列宽相似，这里不再赘述。

图 4-20　用鼠标调整列宽

4.6.2　设置字体格式

【字体】选项组提供了 Excel 2007 中所有修饰文字的方法，它不仅可以对文字进行一般的修饰，还可以进行字符间距、文字效果等特殊设置。

(1) 打开工作表，选中要进行设置的单元格，在【插入】选项卡的【字体】选项组中单击【字体】旁的 按钮，在【字体】选项卡中对字体、字形、字号进行设置，在【颜色】下拉列表框中选择一种颜色，如图 4-21 所示。

(2) 单击【确定】按钮，文字的字体格式设置完成。

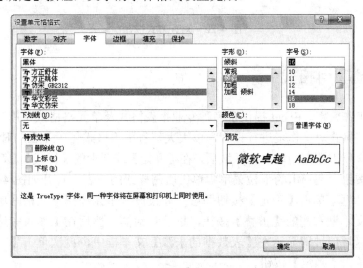

图 4-21　【设置单元格格式】对话框

4.6.3 设置对齐方式

默认情况下，在单元格中，数字是右对齐，而文字是左对齐。在制表时，往往要改变这一默认格式，如设置其为居中、跨列居中等。

使用【开始】选项卡上【对齐方式】选项组中的工具可以设置数据在单元格中的对齐方式、文本方向、缩进量和换行方式等格式。【对齐方式】选项组中各工具的功能说明如下。

- 顶端对齐、垂直居中、底端对齐：用于设置数据在单元格中的垂直对齐方式。
- 文本左对齐、居中、文本右对齐：用于设置数据在单元格中的水平对齐方式。
- 方向：用于沿对角线或垂直方向旋转文字。通常用于标记较窄的列。
- 自动换行：可通过多行显示使单元格中的所有内容都可见。
- 合并后居中：用于将所选的单元格合并成一个较大的单元格，并将单元格的内容居中显示。通常用于创建跨行标签。

各图标的样式如图 4-22 所示。

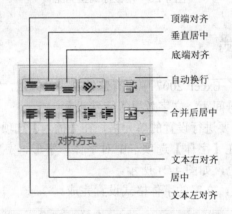

图 4-22 对齐方式按钮

4.6.4 自动套用格式

为了提高工作效率，Excel 提供了多种专业报表格式及单元格格式供用户选择，用户可以通过套用这些格式对工作表进行设置，以大大节省用于格式化工作表的时间。

选择了包含所需数据的单元格区域后，在【开始】选项卡的【样式】选项组中单击【套用表格样式】按钮，在弹出的下拉菜单中单击所需样式的图表，打开如图 4-23 所示的【套用表格式】对话框，单击【确定】按钮即可。如果没有事先选择单元格区域，可单击【表数据的来源】文本框右侧的【折叠】按钮，折叠对话框，然后在工作表中选择要套用表样式的区域，此区域地址即显示在【表数据的来源】文本框中，再次单击【折叠按钮】展开对话框，最后单击【确定】按钮。

图 4-23 【套用表格式】对话框

4.7 公式与函数

本节主要介绍 Excel 中公式与函数的相关内容,公式是对工作表中的数值进行计算的等式,函数则是公式的一个组成部分,它与引用运算符和常量一起构成一个完整的公式。

4.7.1 公式

Excel 2007 具有非常强大的计算功能,为用户分析和处理工作表中的数据提供了极大的方便。在公式中,可以对工作表数值进行加、减、乘、除等运算。只要输入正确的计算公式,即可在单元格中显示计算结果。

在 Excel 公式中,运算符可以分为以下四种类型。

● 算术运算符:+(加)、-(减)、*(乘)、/(除)、%(百分比)、^(指数)。
● 比较运算符:=(等于)、>(大于)、<(小于)、>=(大于等于)、<=(小于等于)。
● 文本运算符:&(连接)。
● 引用运算符: :(冒号)、,(逗号)、空格。表 4-1 列出了各个引用运算符的含义。

表 4-1 引用运算符

引用运算符	含 义
:(冒号)	区域运算符,表示区域引用,对包括两个单元格在内的所有单元格进行引用
,(逗号)	联合运算符,将多个引用合并为一个引用
空格	交叉运算符,对同时隶属于两个区域的单元格进行引用

要创建一个公式,首先需要选中一个单元格,输入一个等于号"=",然后在其后输入公式的内容,按下 Enter 键就可以按公式计算得出结果。

4.7.2 公式的应用

下面通过制作"公司日常费用统计表"来学习如何使用公式。

(1) 打开"公司日常费用统计表",参照前面章节的内容,输入数据,并设置单元格数据的格式。

(2) 计算"1999 年 2 月 2 日"这天的余额时,在 H3 单元格内先输入"=F3-G3",如

图 4-24 所示，图中 H3 单元格中的相对单元格的引用与单元格四周边框的颜色是一致的，可以很方便地看到相对单元格的引用是否正确。

注意：如果在 H3 单元格内输入"+F3-G3"，也可以达到同样的效果，编辑栏内自动变为"=+F3-G3"。如果不先输入一个"="或"+"号，在单元格内输入的数据就会以文本的形式显示在单元格内。

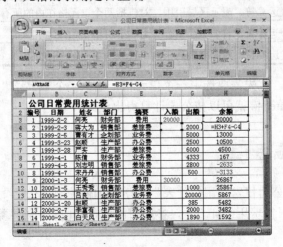

图 4-24　在 H3 单元格中输入公式

(3) 按下 Enter 键计算，"1999 年 2 月 2 日"的余额变为"20 000"，也就是"1999 年 2 月 2 日"这天的余额是"20 000"。

技巧：如果在公式中输入的是单元格的引用，则单元格引用不必区分大小写，如上面 H3 单元格内的公式可以输入"= f3-g3"。

(4) 计算"1999 年 2 月 3 日"这天的余额时，在 H4 单元格内先输入"=H3+F4-G4"，如图 4-25 所示，图中 H4 单元格中的相对单元格的引用与单元格四周边框的颜色是一致的，可以很方便地看到相对单元格的引用是否正确。

图 4-25　在 H4 单元格中输入公式

提示：图 4-25 中公式的意思是：余额=本次入额－本次出额(第一行)；余额=上一次的余额+本次的入额－本次的出额。

(5) 采用自动填充的方法将 H4 单元格内的公式填充到 H5:H25 单元格区域，则其他日期的余额也会自动计算出结果，如图 4-26 所示。

	A	B	C	D	E	F	G	H
1	公司日常费用统计表							
2	编号	日期	姓名	部门	摘要	入额	出额	余额
3	1	1999-2-2	何亮	财务部	费用	20000		20000
4	2	1999-2-3	蒋大为	销售部	差旅费		2000	18000
5	3	1999-2-5	曹有才	企划部	业务费		5000	13000
6	4	1999-3-23	赵顺	生产部	办公费		2500	10500
7	5	1999-3-28	严实	生产部	差旅费		6000	4500
8	6	1999-4-1	陈倩	财务部	业务费		4333	167
9	7	1999-4-5	刘志明	销售部	差旅费		2800	-2633
10	8	1999-4-7	宋丹丹	销售部	办公费		500	-3133
11	9	2000-1-3	何亮	财务部	费用	30000		26867
12	10	2000-1-5	王秀秀	销售部	差旅费		1000	25867
13	11	2000-1-6	吕良	企划部	业务费		20000	5867
14	12	2000-1-20	赵顺	生产部	办公费		385	5482
15	13	2000-2-7	李富有	生产部	办公费		2000	3482
16	14	2000-2-8	白天风	生产部	办公费		1890	1592

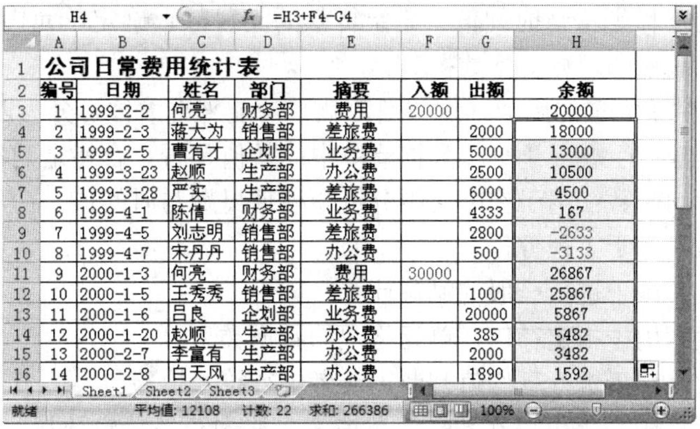

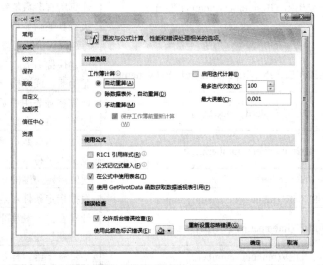

图 4-26　显示计算结果

4.7.3　自动计算

在上面的章节中会发现，输入公式并按下 Enter 键后，公式的计算结果会自动显示，也就是说 Excel 2007 对数据进行了自动计算。下面介绍如何对这个选项进行设置。

(1) 单击 Office 按钮，在弹出的下拉菜单中单击【Excel 选项】按钮，打开【Excel 选项】对话框。

(2) 在左侧窗格中单击【公式】标签，切换到【公式】选项界面；然后在【计算选项】选项组中将【工作簿计算】设置为【自动重算】、【除数据表外自动重算】或【手动重算】，如图 4-27 所示。

图 4-27　【公式】选项界面

4.7.4 函数

在 Excel 2007 中所说的函数其实是一些预定义的公式，它们使用一些称为参数的特定数值，按特定的顺序或结构进行计算。用户可直接用它们对某个区域内的数值进行一系列运算，如分析和处理日期值与时间值、确定贷款的支付额、确定单元格中的数据类型、计算平均值、排序、显示和运算文本数据等。

Excel 2007 提供了大量的函数，这些函数就其功能来看大体可分为以下几种类型。

- 数据库函数：主要用于分析数据清单中的数值是否符合特定的条件。
- 日期和时间函数：用于在公式中分析和处理日期与时间值。
- 工程函数：用于工程分析。
- 财务函数：用于进行一般的财务计算。
- 信息函数：用于指定存储在单元格中的数据类型。
- 逻辑函数：用于进行真假值判断，或者进行符号检验。
- 查找和引用函数：可以在数据清单或者表格中查找特定数据，或者查找某一单元格的引用。
- 数学和三角函数：用于处理简单和复杂的数学计算。
- 统计函数：用于对选择区域的数据进行统计分析。
- 文本函数：用于在公式中处理字符串。
- 加载宏和自动化函数。
- 多维数据及函数。

常用函数如表 4-2 所示。

表 4-2　常用函数

函　数	格　式	功　能
SUM	=SUM(number1,number2,…)	计算单元格区域中所有数字的和
AVERAGE	=AVERAGE(number1,number2,…)	计算所有参数的算术平均值
IF	=IF(logical_test,value_if_true,value_if_false)	执行真假值判断，根据对指定条件进行逻辑评价的真假，而返回不同的结果
HYPERLINK	=HYPERLINK(link_location,friendly_name)	创建快捷方式，以便打开文档或网络驱动器，或连接 Internet
COUNT	=COUNT(value1,value2,…)	计算参数表中的数字参数和包含数字的单元格的个数
MAX	=MAX(number1,number2,…)	返回一组参数的最大值，忽略逻辑值及文本字符
SIN	=SIN(number)	返回给定角度的正弦值
SUMIF	=SUMIF (range,criteria,sum_range)	根据指定条件对若干单元格进行求和
PMT	=PMT(rate,nper,pv,fv,type)	计算在固定利率下，投资或贷款的等额分期偿还额
STDEV	=STDEV(number1,number2,…)	估算基于给定样本的标准方差

了解了函数的一些基本知识后，就可以创建函数了。在 Excel 2007 中有两种创建函数的方法：一种是直接在单元格中输入函数内容，这种方法要求用户对函数有足够的了解，熟练掌握函数的语法及参数意义；另一种方法是利用【公式】选项卡中的【函数库】选项组，这种方法比较简单，不需要对函数进行全面的了解，用户可以在所提供的函数方式中进行选择。

4.7.5 插入函数

下面以"自动求和"函数为例讲述如何插入函数。

1. 工具栏插入函数

(1) 打开工作表，选择单元格，然后单击【公式】选项卡中的【自动求和】按钮，执行求和命令，结果如图 4-28 所示。

图 4-28　自动求和

(2) 该函数默认的参数是 "=SUM(F19:F25)"，但是数据不只是这个单元格区域。所以我们要改变该函数默认的参数。在 F3 单元格按下鼠标左键并拖动到 F25 单元格，选择F3:F25 单元格区域，按下 Enter 键或单击【编辑栏】中的输入按钮可得出结果。

2. 插入函数按钮插入函数

通过插入函数按钮插入函数的具体操作步骤如下。

(1) 打开工作表，选择单元格，然后单击【编辑栏】上插入函数按钮，弹出【插入函数】对话框。

(2) 选择需要的函数。当在【选择函数】列表框内选择某个函数时，在对话框的下部会出现该函数的参数格式和对该函数的简短介绍，选择 SUM，单击【确定】按钮。

(3) 在如图 4-29 所示的【函数参数】对话框的 Number1 文本框中，Excel 默认为"F19:F25"，也就是 F19:F25 单元格区域，单击该文本框右侧的折叠按钮，折叠对话框。

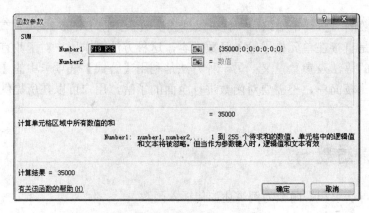

图 4-29　【函数参数】对话框

(4) 在 F3 单元格按下鼠标左键并拖动到 F25 单元格，选择 F3:F25 单元格区域后，按下 Enter 键。

(5) 在【函数参数】对话框中单击【确定】按钮后，结果就会自动计算出来，F26 单元格内的公式为 "SUM(F3:F25)"。

4.8　图表

本节将简单介绍 Excel 2007 中的图表，包括创建图表、编辑图表等内容。在处理电子表格时，要对大量烦琐的数据进行分析和研究，有时需要利用图形方式再现数据变动和发展趋势。Excel 提供了强有力的图表处理功能，可以快速得到所要的图表。

4.8.1　创建图表

Excel 提供了丰富的图表类型，每种图表类型又有多种子类型，此外用户还可以自定义图表类型。用户准备好要用于创建图表的工作表数据后，可以使用 Excel 2007 的【插入】选项卡中的【图表】选项组来创建各种类型的图表。

选择含有要在图表中使用的数据的单元格后，在【图表】选项组中单击与所需类型相对应的图表按钮，然后在下拉菜单中选择所需的子类型命令，即可快速创建图表，并且自动在功能区中显示【图表】工具。

创建图表的具体操作步骤如下。

(1) 单击选择第一、二列，即可创建表格所需的数据。

(2) 单击【图表】选项组中与所需类型相对应的图表按钮，然后在下拉菜单中选择所需的子类型命令，如图 4-30 所示。弹出图表源数据对话框。

(3) 对【数据区域】及【系列产生在】选项进行设置后单击【下一步】按钮，在弹出的图表选项对话框中对图表的标题、坐标轴、网格线、图例、数据标志等进行设置。设置完成后单击【下一步】按钮即可完成图表的创建，如图 4-31 所示。

图 4-30　选择图表类型

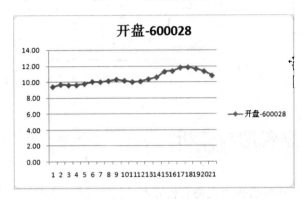

图 4-31　创建完成的图表

4.8.2　编辑图表

图表创建完毕后，可以根据需要对图表中的数据、图表对象及整个图表的显示风格等进行修改，如更改图表类型、更改数据系列产生的方式、添加或删除数据系列，以及向图表中添加文本等。

1．选择图表对象

在对图表对象进行编辑时，必须先选择它们。若要选择整个图表，只需在图表中的空白处单击即可；若要选择图表中的对象，则要单击目标对象。此外，也可以切换到【图表工具】-【格式】选项卡，在【当前所选内容】选项组的【图表元素】下拉列表框中选择所需元素的名称，以选择相应元素。选中的图表元素外侧将出现矩形选择框。若要取消对图表或图表元素的选择，只需在图表或图表元素外的任意位置单击即可。

2．改变图表类型

图表被创建之后仍可以更改图表的类型。在 Excel 2007 中更改图表类型非常简单，只需选择图表，再在【插入】选项卡上的【图表】选项组中选择其他图表类型即可。

如果当前显示的是【图表工具】-【设计】选项卡，单击【类型】选项组的【更改图表类型】按钮，如图 4-32 所示。

在弹出的【更改图表类型】对话框中，选择【柱形图】选项卡的第一子类型，如图 4-33

所示，然后单击【确定】按钮。

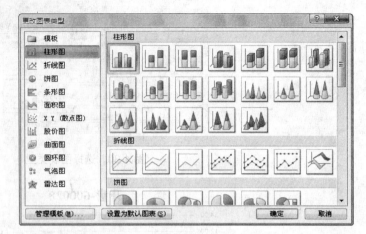

图 4-32 【类型】选项组   图 4-33 【更改图表类型】对话框

4.9 数据管理与分析

本节将介绍 Excel 中的数据管理与分析方面的内容，Excel 不仅提供了制表、制图、计算功能，还提供了数据管理功能，如排序、筛选、汇总等方面的功能，特别是提供了数据透视和数据分析功能。

4.9.1 数据清单

为了实现数据管理与分析，Excel 要求数据必须按数据清单格式来组织，图 4-34 是一个典型的数据清单，它满足如下数据清单的准则。

	A	B	C	D	E	F	G	H	I	J
1	员工编号	员工姓名	基本工资(元)	奖金(元)	出差补贴(元)	迟到(次)	事假(次)	旷工(次)	合计(元)	
2	A001	何亮	1590	998	400	0	0	0	2988	
3	A002	蒋大为	1320	832	350	0	1	0	2497	
4	A003	曹有才	1320	159	400	0	0	0	1879	
5	A004	赵顺	1320	684	350	1	0	0	2334	
6	A005	严实	1320	259	400	0	0	0	1979	
7	A006	陈倩	1230	687	200	0	0	0	2117	
8	A007	宋丹丹	1230	456	300	0	0	1	1936	
9	A008	任胜	1230	254	400	0	0	0	1884	
10	A009	王秀秀	1230	759	200	0	0	0	2189	
11	A010	吕良	1230	658	150	0	0	0	2038	
12	A011	李富有	980	329	50	0	0	0	1359	
13	A012	张得福	980	264	0	0	1	0	1239	
14	A013	尚刚	980	159	0	0	0	0	1139	
15	A014	赵行	980	612	0	1	0	0	1572	
16	A015	史保国	980	259	0	0	0	0	1239	

图 4-34 数据清单

● 每列应包含相同类型的数据，列表第一行或前两行由字符串组成，而且每一列均不相同，称为字段名。

- 每行应包含一组相关的数据，称为记录。
- 列表中不允许出现空行、空列(空行、空列用于区分数据清单区与其他数据区)。
- 单元格内容开头不要加无意义的空格。
- 每个数据清单最好占一张工作表。

4.9.2　数据排序

数据排序是把一列或多列无序的数据变成有序的数据，这样方便管理数据，数据排序的方法可以分为简单排序、高级排序和自定义排序。

1. 排序按钮

下面介绍有关排序的操作按钮，为后面的学习奠定基础，操作步骤如下。

(1) 打开工作表，选中任一列，比如选择 E 列。

(2) 在【数据】选项卡的【排序与筛选】选项组中，单击【排序】按钮，打开【排序】对话框，如图 4-35 所示。

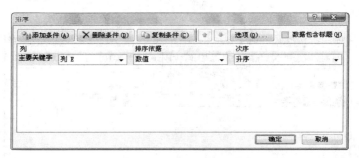

图 4-35　【排序】对话框

(3) 设置主要关键字条件。在默认情况下，打开【排序】对话框时会出现一个【主要关键字】下拉列表框，设置参数如图 4-36 所示。

提示：【主要关键字】条件是在排序时作为第一顺序的，所以务必要将最具代表性的数据作为主要关键字。

图 4-36　设置主要关键字

(4) 添加条件。单击【添加条件】按钮，在【主要关键字】下拉列表框下方会出现【次要关键字】下拉列表框,设置如图 4-37 所示。

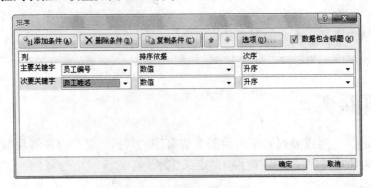

图 4-37　设置次要关键字

提示:【次要关键字】条件是在排序时作为第二顺序的,仅次于【主要关键字】条件,其他条件依次类推。

(5) 删除次要关键字条件。选择【次要关键字】条件,单击【删除条件】按钮,如图 4-38 所示。

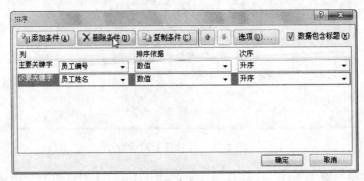

图 4-38　删除条件

(6) 复制关键字。选择要复制的关键字,单击【复制条件】按钮,在【主要关键字】的条件下方会出现【次要关键字】的条件,此时【主要关键字】的条件与【次要关键字】的条件相同,结果如图 4-39 所示。

图 4-39　复制关键字

提示：复制条件的目的是将前面已有的条件再作为其他次序的条件。

(7) 选择排序的方向与方法。单击图 4-39 中的【选项】按钮，打开如图 4-40 所示的【排序选项】对话框，在此可以对排序条件进行更详细的设置。

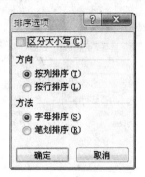

图 4-40　【排序选项】对话框

(8) 按标题排序。选中【数据包含标题】复选框，如图 4-41 所示，工作表中的数据不包含 A1:I1 单元格区域。此时按主要关键字"员工编号"排序，对标题之外的数据进行排序。

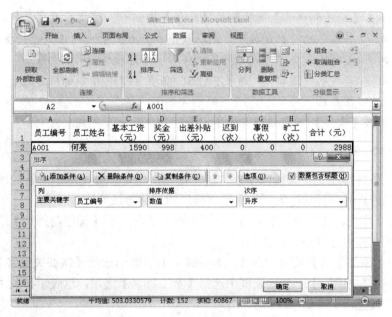

图 4-41　排序的数据不包含标题

提示：若取消选中【数据包含标题】复选框，工作表中的数据包含 A1:I1 单元格区域，如图 4-42 所示。接下来的排序会按第 A 列元素的值对所有数据(包含标题)进行排序，这往往不是我们所要的结果。

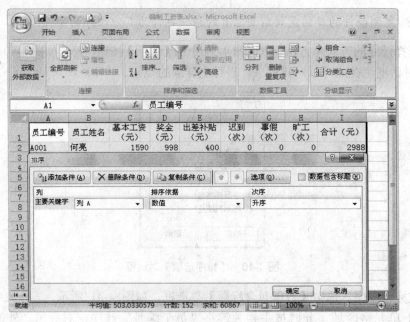

图 4-42　排序数据包含标题

提示：单击【排序和筛选】选项组的【升序】按钮，可进行升序排列。

● 若排序的对象是数字，则从最小的负数到最大的正数进行排序。

● 若对象是文本，则按照英文字母 A～Z 顺序进行排序。

● 若对象是逻辑值，则按 FALSE 值在 TRUE 值前的顺序进行排序，空格排在最后。

单击【降序】按钮进行降序排序时，结果与升序相反。

2. 多条件排序

数据的多条件排序是指按照多个条件进行排序，这是针对使用单一条件排序后仍有相同数据的情况进行的一种排序方式，多条件排序的具体方法如下。

(1) 打开工作表，选中任一单元格。在【数据】选项卡的【排序与筛选】选项组中单击【排序】按钮，弹出【排序】对话框。

(2) 单击【添加条件】按钮，在【主要关键字】下面会出现【次要关键字】。

(3) 在【次要关键字】下拉列表框中选择【员工姓名】选项，这表示按照主要关键字进行排序后还要按照次要关键字继续排序。

(4) 选择排序的次序，如按主要关键字升序排列，按次要关键字降序排列，如图 4-43 所示。单击【确定】按钮，完成操作。

(5) 如果要将员工姓名按笔画进行排序，那么单击【选项】按钮，弹出【排序选项】对话框，在【方法】选项组中选中【笔划排序】单选按钮，如图 4-44 所示。

提示：通常数据是按照列进行排序的，有时需要按行排序，在【方向】选项组中选中【按行排序】单选按钮即可达到此目标。

图 4-43　选择排序的次序

图 4-44　【排序选项】对话框

4.9.3　数据筛选

筛选是指在工作表中只显示满足给定条件的数据，而不显示不满足条件的数据。因此，筛选是一种用于查找数据清单中满足给定条件的快速方法。它与排序不同，它并不重排数据清单，而只是将不必显示的行暂时隐藏。

1. 自动筛选

自动筛选，顾名思义，就是按照一定的条件自动将满足条件的内容筛选出来。下面我们以工资合计超过 2000 为例来讲述自定义筛选的具体方法。

(1) 打开"工资表"，选中 A2 : I20 单元格区域，在【开始】选项卡的【编辑】选项组中单击【排序和筛选】按钮，如图 4-45 所示，选择【筛选】命令，此时选中的单元格右侧出现三角形按钮 ，如图 4-46 所示。

图 4-45　选择【筛选】命令

(2) 单击某一表头字段右侧的三角形按钮，在弹出的列表框中选择筛选条件，比如单击【出差补贴】按钮，如图 4-47 所示，依次选择【数字筛选】|【大于】命令，弹出如图 4-48 所示的【自定义自动筛选方式】对话框。

(3) 在【显示行】选项组的文本框中输入条件值"2000"，单击【确定】按钮，最后显示的只有基本工资大于 2000 的员工信息。

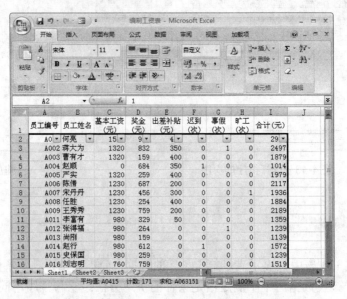

图 4-46　启用筛选后的效果

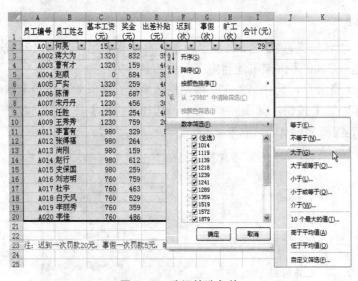

图 4-47　选择筛选条件

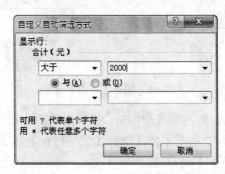

图 4-48　输入条件值

提示：单元格旁三角形 ▼ 按钮变成了 ▼ 按钮，单击该按钮，在弹出的列表中选中【全选】复选框，单击【确定】按钮，就可以重新显示工作表中的所有记录。

2. 高级筛选

在实际操作中，常常涉及更复杂的筛选条件，利用自动筛选已无法完成，这时需要使用多个条件进行筛选，甚至计算结果也可以用作筛选条件。

具体方法如下。

(1) 打开"编制工资表"工作表，选择 J3：K4 空白单元格区域。

(2) 在其中输入筛选条件，如图 4-49 所示。

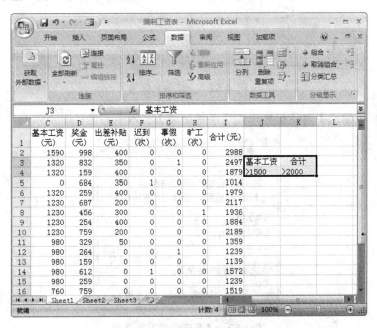

图 4-49　输入条件

(3) 在【数据】选项卡的【排序与筛选】选项组中单击【高级】按钮 ▼ 高级，弹出如图 4-50 所示的【高级筛选】对话框。

图 4-50　【高级筛选】的对话框

(4) 单击【列表区域】文本框右侧的按钮，选择 A2：I20 单元格区域，如图 4-51 所示，然后单击按钮。

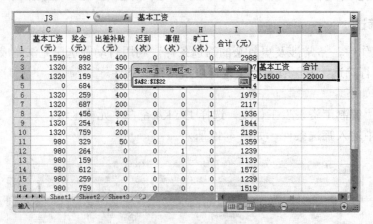

图 4-51　选择列表区域

(5) 在【高级筛选】对话框中单击【条件区域】文本框右侧的按钮，如图 4-52 所示。

图 4-52　【高级筛选】对话框

(6) 选择前面输入的条件区域 J3：K4，然后单击按钮，如图 4-53 所示。

图 4-53　选择条件区域

(7) 在【高级筛选】对话框中单击【确定】按钮，即可筛选出符合"基本工资>1500，合计>2000"条件的记录。

 提示：在【开始】选项卡的【编辑】选项组中单击【排序与筛选】按钮，在弹出的下拉列表中再次选择【筛选】命令可以取消筛选。

4.10　打印工作表

本节介绍工作表的打印，包括页面设置、打印预览及打印等内容。工作表和图表建立后，可以将其打印出来。在打印前最好能看到实际打印效果，以免多次打印调整，浪费时间和纸张。Excel 提供了打印前能看到实际效果的"打印预览"功能，实现了"所见即所得"。

4.10.1　页面设置

和 Word 的操作相同，在打印数据和图表之前，我们先要进行页面的设置，打个比方，如果把打印工作比喻为作画，那么设置页面就是在作画之前选择纸张和确定在纸张的什么位置进行作画。

1. 页面设置选项组

页面设置包括页边距、纸张大小、纸张方向、背景和打印标题的设置等。

1) 页边距

用于设置整个工作簿或当前工作表的边距大小。

2) 纸张方向

选择【纵向】选项时，表示从左到右按行打印；选择【横向】时，表示将数据旋转 90 度打印。

3) 缩放比例

一般采用 100%(1：1)比例打印。如果行尾数据未打出来，或者工作表末页只有 1 行，要将这行合并到上一页，可以采用缩小比例打印，使行尾数据能打印出来，或使末页一行能合并到上一页打印。有时，需要放大比例打印。在这里，可以根据需要指定缩放比例(10%~400%)。

另外，还可以用页高和页宽来调节。例如，要使一页多打印几行，可以调整页高(如 1.1)；要使一页多打印几列，可以调整页宽。

4) 纸张大小

用于指定当前工作表的页面大小。如果要将特定页面应用到工作簿中的所有工作表，可在【纸张大小】下拉菜单中选择【其他纸张大小】命令，在【页面设置】对话框中切换到【页面】选项卡，从中进行所需的设置。

5) 打印质量

单击"打印质量"的下拉按钮"▼"，在出现的下拉列表框中选择一种，如 300 点/英寸。这个数字越大，打印质量越高，打印速度也越慢。

6) 起始页码

确定工作表的起始页码，在"起始页码"栏为"自动"时，起始页码为 1，当然也可以输入其他数字。例如输入 5，则工作表第一页的页码将为 5。

7) 背景

用于设置工作表背景图像。

2. 设置页边距

设置页边距的具体操作步骤如下。

(1) 打开【页面布局】选项卡，在【页面设置】选项组中，选择设置页面需要的命令。

(2) 单击【页边距】按钮，打开下拉菜单，如图 4-54 所示，Excel 2007 预设了 3 种页边距，可以选择需要的设置，如果都不满意，可以选择最下方的【自定义边距】命令，打开【页面设置】对话框。

(3) 在【页面设置】对话框中，将【上】改为"1"，【下】改为"1"，在【居中方式】选项组中选中【水平】和【垂直】复选框，如图 4-55 所示。

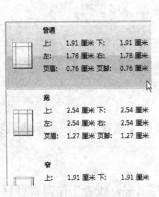

图 4-54　选择页边距种类

图 4-55　设置页边距

(4) 单击【确定】按钮，会发现刚刚设置的页面布局已经出现在【页边距】下拉菜单中了，如图 4-56 所示。

3. 设置纸张大小及方向

(1) 在【页面布局】选项卡的【页面设置】选项组中，选择设置页面需要的命令。

(2) 单击【纸张大小】按钮，打开下拉菜单，如图 4-57 所示，Excel 2007 包含了很多纸张类型。这里选择"A4，210×297 毫米"，也就是普通的 A4 纸。如果要打印的东西比较特殊，在下拉菜单中没有需要的纸张类型，可以选择最下方的【其他纸张大小】命令，打开【页面设置】对话框。

图 4-56　显示上次自定义页边距的设置　　　　图 4-57　选择纸张大小

（3）切换到【页面设置】对话框的【页面】选项卡，在【纸张大小】下拉列表框中选择预先定义好的纸张即可，如图 4-58 所示。

（4）设置纸张的方向。单击【纸张方向】按钮，打开如图 4-59 所示的下拉菜单，可以根据需要选择【纵向】或【横向】命令，这里选择【纵向】。

图 4-58　【页面设置】对话框

图 4-59　纸张方向

4.10.2　打印预览

单击 Office 按钮，打开下拉菜单，依次选择【打印】|【打印预览】命令，如图 4-60 所示。

图 4-60　选择【打印预览】命令

4.10.3　打印

打印预览感到满意后就可以正式打印了。在【打印预览】视图的【打印预览】选项卡的【打印】选项组中单击【打印】按钮，或者选择 Office 菜单中的【打印】命令，打开【打印内容】对话框，在其中设置所需选项，然后单击【确定】按钮即可开始打印。

 ## 4.11　回到工作场景

通过前面内容的学习，读者应该已经掌握了电子制表软件 Excel 2007 中相关的基本操作。下面回到 4.1 节的工作场景中，完成最大利润的求解。

【工作过程一】输入相关的公式

(1)　建立如图 4-61 所示的工作表。

	A	B	C	D	E	F	G	H
1			表一：成品用料及价格表					
2	产品	泥土	有机垃圾	矿物质	修剪物	单价	生产数量	总价值
3	底层肥料	55	54	76	23	105		
4	中层肥料	64	32	45	20	84		
5	上层肥料	43	32	98	44	105		
6	劣质肥料	18	45	23	18	57		
7								
8			表二：原材料库存及成本					
9		泥土	有机垃圾	矿物质	修剪物			
10	现有库存	4100	3200	3500	1600			
11	单位成本	0.2	0.15	0.1	0.23			
12	用料							
13	单位成本							

图 4-61　规划求解工作表原型

(2) 选择 H3 单元格，输入公式"=F3*G3"，然后按下 Enter 键，如图 4-62 所示。

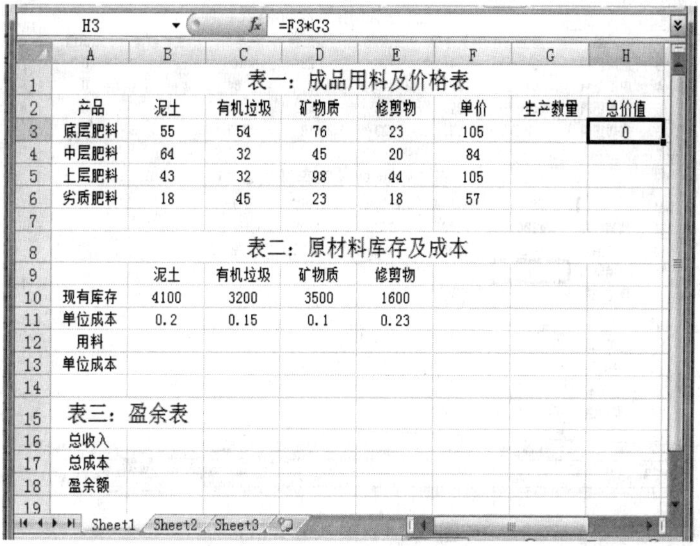

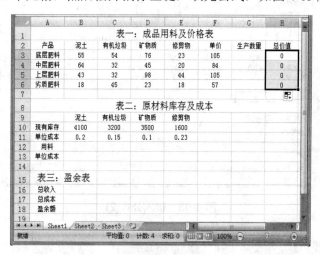

图 4-62 输入公式

(3) 选择 H3 单元格，将鼠标指针指向填充手柄处，指针变成"+"形状后，按住鼠标左键拖动填充至 H6 单元格，然后松开鼠标左键，填充公式，如图 4-63 所示。

图 4-63 填充公式

(4) 选择 B12 单元格，输入公式"=SUM(B3:B6*G3:G6)"，然后按住"Ctrl+Shift+Enter"组合键，如图 4-64 所示。

(5) 分别在 C12、D12 及 E12 单元格中输入公式"=SUM(C3:C6*G3:G6)"、"=SUM(D3:D6*G3:G6)"及"=SUM (E3:E6*G3:G6)"。

(6) 选择 B13 单元格，输入公式"=B11*B12"，按下 Enter 键，如图 4-65 所示。

(7) 选择 B13 单元格，将鼠标指针指向填充手柄处，指针变成"+"形状后，按住鼠标左键拖动填充至 E13 单元格，然后松开鼠标左键，填充公式，如图 4-66 所示。

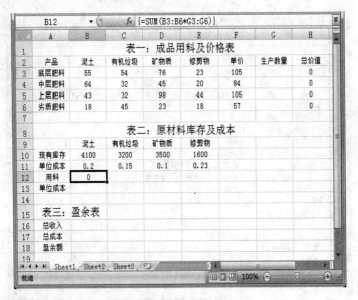

图 4-64　输入公式(1)

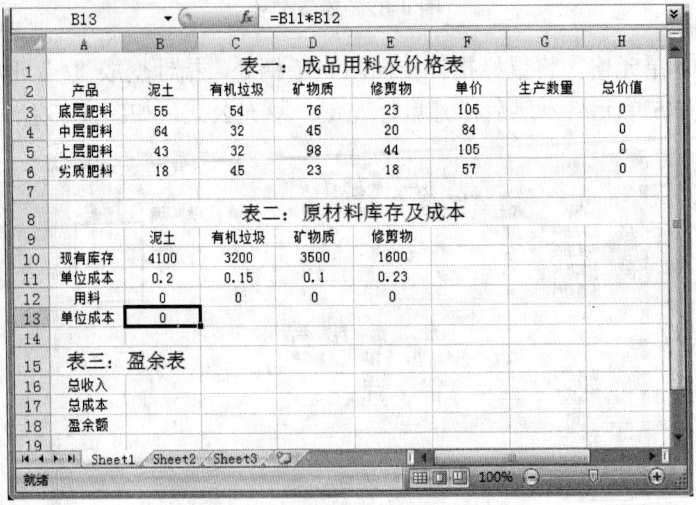

图 4-65　输入公式(2)

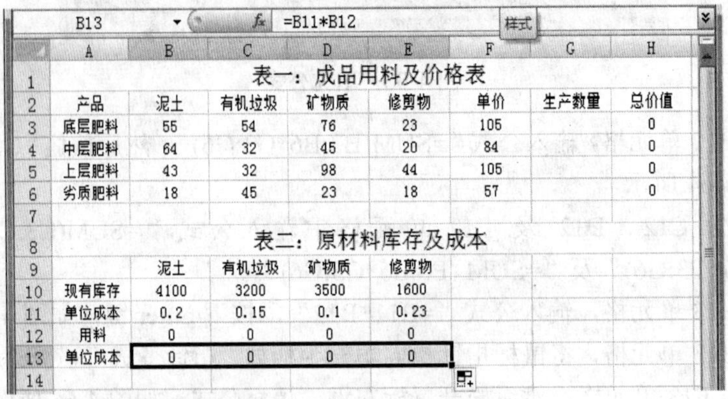

图 4-66　填充公式

(8) 选择 B16 单元格，输入公式“=SUM(H3:H6)”后按下 Enter 键，如图 4-67 所示。

B16　=SUM(H3:H6)

	A	B	C	D	E	F	G	H
1			表一：成品用料及价格表					
2	产品	泥土	有机垃圾	矿物质	修剪物	单价	生产数量	总价值
3	底层肥料	55	54	76	23	105		0
4	中层肥料	64	32	45	20	84		0
5	上层肥料	43	32	98	44	105		0
6	劣质肥料	18	45	23	18	57		0
7								
8			表二：原材料库存及成本					
9		泥土	有机垃圾	矿物质	修剪物			
10	现有库存	4100	3200	3500	1600			
11	单位成本	0.2	0.15	0.1	0.23			
12	用料	0	0	0	0			
13	单位成本	0	0	0	0			
14								
15	表三：盈余表							
16	总收入	0						
17	总成本							
18	盈余额							

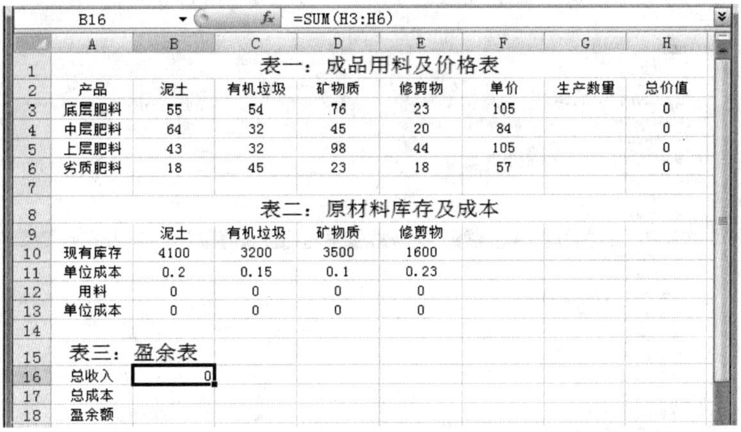

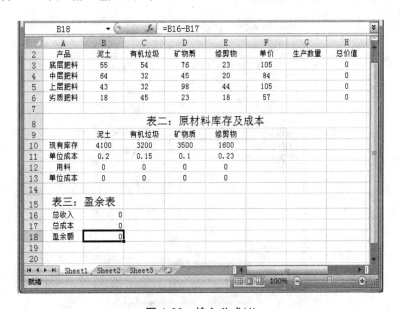

图 4-67　输入公式(3)

(9) 选择 B17 单元格，输入公式“=SUM(B13:E13)”。

(10) 选择 B18 单元格，输入公式“=B16-B17”，然后按下 Enter 键，如图 4-68 所示。

B18　=B16-B17

	A	B	C	D	E	F	G	H
2	产品	泥土	有机垃圾	矿物质	修剪物	单价	生产数量	总价值
3	底层肥料	55	54	76	23	105		0
4	中层肥料	64	32	45	20	84		0
5	上层肥料	43	32	98	44	105		0
6	劣质肥料	18	45	23	18	57		0
7								
8			表二：原材料库存及成本					
9		泥土	有机垃圾	矿物质	修剪物			
10	现有库存	4100	3200	3500	1600			
11	单位成本	0.2	0.15	0.1	0.23			
12	用料	0	0	0	0			
13	单位成本	0	0	0	0			
14								
15	表三：盈余表							
16	总收入	0						
17	总成本	0						
18	盈余额	0						
19								
20								

图 4-68　输入公式(4)

【工作过程二】将【规划求解】按钮添加至【数据】选项卡中

(1) 单击 Office 窗格按钮，在下拉菜单中单击【Excel 选项】按钮。

(2) 在左侧中单击【加载项】选项，然后在【加载项】列表框中单击选择【分析工具库-VBA】选项，再单击【转到】按钮，如图 4-69 所示。

(3) 选中【规划求解加载项】复选框，单击【确定】按钮，如图 4-70 所示。

图 4-69　选择 Excel 加载项

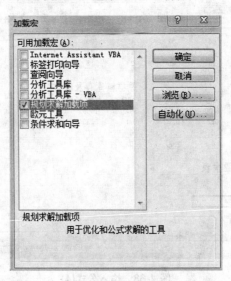

图 4-70　选中【规划求解加载项】复选框

通过上述步骤的操作，就将【规划求解】按钮添加至【数据】选项卡中了。

【工作过程三】规划求解

(1) 单击选择规划模型中的任意一个单元格，然后单击【数据】选项卡中的【分析】选项组中的【规划求解】工具按钮。

(2) 在工作表中直接单击选择 B18 单元格，【规划求解参数】对话框【设置目标单元格】文本框中的单元格地址会自动变为"B18"。由于本例要求最大利润，所以再选中【最大值】单选按钮，如图 4-71 所示。

图 4-71　选择目标单元格

(3)　单击【可变单元格】文本框，然后在工作表中选择 G3:G6 单元格区域，再单击【添加】按钮，如图 4-72 所示。

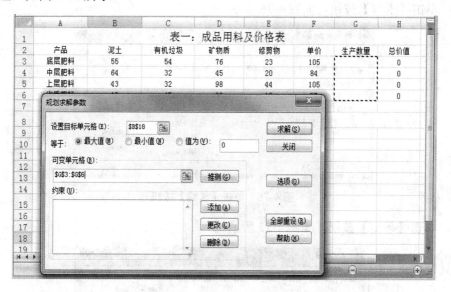

图 4-72　选择可变单元格区域

(4)　单击【单元格引用位置】文本框，在工作表中选择 G3:G7 单元格区域，在中间位置的关系运算下拉列表框中选择 ">=" 符号，再单击【约束值】文本框，输入 "0"，最后单击【添加】按钮，如图 4-73 所示。

(5)　单击【单元格引用位置】文本框，在工作表中选择 B12:E12 单元格区域，在中间位置的关系运算下拉列表框中选择 "<=" 符号，再单击【约束值】文本框，在工作表中选择 B10:E10 单元格区域，最后单击【添加】按钮，如图 4-74 所示。

图 4-73　添加约束条件(1)　　　　　　图 4-74　添加约束条件(2)

(6)　单击【单元格引用位置】文本框,在工作表中选择 B12:E12 单元格区域,在中间位置的关系运算下拉列表框中选择">="符号,再单击"约束值"文本框,输入"0",最后单击【确定】按钮,如图 4-75 所示。

图 4-75　添加约束条件(3)

(7)　单击【求解】按钮,如图 4-76 所示。

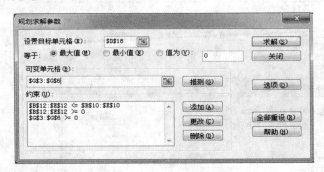

图 4-76　单击【求解】按钮

(8)　单击【确定】按钮,如图 4-77 所示。

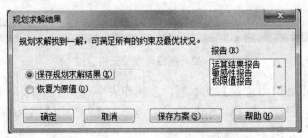

图 4-77　单击【确定】按钮

从图 4-78 所示工作表的 G3:G6 及 B16:B18 单元格区域中可以看出,通过规划求解计算出结果值后,单元格中的数值都保留了较多位数的小数,用户可以根据实际需要进行小数位数的调整。

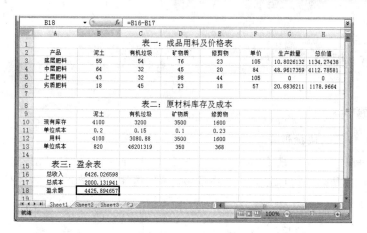

图 4-78 规划求解结果

 ## 4.12 工作实训营

1. 训练内容

根据图 4-79 所示的"公司销售记录"表，制作公司的销售记录组合图表，绘制柱形图和折线，最终效果如图 4-80 所示。

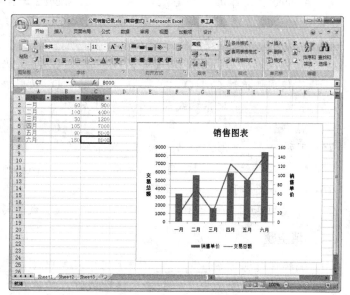

月份	销售单价	交易总额
一月	60	900
二月	100	4000
三月	30	1200
四月	105	7000
五月	90	5000
六月	150	8000

图 4-79 公司销售记录.xls

图 4-80 "销售图表"最终结果

2. 训练目的

(1) 掌握建立组合图表的基本方法。

(2) 掌握单元格的操作方法。

本章习题

一、选择题

(1) 保存工作簿的快捷键是_____。

  A. Ctrl+A   B. Ctrl+C   C. Ctrl+N   D. Ctrl+S

(2) 如图 4-81 所示,我们选中了一块区域,请问这块区域是_____中的单元格区域?它的单元格地址是_____。

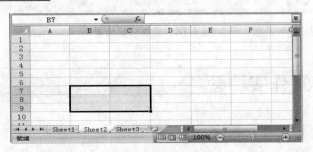

图 4-81 题(2)图

  A. sheet 2 工作簿 B7 : C9   B. sheet 2 工作簿 B7～C9

  C. sheet 2 工作表 B7 : C9   D. sheet 2 工作表 B7～C9

(3) 下列哪个不是新建工作簿的方法。_____

  A. 依次选择 Office 按钮|【新建】命令 B. 单击快速访问工具栏上的 ▢ 按钮

  C. 使用快捷键 Ctrl+O   D. 使用快捷键 Ctrl+N

(4) 下面_____对齐方式是水平居中对齐。

  A. ▤   B. ▤   C. ▤   D. ▤

(5) 下列_____形式的筛选必须定义条件区域。

  A. 自动筛选 B. 自定义筛选 C. 高级筛选 D. 以上都正确

(6) SUN 函数属于_____函数。

  A. 查找和引用 B. 统计   C. 数学与三角 D. 财务

二、填空题

(1) 编辑栏用于 Excel_____,并且可以在其中对_____进行编辑。

(2) 当在工作表中选中了一个单元格区域时,在状态栏中有时会显示"平均值:？计数:？求和:？",这是 Excel 的_____功能。

(3) 使用鼠标拖动的方法复制单元格或单元格区域数据时,目标区域内所含有的数据将会被_____。

(4) 在输入公式时,必须以_____作为开始,在一个公式中可以含有各种运算符、常量、变量、函数以及_____等。

(5) If 函数的功能是_____。

三、简答题

(1) 如何指定工作簿中默认的工作表数量?

(2) 公式中的运算符分为哪几种类型?

(3) 如何更改图表的类型并套用图表样式?

(4) 简述在创建数据清单时应遵守哪些准则。

第5章

演示文稿软件 PowerPoint 2007

 **本章要点**

- PowerPoint 2007 的功能介绍，启动和退出等基本操作
- 演示文稿的创建、打开和保存
- 演示文稿视图的使用及幻灯片的编辑
- 幻灯片的格式设置，幻灯片放映效果的设置
- 演示文稿的打包

 **技能目标**

- 幻灯片的格式设置
- 幻灯片的放映设置

5.1　工作场景导入

【工作场景】用 PowerPoint 制作项目计划书

小王是公司的一名主管，在部门例会上他向老板提出了一个新项目。现在小王需要制作一份精美的项目计划书，向老板汇报自己的想法，从而获得老板的认可。假设你是小王，你如何使用演示文稿 PowerPoint 2007 制作一份精美的项目计划书？

【引导问题】

(1) 在 PowerPoint 2007 中，你会进行演示文稿的创建、打开和保存等操作吗？

(2) 在 PowerPoint 2007 中，你会设置幻灯片的格式吗？

(3) 在 PowerPoint 2007 中，你会设置幻灯片的放映效果吗？

5.2　PowerPoint 2007 概述

本节介绍了 PowerPoint 2007 的启动与退出、工作簿、视图方式等相关内容。

5.2.1　认识 PowerPoint 2007

利用 PowerPoint 2007 可以快速制作演示文稿，其广泛应用于学术报告、论文答辩、辅助教学、产品展示、工作汇报等场合下的多媒体演示。演示文稿主要由若干张幻灯片组成，在幻灯片中可以很方便地插入图形、图像、艺术字、图表、表格、组织结构图、音频以及视频剪辑，也可以加入动画或者设置播放时幻灯片中各种对象的动画效果。PowerPoint 2007 允许用户将演示文稿保存为 HTML 格式，在基于 Web 的工作环境下发布和共享，在 Internet 上召开网络演示会议。

5.2.2　PowerPoint 2007 的启动与退出

可执行下列操作之一来启动 PowerPoint 2007。

● 在【开始】菜单中选择【所有程序】| Microsoft Office | Microsoft Office PowerPoint 2007 命令，启动 PowerPoint 2007，同时自动创建一个名为"演示文稿 1"的空白演示文稿。

● 如果在桌面上创建了 PowerPoint 2007 的快捷方式，双击其快捷方式图标，即可启动 PowerPoint 2007。

● 双击电脑中已保存的 PowerPoint 2007 文档，启动程序并打开相应的文档。

退出 PowerPoint 2007 程序也可以通过多种方法来实现，常用的方法有以下几种。

- 单击标题栏右端的【关闭】按钮。
- 在 Office 菜单中单击【退出 PowerPoint】按钮。
- 右击标题栏，从弹出的快捷菜单中选择【关闭】命令。
- 按 Alt+F4 组合键。

5.2.3　工作簿的组成

进入演示文稿后，在屏幕上将看到 PowerPoint 的主窗口，如图 5-1 所示。

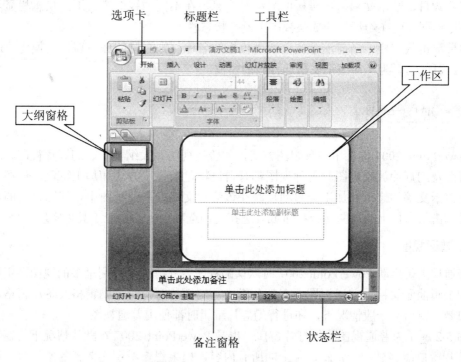

图 5-1　PowerPoint 的主窗口

PowerPoint 2007 与 Word 2007、Excel 2007 相似，但也有很多不同之处，下面来认识它们的不同之处。

1. 工作区

工作区就是用来创建和编辑演示文稿的区域，在这里可以十分直观地对演示文稿进行编辑。新建演示文稿的工作区种类繁多，读者可以根据自己的需要选择合适的工作区。

2. 大纲窗格

大纲窗口选项卡位于程序主窗口的最左侧，单击【大纲】标签可在两个选项卡之间进行切换。一篇"演示文稿"都会有多张幻灯片，每张幻灯片都会在大纲窗格中有一个图标，单击大纲窗格中相应的图标可以快速定位该幻灯片。

在【大纲】选项卡中显示的是当前演示文稿的大纲结构。大纲文本由幻灯片标题和正文组成，每张幻灯片的标题都出现在数字编号和图表的旁边，每一级标题都左对齐，而下一级标题则自动缩进。

3. 备注窗格

备注是指对幻灯片或幻灯片内容的简单说明。备注窗格位于工作区域的下方，用于添加与每个幻灯片内容相关的备注，并且在放映演示文稿时将他们用作打印形式的参考资料，或创建希望让观众以打印形式或在网页上看到的备注。在备注窗口中只能添加文字。

4. 状态栏

在 PowerPoint 2007 窗口的底部是系统的状态栏，显示出当前编辑的幻灯片的序号、总的幻灯片数目、演示文稿所用模板的名称等信息。在不同的视图模式下，状态栏显示的内容也不尽相同，而在幻灯片的放映视图下没有状态栏。

如果双击状态栏中当前演示文稿所用模板的名称，则右侧的任务窗格切换为"幻灯片设计"，可以重新为当前演示文稿选择新的模板。

5.2.4 视图方式

PowerPoint 2007 提供了多种视图方式，如普通视图、大纲视图、幻灯片视图、幻灯片浏览视图及幻灯片放映视图。每种视图都有自己特定的显示方式和加工特色，且在一种视图中对演示文稿的修改和加工会自动反映在该演示文稿的其他视图中。视图之间的切换可以通过单击状态栏上的视图切换按钮或者选择视图选项卡上的相应工具来实现。

1. 普通视图

普通视图是启动 PowerPoint 2007 时默认的视图方式，也是使用最多的视图，主要用于创建和编辑演示文稿。普通视图由三部分组成：幻灯片窗口、大纲窗格及备注窗格，幻灯片窗口是主窗口。一般情况下，在进行幻灯片编辑时都使用普通视图。

图 5-2 所示为普通视图的幻灯片窗口，也是 PowerPoint 2007 在默认情况下的窗口。一般幻灯片窗口能够显示一张幻灯片上的所有内容，如果想查看图文兼备的幻灯片，这个显示方式无疑是合适的。

图 5-2 普通视图

在幻灯片窗口中能够显示幻灯片上的所有内容，但是如果幻灯片是以文字为主要内容的话则适合用大纲窗口查看，其操作过程为：打开"连环漫画集"，在幻灯片窗口与大纲窗口的切换处单击【大纲】按钮，如图 5-3 所示，即可切换到大纲视图。

图 5-3　大纲视图

2. 幻灯片浏览视图

图 5-4 所示是幻灯片的浏览视图，可以看到，在幻灯片浏览视图中放置着一张张缩小了的幻灯片。在幻灯片浏览视图中，可以观看演示文稿的整体效果，并可以对幻灯片进行一些操作。

图 5-4　浏览视图

从普通视图切换到幻灯片浏览视图有两种方法。

1) 方法一

打开"连环漫画集"演示文稿，在【状态栏】上单击【幻灯片浏览】按钮，如图 5-5 所示。这样就切换到了幻灯片浏览视图，如图 5-6 所示。如果需要切换到普通视图，只需要单击【幻灯片浏览】按钮左侧的【普通视图】按钮。

2) 方法二

打开演示文稿，在【视图】选项卡中的【演示文稿视图】选项组中单击【幻灯片浏览】

按钮就可以切换到幻灯片浏览视图了，如果想再次切换到普通视图，只需在【视图】选项卡的【演示文稿视图】选项组中单击【普通视图】按钮，如图 5-7 所示。

图 5-5　单击【幻灯片浏览】按钮

图 5-6　浏览视图

图 5-7　单击【普通视图】按钮

3. 幻灯片放映视图

在幻灯片放映视图中，演示文稿占据了整个计算机屏幕，就像在对演示文稿进行真正的幻灯片放映，其放映操作如下。

(1) 打开演示文稿，将其切换到幻灯片浏览视图。

(2) 从浏览视图中选择需要放映的幻灯片，比如选择编号为 "1" 的幻灯片，如图 5-8 所示。

(3) 在【视图】选项卡中的【演示文稿视图】选项组中单击【幻灯片放映】按钮，如图 5-9 所示。

图 5-8　选择需要放映的幻灯片

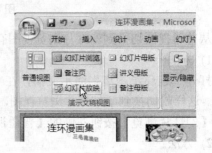

图 5-9　单击【幻灯片放映】按钮

技巧：还有两种启动幻灯片放映的方式：

单击状态栏上的【幻灯片放映】按钮 🖵 放映幻灯片。

切换到【幻灯片放映】选项卡，单击【开始放映幻灯片】选项组中的三个按钮之一，或从当前幻灯片开始放映幻灯片，也可以自定义幻灯片放映。

(4) 进入幻灯片放映阶段，幻灯片在整个屏幕上显示出来，如图 5-10 所示，单击则放映下一张幻灯片。

(5) 右击幻灯片，从弹出的快捷菜单中选择【定位至幻灯片】命令，选择需要定位的幻灯片，如图 5-11 所示。

图 5-10　放映下一张幻灯片

图 5-11　选择定位的幻灯片

(6) 右击，从弹出的快捷菜单中选择【结束放映】命令，如图 5-12 所示。

图 5-12　选择【结束放映】命令

5.3 制作演示文稿

本节将简单介绍演示文稿的创建、保存以及幻灯片的插入、删除和移动等。

5.3.1 新建演示文稿

创建新的演示文稿的方法有很多，创建文稿的种类也有很多，这里只建立一个新的空演示文稿，操作步骤如下。

打开一个新的演示文稿，在【开始】选项卡的【幻灯片】选项组中单击【新建幻灯片】按钮上的倒三角，在弹出的菜单中选择【标题幻灯片】命令，如图 5-13 所示。如图 5-14 所示，一个新的演示文稿就创建好了。

图 5-13 新建幻灯片的主题

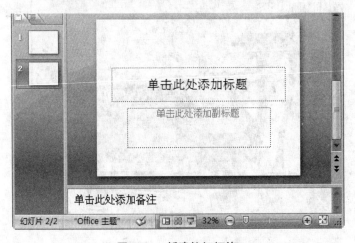

图 5-14 新建的幻灯片

技巧：如果需要新建大量同样的幻灯片，可以单击【快速访问工具栏】中的 按钮。

5.3.2　保存演示文稿

演示文稿创建之后，必须将其保存到磁盘中，这样才能保护已完成的工作。此外，对演示文稿进行处理的过程中，要养成随时保存的好习惯。

PowerPoint 2007 演示文稿的保存方法与 Word 2007 文档相同。如果演示文稿尚未保存过，即第一次保存，可以按以下方法进行保存。

1. 通过保存按钮保存演示文稿

直接单击标题栏上的保存按钮 ，可以快速保存 PowerPoint 2007 演示文稿。或者采用快捷方式，即 Ctrl+S 组合键进行快速保存。

2. 通过 Office 菜单保存演示文稿

与 Word 2007 的保存方法是一样的。这里不再赘述。我们将这个演示文稿保存为名为"连环漫画集"的幻灯片。

5.4　幻灯片的基本操作

本节介绍了插入幻灯片、删除幻灯片、移动幻灯片等基本操作。

5.4.1　插入幻灯片

如果需要在已经创建的幻灯片中插入一张新的幻灯片或者已有的幻灯片数目不够，就要添加新的幻灯片，那么添加幻灯片的方法有几种呢？下面我们一起来看看吧。

1. 在普通视图中插入幻灯片

在普通视图中插入幻灯片与新建一个幻灯片的方法差不多，但又有些不同，其操作步骤如下。

(1) 打开"连环漫画集"演示文稿，切换到普通视图模式，选中需要插入幻灯片的位置。

(2) 在【开始】选项卡的【幻灯片】选项组中单击【新建幻灯片】按钮上的倒三角，在弹出的菜单中选择一种幻灯片模板，如图 5-15 所示。此时在编号为"3"的幻灯片后面就插入了一张新的幻灯片。

💡 **注意**：如果只是单击【幻灯片】选项组的【新建幻灯片】按钮，而不是单击按钮上边的倒三角，同样会创建一个新的幻灯片，只是幻灯片的主题只有系统设定的一种，即【标题和内容】主题。

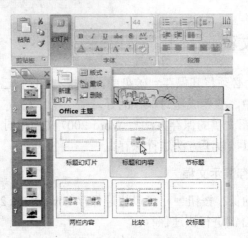

图 5-15　选择幻灯片模板

2. 在幻灯片浏览视图中插入幻灯片

除了可以在普通视图中插入幻灯片以外还可以在幻灯片浏览视图中插入新的幻灯片，具体方法如下。

(1) 打开"连环漫画集"演示文稿，切换到幻灯片浏览视图模式，选中需要插入幻灯片的位置，比如我们在编号为"3"的幻灯片与编号为"4"的幻灯片中间单击，会出现一个光标，如图 5-16 所示。

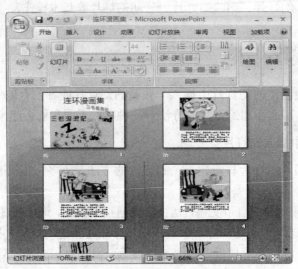

图 5-16　选择插入位置

(2) 按照前面讲过的方法，单击【新建幻灯片】按钮上的倒三角，在弹出的菜单中选择一种幻灯片模板，就可以在幻灯片浏览视图中插入一个新的幻灯片。

提示：在幻灯片浏览视图中也可以通过在选中的幻灯片上右击，在弹出的快捷菜单中以选择【新建幻灯片】命令的方式来插入新幻灯片，其操作与在幻灯片普通视图中类似。

5.4.2　删除幻灯片

1. 在普通视图中删除幻灯片

在讲述插入幻灯片的时候区分了不同的视图，那么删除幻灯片也一样，下面来学习在幻灯片浏览视图中怎样删除幻灯片。

1) 利用鼠标右键菜单中的命令删除

打开演示文稿，在窗口左侧选择需要删除的幻灯片，在选中的幻灯片上右击，从弹出的快捷菜单中选择【删除幻灯片】命令即可将其删除，后面的幻灯片会跟上去的。

2) 利用工具栏上的命令删除

打开演示文稿，切换到幻灯片浏览视图，在窗口左侧选择需要删除的幻灯片，在【开始】选项卡的【幻灯片】选项组单击【删除】按钮，也可以删除幻灯片，如图 5-17 所示。

图 5-17　单击【删除】按钮

3) 利用键盘上的 Delete 键删除

也可以选择需要删除的幻灯片之后直接按 Delete 键删除。

2. 在幻灯片浏览视图中删除幻灯片

在幻灯片视图中删除幻灯片的方法与在普通视图中一样，也有三种方法，分别是利用鼠标右键菜单的【删除幻灯片】命令、单击工具栏中的【删除】按钮和利用 Delete 键删除，这里不再详述，请读者参照普通视图的操作进行。

5.4.3　移动幻灯片

1. 在同一个演示文稿中移动幻灯片

在同一个演示文稿中，无论是普通视图还是幻灯片浏览视图中，移动幻灯片采用拖动的方法就行了，下面我们以幻灯片浏览视图来讲解。

(1) 打开演示文稿，并切换到幻灯片浏览视图，拖动需要移动的幻灯片，比如编号为"2"的幻灯片，此时会出现一个"I"形的虚柱，如图 5-18 所示。

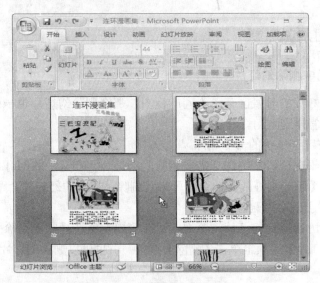

图 5-18　拖动需要移动的幻灯片

(2) 松开鼠标左键，会发现编号为"2"的幻灯片移动到编号为"3"的位置上了，如图 5-19 所示。

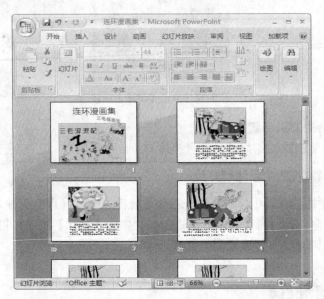

图 5-19　移动幻灯片位置的效果

2. 在不同演示文稿中移动幻灯片

(1) 打开两个演示文稿，切换到【视图】选项卡，在【窗口】选项组中单击【全部重排】按钮，如图 5-20 所示。

(2) 此时两个演示文稿排列在一个窗口中，在其中一个演示文稿中单击需要移动的幻灯片，然后拖动到"目标演示文稿"即可，如图 5-21 所示。

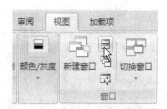

图 5-20 单击【全部重排】按钮

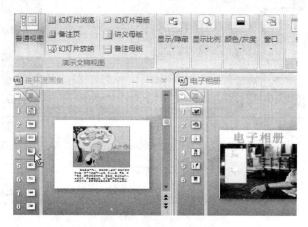

图 5-21 拖动演示文稿

 ## 5.5 编辑演示文稿

本节对演示文稿的编辑进行了详细讲述，可以向幻灯片中添加文字、图片、剪贴画、表格及电影等内容。PowerPoint 2007 提供了各种对象的占位符，用户可以按照占位符中的提示文字轻松地插入相应的对象。此外，也可以使用功能区选项卡中的相应工具向幻灯片中添加所需的对象。

5.5.1 添加文字

在 PowerPoint 2007 中，文本位于文本占位符或文本框中，这样有利于调整文本在幻灯片中的位置。不同的文本占位符用于放置不同类型的文本内容，例如标题占位符用于放置标题文本，内容占位符则用于放置正文文本等，可以通过以下 3 种方法向幻灯片中添加文字。

(1) 直接在幻灯片的文本占位符中输入文字。

(2) 在大纲窗格中输入文字。

(3) 在幻灯片中插入文本框，然后在文本框中输入文字。

添加文本的步骤如下。

(1) 打开演示文稿，在提示"单击此处添加标题"处单击，输入"连环漫画集"字样，如图 5-22 所示。

图 5-22 添加标题

(2) 在提示"单击此处添加副标题"处单击，输入"三毛流浪记"字样，如图 5-23 所示。

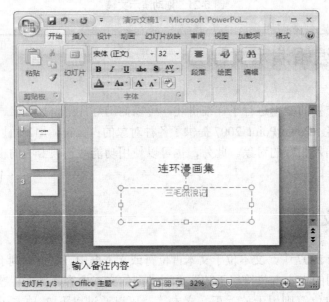

图 5-23 添加副标题

5.5.2 设置字体格式

PowerPoint 2007 提供了强大的文本效果处理功能，用户可以对演示文稿中的文本进行各种格式的设置。如果要设置的字体格式比较简单，只需使用【开始】选项卡的【字体】选项组中的工具进行设置就可以了；如果要设置复杂的字体格式，则可以单击【字体】组右下角的字体按钮，打开【字体】对话框进行设置。

下面以"连环漫画集"文档为例介绍字体的设置。

(1) 选中"连环漫画集"，将标题的字体设置为"微软雅黑"，字号设置为"72"号，字体颜色设置为"红色"。

(2) 选中"三毛流浪记"，在【插入】选项卡的【文本】选项组中单击【艺术字】按钮上的倒三角，从弹出的菜单中选择一种艺术字，如图 5-24 所示。此时在工作区中出现了艺术字样式的"三毛流浪记"，如图 5-25 所示。

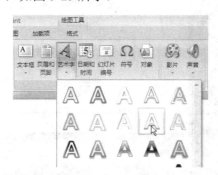

图 5-24　【艺术字】下拉菜单

图 5-25　艺术字样式

(3) 在【绘图工具】-【格式】选项卡的【形状样式】选项组中单击【形状效果】按钮，从弹出的菜单中选择【三维旋转】中的【离轴 2 左】命令，如图 5-26 所示。

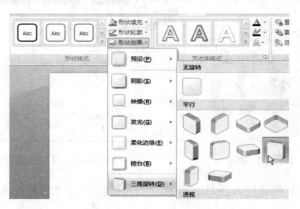

图 5-26　选择【三维旋转】中的【离轴 2 左】命令

(4) 将原来的"三毛流浪记"副标题删除,最后的效果如图 5-27 所示。

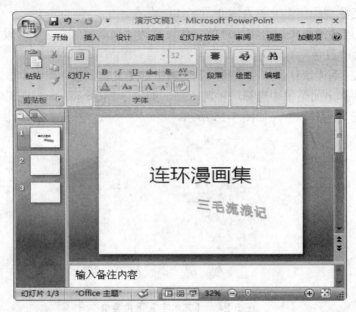

图 5-27　效果演示

5.5.3　插入图片

在演示文稿中插入一些与主题相关的图片,会使演示文稿更加生动有趣,更具吸引力,其操作过程如下。

(1) 打开演示文稿,在【插入】选项卡的【插图】选项组中单击【图片】按钮,如图 5-28 所示。

(2) 打开【插入图片】对话框,从电脑中选择一张图片,如图 5-29 所示。

图 5-28　单击【图片】按钮　　　　　　　图 5-29　【插入图片】对话框

(3) 单击【插入】按钮插入图片,并移动图片的位置,使之看起来美观大方。

5.6　设置演示文稿的外观

　　本节主要介绍了设置演示文稿的外观，包括设置母版、管理母版、设计模板及其背景等内容。

5.6.1　设置母版

　　为了使演示文稿具有统一的外观，经常会使用母版设置每张幻灯片的预设格式，这些格式包括每张幻灯片都要出现的文本或图形；标题文本的大小、位置以及各个项目符合的样式等。母版分为幻灯片母版、讲义母版和备注母版三种类型。

1. 创建幻灯片母版

　　要使用统一风格的幻灯片，需要先设置幻灯片母版，然后将其保存为演示文稿模板。下面来学习如何设置幻灯片母版，操作步骤如下。

　　(1) 打开需要编辑幻灯片母版的演示文稿，如"连环漫画集"演示文稿，在【视图】选项卡的【演示文稿视图】选项组中单击【幻灯片母版】按钮，如图 5-30 所示。

图 5-30　单击【幻灯片母版】按钮

　　(2) 进入幻灯片母版编辑状态，出现【幻灯片母版】选项卡，在【幻灯片母版】选项卡的【背景】选项组中单击【设置背景格式】对话框启动器按钮，如图 5-31 所示。

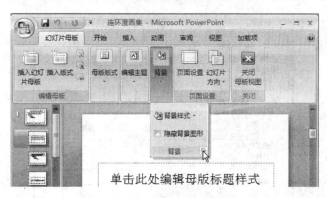

图 5-31　单击对话框启动器按钮

　　(3) 打开【设置背景格式】对话框，在【填充】选项卡中选中【图片或纹理填充】单选按钮，然后从【纹理】下拉列表框中选择一种纹理，如图 5-32 所示。

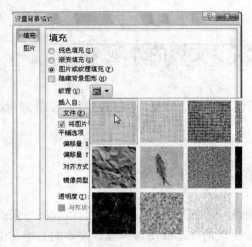

图 5-32 选择纹理

(4) 单击【全部应用】按钮，然后单击【关闭】按钮，此时所有母版都应用了纹理填充。

(5) 在【插入】选项卡的【文本】选项组中单击【页眉和页脚】按钮，如图 5-33 所示，打开【页眉与页脚】对话框。

图 5-33 单击【页眉和页脚】按钮

(6) 在【幻灯片】选项卡中选中【日期和时间】复选框和【自动更新】单选按钮，再选中【幻灯片编号】复选框和【页脚】复选框，在文本框中输入"三毛流浪记"，如图 5-34 所示。

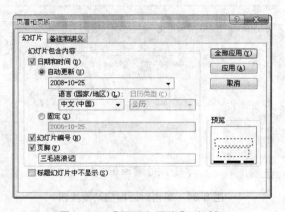

图 5-34 【页眉和页脚】对话框

(7) 单击【全部应用】按钮应用到所有幻灯片，在幻灯片"1"中选中所有文字并右击，在弹出的快捷菜单中选择【字体】命令，如图 5-35 所示，打开【字体】对话框。

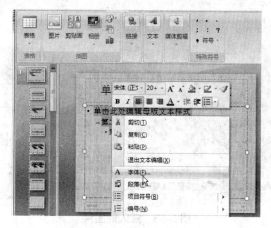

图 5-35　选择【字体】命令

(8) 切换到【字体】选项卡，在【中文字体】下拉列表框中选择【华文楷体】选项，在
【字体颜色】下拉列表框中选择【橄榄绿，深度 50%】选项，字体样式选择常规，字体大
小设置为 30，如图 5-36 所示。

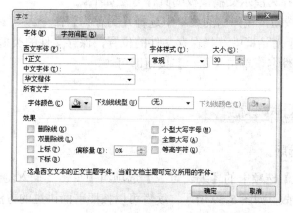

图 5-36　【字体】对话框

(9) 单击【确定】按钮，在【插入】选项卡的【插图】选项组中单击【图片】按钮，如
图 5-37 所示。

图 5-37　单击【图片】按钮

(10) 在打开的【插入图片】对话框中选择一种图片，单击【插入】按钮，插入图片之
后再调整图片的大小，效果如图 5-38 所示。

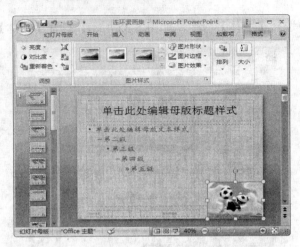

图 5-38　插入的图片

2. 保存幻灯片母版

设置好母版以后，在该演示文稿中新建幻灯片时，幻灯片的背景与母版的背景相同，但是新建演示文稿后，新的演示文稿幻灯片并不采用母版背景，这就需要将母版保存为模板了。

将幻灯片母版保存为演示文稿模板的具体方法如下。

(1) 单击 Office 按钮，在弹出的菜单中选择【另存为】命令。

(2) 在【另存为】对话框中选择保存文件的位置，保存文件的类型设置为【PowerPoint 模板】，然后输入文件名，单击【保存】按钮即可。

5.6.2　管理幻灯片母版

1. 插入幻灯片母版

在【幻灯片母版】选项卡的【编辑母版】选项组中单击【插入幻灯片母版】按钮，就可以插入一个新的母版，如图 5-39 所示。读者可以按照前面讲过的方法对编号为"2"的幻灯片母版进行相应的设置，这里不再赘述。

图 5-39　插入幻灯片母版

2. 删除幻灯片母版

如果不需要那么多主题的母版，则可以通过下面的方法将其删除。

(1) 选择需要删除的幻灯片母版之后，在【幻灯片母版】选项卡的【编辑母版】选项组中单击【删除幻灯片】按钮。

(2) 在需要删除的幻灯片母版上右击，从弹出的快捷菜单中选择【删除母版】命令，如图 5-40 所示。

图 5-40　删除母版

💡 **注意：** 请弄清楚自己需要删除的是幻灯片母版还是母版中的一个版式。如果在母版的一个版式上右击则弹出的快捷菜单中只有【删除版式】命令，如图 5-41 所示。

图 5-41　选择【删除版式】命令

5.6.3　设计模板

模板是一个扩展名为.poc 的演示文稿文件，包含预定义的文字格式、颜色和图形元素。模板有设计模板和内容模板两种，前者包含预定义的格式和配色方案，可以应用到任意演示文稿中创建自定义的外观；后者则是根据各个专题预制的演示文稿，它不仅预定义了画面，还设计了各个画面的演示内容。

1. 应用已有模板

设计模板是通用于各种演示文稿的模型，可直接应用于用户的演示文稿，其操作步骤如下。

(1) 打开一个演示文稿，单击 Office 按钮，在弹出的菜单中选择【新建】命令，如图 5-42 所示。

图 5-42　选择【新建】命令

(2) 在打开的【新建演示文稿】对话框中切换到【已安装的模板】选项卡，从中选择【古典型相册】模板，如图 5-43 所示。

图 5-43　选择【古典型相册】模板

(3) 单击【创建】按钮，就创建了一个以古典型相册为模板的演示文稿，如图 5-44 所示。

(4) 双击图片，就会打开【图片工具】-【格式】选项卡，在【调整】选项组中单击【更改图片】按钮 更改图片。

(5) 在打开的【插入图片】对话框中选择自己需要的相片，然后单击【插入】按钮。

(6) 单击"古典型相册"文本框，在里面输入自己的相册名称，单击下面一个文本框，在其中输入相册的详细信息。

图 5-44　创建以古典型相册为模板的演示文稿

2. 创建新模板

创建新的模板操作步骤如下。

(1) 打开演示文稿，然后单击 Office 按钮，在弹出的下拉菜单中依次选择【另存为】|
【其他格式】命令，如图 5-45 所示。

图 5-45　选择【其他格式】命令

(2) 打开【另存为】对话框，在文件名中输入模板的名字，文件保存类型选择【PowerPoint
模板】选项，如图 5-46 所示。

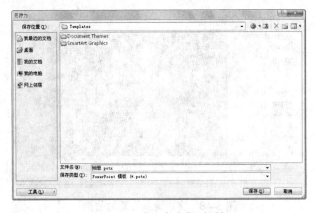

图 5-46　【另存为】对话框

(3) 单击【保存】按钮，一个新的模板就创建好了，下次使用新模板创建的时候只要依次选择 Office|【新建】|【我的模板】命令就可以了。

5.6.4 背景

除了进行上面的主题设置外，还可以根据个人喜好，将纯色、过渡色、纹理或图片设置为幻灯片的背景。

1. 设置幻灯片的背景颜色

在很多情况下，需要相对单调的背景，比如进行比较时，使用纯色作为背景色，是最佳的选择。

设置幻灯片的背景颜色的操作步骤如下。

(1) 打开"企业广告宣传片"文件，单击【设计】选项卡的【背景】选项组中的【背景样式】按钮，从下拉菜单中选择红色方框中的四种纯色之一，这里选择【样式 4】，如图 5-47 所示。结果如图 5-48 所示。

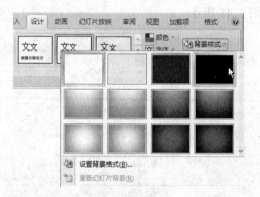

图 5-47　选择背景样式

图 5-48　完成背景设置的效果

(2) 在【背景样式】下拉菜单中，只有四种颜色可以选择，也可以选择【设置背景格式】命令，打开【设置背景格式】对话框；然后在【填充】选项卡中选中【纯色填充】单选按钮；接着在【颜色】下拉列表框中选择如图 5-49 所示的颜色。

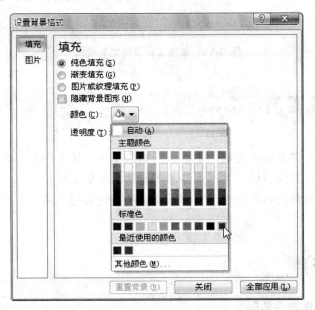

图 5-49　选择背景颜色

(3) 单击【关闭】按钮后效果如图 5-50 所示。

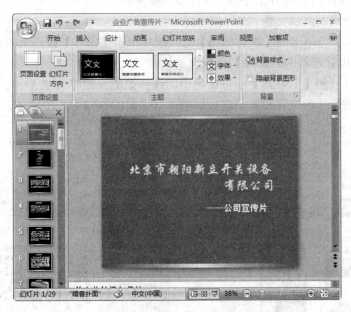

图 5-50　显示背景颜色的效果

技巧：还可以单击如图 5-51 所示的【背景样式】按钮打开【设置背景格式】对话框。

图 5-51　单击【背景格式】按钮

5.7　完善演示文稿

本节介绍了如何完善演示文稿，主要包括插入影片、插入声音等内容。在幻灯片中添加内容并统一幻灯片的外观后，并不意味着一份演示文稿就做好了，用户还可以通过插入影片、添加背景声音和动画效果来丰富演示文稿的视觉效果，从而使演示文稿浏览起来更加精美和吸引人。

5.7.1　插入影片

1. 插入剪辑管理器中的影片

在安装 Office 2007 时，就自动安装了剪辑管理器，自带了许多影片，下面介绍如何将剪辑管理器里的影片插入到幻灯片中，操作步骤如下。

(1) 打开一个演示文稿文件。

(2) 在【插入】选项卡的【媒体剪辑】选项组中单击【影片】按钮上的倒三角，在下拉菜单中选择【剪辑管理器中的影片】命令。

(3) 在右侧打开的【剪贴画】任务窗格中，选择如图 5-52 所示的影片。

(4) 对插入的影片的位置和大小进行调整，效果如图 5-53 所示。

图 5-52　选择影片

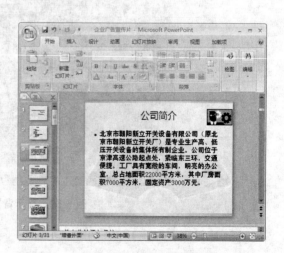

图 5-53　调整后的效果

2. 插入与设置文件中的影片

如果想在幻灯片中插入自己拍摄的影片，如本例中，在公司产品展示中插入动态的产品展示影片。就可以通过插入文件中的影片来达到这一目的，操作步骤如下。

(1) 打开"企业广告宣传片"文件，切换到第 19 张幻灯片。

(2) 在【插入】选项卡的【媒体剪辑】选项组中单击【影片】按钮上的倒三角，在下拉菜单中选择【文件中的影片】命令，如图 5-54 所示。

(3) 在弹出的【插入影片】对话框中，找到要插入影片的目录，选择要插入的影片，如图 5-55 所示。

(4) 单击【确定】按钮后，在弹出的对话框中单击【在单击时】按钮。

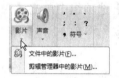

图 5-54　选择【文件中的影片】命令　　　　　　　图 5-55　选择影片

5.7.2　插入声音

幻灯片的背景声音可以是位于计算机、网络或 Microsoft 剪辑管理器中的音乐文件，也可以录制自己的声音或使用 CD 中的音乐。将音乐或声音插入幻灯片后，幻灯片上会出现一个代表该声音文件的图标。用户除了可以将它设置为幻灯片放映时自动开始或单击时开始播放外，还可以设置为带有时间延迟的自动播放，或作为动画片段的一部分进行播放。

1. 插入剪辑管理器中的声音

(1) 要使用剪辑管理器中的声音作为幻灯片的背景音乐，选择所需幻灯片后，在【插入】选项卡的【媒体剪辑】选项组中单击【声音】按钮上的倒三角，在下拉菜单中选择【剪辑管理器中的声音】命令，如图 5-56 所示。

(2) 在右侧打开的【剪贴画】任务窗格中选择如图 5-57 所示的声音。

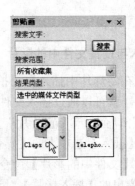

图 5-56　选择【剪辑管理器中的声音】命令　　　　　　　图 5-57　选择声音

(3) 在弹出的对话框中单击【自动】按钮，完成后图中多了一个小喇叭的图标。

提示：如果要删除插入的声音，可以选中这个小喇叭的图标，然后按下键盘上的 Delete 键将它删除。

2. 向幻灯片中插入剪辑管理器中的声音

除了剪辑管理器中的单调声音外，还可以将电脑上的其他声音文件插入幻灯片中，下面介绍将它们插入幻灯片中的方法。

选择所需的幻灯片后，在【插入】选项卡的【媒体剪辑】选项组中单击【声音】按钮上的倒三角，在下拉菜单中选择【文件中的声音】命令，如图 5-58 所示。

图 5-58　选择【文件中的声音】命令

在弹出的【插入声音】对话框中找到要插入声音的目录，选择要插入的声音，单击【确定】按钮后，在弹出的对话框中单击【自动】按钮。完成后图中会多一个小喇叭图标，为了不影响视觉，可以将它移动到右下角。

5.7.3　录制旁白

如果要插入旁白，首先要制作旁白，下面介绍如何录制旁白。

可以通过【幻灯片放映】选项卡的【录制旁白】命令，一边放映幻灯片，同时一边进行旁白的录制，让旁白与幻灯片同步，其操作步骤如下。

(1) 打开幻灯片文档，切换到第三张幻灯片，如图 5-59 所示。

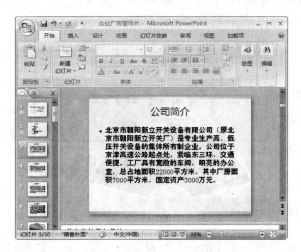

图 5-59　打开幻灯片文档

(2) 单击【幻灯片放映】选项卡的【设置】选项组中的【录制旁白】按钮，如图 5-60 所示。

图 5-60　单击【录制旁白】按钮

(3) 在弹出的【录制旁白】对话框中，首先单击【设置话筒级别】按钮，如图 5-61 所示。

(4) 在弹出的【话筒检查】对话框中，朗读给出的内容，让系统自动检查并调节话筒的音量，如图 5-62 所示，然后单击【确定】按钮。

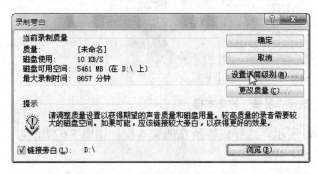

图 5-61　【录制旁白】对话框

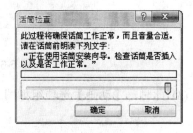

图 5-62　【话筒检查】对话框

(5) 如果在前面已经做过这一步骤，现在想改变录制的旁白的质量，可以单击【更改质量】按钮，打开如图 5-63 所示的对话框，并输入需要的参数即可。

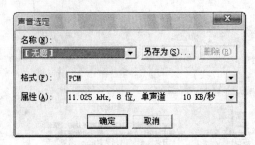

图 5-63　【声音选定】对话框

5.7.4　添加动画效果

所谓动画方案，就是预先定义的一系列对象的出现、显示的格式。下面我们就一起来学习如何为对象设置动画方案，操作步骤如下。

(1) 打开幻灯片文档，切换到第二张幻灯片，选择"目录"的文本框，如图 5-64 所示。

(2) 在【动画】选项卡的【动画】下拉列表框中，选择【飞入】选项，如图 5-65 所示。

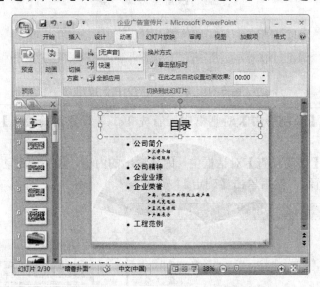

图 5-64　选择"目录"的文本框

(3) 此时，【动画】选项组如图 5-66 所示，选择内容所在的文本框，如图 5-67 所示。

图 5-65　选择【飞入】选项

图 5-66　【动画】选项组

(4) 在【动画】选项卡的【动画】选项组中，依次选择【飞入】|【按第一级段落】命令，如图 5-68 所示。

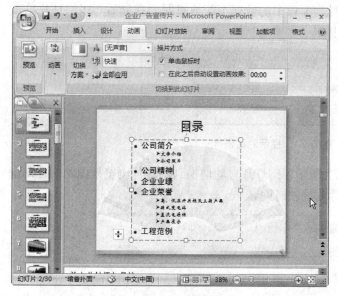 

图 5-67　选择文本框　　　　　　　　图 5-68　选择【按第一级段落】命令

 提示： 如果选择【整批发送】选项，单击时整个文本框同时飞入屏幕内，如果选择
　　　　　【按第一级段落】选项，则单击时文本框内的内容按照第一级的段落分批飞入
　　　　　屏幕内。

5.8　播放演示文稿

本节主要介绍如何播放演示文稿。为了获得更好的播放效果，在正式播放演示文稿之
前，还需要进行一些先期设置，如设置放映方式、自定义幻灯片的播放顺序等。

5.8.1　设置放映时间

打开文档，单击【幻灯片放映】选项卡的【设置】选项组中的【排练计时】按钮，
如图 5-69 所示。

此时就会启动幻灯片的放映，与普通放映不同的是，在幻灯片的左上角出现了一个如
图 5-70 所示的【预演】计时窗口。

图 5-69　【排练计时】按钮

图 5-70　【预演】计时窗口

不断地单击进行幻灯片的放映时，窗口中的数据不断地更新，在最后一张幻灯片单击后，出现如图 5-71 所示的提示对话框。

图 5-71　提示对话框

单击【是】按钮后效果如图 5-72 所示，幻灯片自动切换到幻灯片浏览视图，并且在每张幻灯片的左下角出现了每张幻灯片的放映时间。

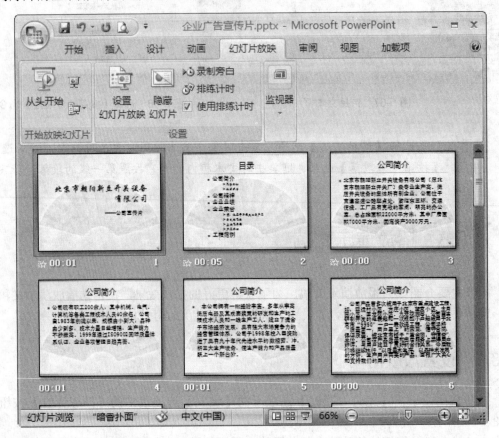

图 5-72　幻灯片浏览视图

5.8.2　设置放映方式

前面都是按照顺序一张一张地放映幻灯片，现在将要学习如何进行设置来有选择地放映幻灯片，其操作步骤如下。

(1) 打开文档，单击【幻灯片放映】选项卡中【设置】选项组中的【设置幻灯片放映】按钮，如图 5-73 所示。弹出【设置放映方式】对话框，如图 5-74 所示。

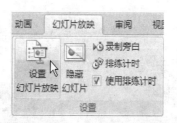

图 5-73 单击【设置幻灯片放映】按钮

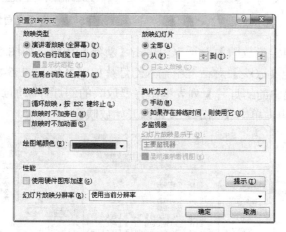

图 5-74 【设置放映方式】对话框

(2) 在【放映类型】选项组中选择幻灯片的放映类型，这里选择【演讲者放映】单选按钮；然后对【放映选项】、【放映幻灯片】、【换片方式】等选项组进行设置；设置完毕后，单击【确定】按钮。

5.8.3 启动放映

设置完幻灯片的放映方式，下面我们就一起来学习如何启动幻灯片的放映，其操作步骤如下。

(1) 打开文档，单击【幻灯片放映】选项卡中【开始放映幻灯片】选项组中的【从头开始】按钮，如图 5-75 所示，开始从头放映幻灯片。

(2) 单击【幻灯片放映】选项卡中【开始放映幻灯片】选项组中的【从当前幻灯片开始】命令，如图 5-76 所示，从当前幻灯片开始放映幻灯片，效果如图 5-77 所示。

(3) 单击【幻灯片放映】选项卡中【开始放映幻灯片】选项组中的【自定义幻灯片放映】按钮，在下拉菜单中选择【自定义放映】命令，如图 5-78 所示。

图 5-75 单击【从头开始】按钮

图 5-76 单击【从当前幻灯片开始】按钮

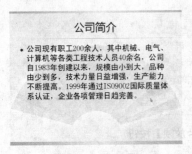

图 5-77　显示效果

图 5-78　选择【自定义放映】命令

(4) 在弹出的【自定义放映】对话框中单击【新建】按钮，如图 5-79 所示。

(5) 在【定义自定义放映】对话框中输入幻灯片放映名称，图 5-80 默认为"自定义放映 1"，在【演示文稿中的幻灯片】列表框中将要放映的幻灯片添加到右侧的【在自定义放映中的幻灯片】列表中，单击【确定】按钮即开始放映。

图 5-79　【自定义放映】对话框

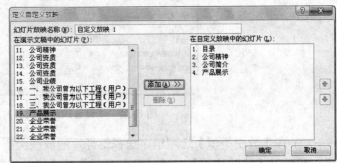

图 5-80　添加幻灯片

提示：当放映到最后一张时，再单击会出现一个黑屏，并在顶部显示"放映结束，单击鼠标退出"的字样，单击退出放映。

5.8.4　打包演示文稿

演示文稿打包主要用于在不启动 PowerPoint 2007 程序的情况下，就可以直接放映演示文稿。使用 PowerPoint 2007 提供的打包功能可以将所有需要打包的文件放到一个文件夹中，然后将该文件复制到磁盘或网络上的某个位置，就可以将该文件解包到目标计算机或网络上并运行该演示文稿。

(1) 单击 Office 按钮，在下拉菜单中选择【发布】|【CD 数据包】命令，如图 5-81 所示。

(2) 在弹出的【打包成 CD】对话框中的【将 CD 命名为】文本框中输入"企业广告宣传片"，如图 5-82 所示。

(3) 单击图 5-82 中的【选项】按钮，打开如图 5-83 所示的【选项】对话框，在这里，你可以设置程序包类型，确定是否含有链接的文件、字体，以及设置密码等参数。

图 5-81 选择【CD 数据包】命令

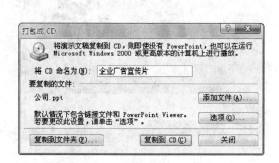

图 5-82 【打包成 CD】对话框

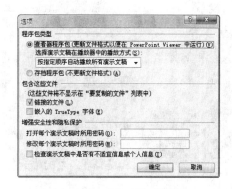

图 5-83 【选项】对话框

(4) 单击【复制到文件夹】按钮，打开【复制到文件夹】对话框，输入文件夹名称和位置后，单击【确定】按钮。在弹出的对话框中单击【是】按钮。接着就出现提示正在复制文件的窗口，此时不要进行任何操作，等待复制命令完成。复制命令完成后，到所选的目录中，即可看到打包的文件。

 ## 5.9 回到工作场景

通过前面内容的学习，读者应该已经掌握了演示文稿 PowerPoint 2007 的基本操作。下面回到 5.1 节的工作场景，完成项目计划书的制作。

【工作过程一】进行母版的编辑制作

(1) 启动 PowerPoint 2007，切换到【视图】选项卡，在【母版视图】选项组中单击【幻灯片母版】按钮，切换到幻灯片母版视图中。

(2) 按下 Ctrl+A 组合键选中幻灯片中的所有占位符，然后按下 Delete 键将其删除，在空白的背景上右击，在弹出的快捷菜单中选择【设置背景格式】命令，打开【设置背景格式】对话框，在【填充】选项卡中选中【图片或纹理填充】单选按钮，在【插入自】选项组中单击【文件】按钮。

(3) 打开【插入图片】对话框，选中图片 01.jpg，然后单击【插入】按钮，返回【设置背景格式】对话框，再单击【关闭】按钮返回幻灯片，如图 5-84 所示。

(4) 切换到【插入】选项卡，在【插图】选项组中单击【形状】按钮，在弹出的下拉列表中单击【矩形】组中的【矩形】按钮。

(5) 在幻灯片的下方绘制矩形，右击绘制的矩形，在弹出的快捷菜单中选择【设置形状格式】命令，打开【设置形状格式】对话框，在【填充】选项卡中选中【纯色填充】单选按钮，单击【颜色】按钮，在弹出的下拉列表中选择【白色，背景 1，深色 5%】选项，在【线条颜色】选项卡中选中【无线条】单选按钮，效果如图 5-85 所示。

图 5-84　母版的编辑图

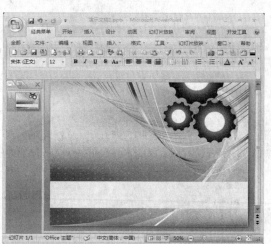

图 5-85　绘制矩形的幻灯片

(6) 单击【关闭】按钮返回幻灯片，在【编辑主题】选项组中单击【字体】按钮，在弹出的下拉菜单中选择【新建主题字体】选项，将标题字体(西文)设置为"Arial Black"，正文字体(西文)设置为"Arial"，标题字体(中文)设置为"方正粗圆简体"，正文字体(中文)设置为"微软雅黑"，然后在【名称】文本框中输入自定义的名称后单击【保存】按钮。

(7) 切换到【插入】选项卡，在【文本】选项组中单击【文本框】按钮上的倒三角，在弹出的下拉菜单中选择【横排文本框】命令，在矩形的上方插入文本框，输入文本"项目计划书"，并将文本格式设置为"方正准圆简体"、"42"、"添加阴影"，字体颜色设置为"深蓝(红色 25，绿色 44，蓝色 67)"。以下采用相同的办法插入文本框，效果如图 5-86 所示。

(8) 设计幻灯片母版。切换到【幻灯片母版】选项卡，在【背景】选项组中单击【背景样式】按钮，在下拉菜单中选择【设置背景格式】命令。

(9) 在【填充】选项卡中选中【图片或者纹理填充】单选按钮，在【插入自】选项组中单击【文件】按钮，打开【插入图片】对话框，插入图片 02.jpg。

(10) 在幻灯片母版中对两个占位符的位置、大小进行调整，并将标题的文本大小设置为"35"。切换到【幻灯片母版】选项卡，在【关闭】选项组中单击【关闭母版视图】按钮，完成母版的制作。

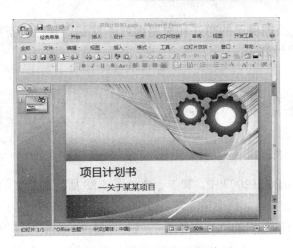

图 5-86　输入标题的幻灯片

【工作过程二】制作项目计划书的目录幻灯片

(1) 在【开始】选项卡的【幻灯片】选项组中单击【新建幻灯片】按钮上的下箭头，在弹出的下拉列表中选择【仅标题】选项。

(2) 切换到【插入】选项卡，在【插图】选项组中单击【形状】按钮，在弹出的下拉列表中单击【最近使用的形状】组中的【圆角矩形】按钮，绘制一个宽度为"16.4 厘米"、高度为"1.5 厘米"的圆角矩形。

(3) 将圆角矩形的填充颜色设置为"灰色(红色 241，绿色 243，蓝色 242)"，阴影样式设置为【右下斜偏移】，无线条颜色。

(4) 在圆角矩形的左侧再绘制一个小圆角矩形，将其填充颜色设置为"红色 230，绿色 175，蓝色 0"，线条颜色设置为"白色"，线型宽度设置为"2 磅"，然后在两个圆角矩形上分别插入文本框，并输入相应的文本。

(5) 右击绘制的圆角矩形和插入的文本框，在弹出的快捷菜单中选择【组合】命令，将其组合在一起。按下 Ctrl+D 组合键再复制两个组合后的图形，更改圆角矩形的填充颜色，并更改文本框的文本，效果如图 5-87 所示。

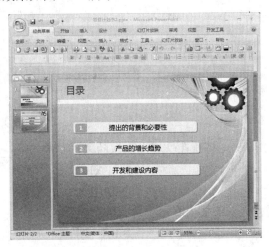

图 5-87　制作幻灯片目录

【工作过程三】根据自己的想法和思路继续新建幻灯片，从而完善计划书的相关内容，最终完成此项目计划书

5.10 工作实训营

1. 训练内容

在演示文稿 PowerPoint 2007 中，制作一个如图 5-88 所示的精美的视频相册，并将自己喜欢的音乐添加到当前图片。相册播放时，初步决定画面的播放长度(一般控制在 2～5 秒)，当实验觉得合适时，就按下 Enter 键继续下一页，直到整个相册的播放结束。

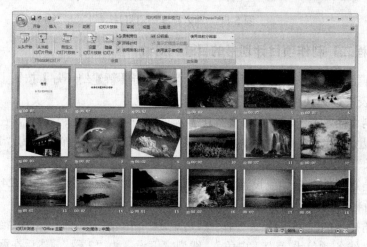

图 5-88　相册完成效果

2. 训练目的

(1) 复习本章制作 PPT 的基本操作。

(2) 掌握 PPT 的制作和应用。

(3) 学习制作视频相册。

本章习题

一、选择题

(1) PowerPoint 2007 演示文稿储存以后，默认的文件扩展名是_____。

    A. .BAT   B. .EXE

    C. .PPT   D. .PPTX

(2) 在_____ 视图方式下能实现在一个屏上显示多张幻灯片。

    A. 幻灯片视图   B. 大纲视图

    C. 幻灯片浏览视图   D. 备注页视图

(3) 选中幻灯片中的影片或声音后，按下_____键可以将它删除。

    A. Enter   B. Backup

    C. Delete   D. Ctrl

(4) 演示文稿打包时，不可以设置_____参数。

    A. 包含链接的文件

    B. 包含链接嵌入的 TrueType 字体

    C. 设置密码

    D. 设置动画

(5) 要在演示文稿的每张幻灯片中都使用某个图案，可通过_____来实现。

    A. 应用主题   B. 修改模板

    C. 设置背景   D. 修改每张幻灯片

(6) 要在演示文稿中添加背景音乐，但又不想把此音乐文件添加到幻灯片中，应采用_____的方式。

    A. 插入剪辑管理器中的音乐   B. 插入文件中的音乐

    C. 插入 CD 音乐   D. 录制自己的音乐文件

二、填空题

(1) PowerPoint 2007 的状态栏除显示当前演示文稿的总页数及当前幻灯片的编号外，还显示_____。

(2) 在正文文本的占位符中按_____键可取消当前行的项目符号；按_____键可在段落中换行；按_____键可降低文本级别。

(3) 控制幻灯片外观的方法有_____、_____和_____3 种。

(4) 播放演示文稿的快捷键是_____。

(5) 如果要求在幻灯片演示的过程中始终有切换声音，应在_____选项卡的_____组中选择【切换声音】下拉列表框中的【播放下一段声音之前一直循环】选项。

三、简答题

(1) PowerPoint 2007 的窗口界面的主体部分由哪几部分组成，各自的作用是什么？

(2) 简述在幻灯片中输入文字的方法。

(3) 怎样插入一张新的幻灯片？

(4) 如何移动或复制一张幻灯片？

(5) 打包的作用是什么，如何进行打包？

第6章

网页制作软件 Dreamweaver CS4

 本章要点

- Dreamweaver CS4 的窗口、视图方式、站点和网页的创建、任务的创建和管理等
- 编辑网页、编辑表格、编辑图像、编辑框架、编辑表单、插入媒体和动态特效
- 维护与发布站点

技能目标

- 框架网页的创建
- 使用 CSS 类化网页
- 创建表单网页

6.1 工作场景导入

【工作场景】规划并创建网站"U&M 女装"

"U&M 女装"是一个女装品牌,其客户主要是都市中 25～35 岁之间追求自由和个性的知识女性。小王是网页制作公司的一名员工,接到了为"U&M 女装"规划并创建网站的工作。公司要求网站整体风格既要符合时尚、先锋、前卫的特点,又要体现本品牌的特色,须十分注意细节方面的处理。如果你是小王,你将如何完成此项目。

【引导问题】

(1) 在 Dreamweaver CS4 中,你知道如何规划网站的结构吗?
(2) 在 Dreamweaver CS4 中,你知道如何创建本地站点吗?
(3) 在 Dreamweaver CS4 中,你知道如何插入图像和 Flash 动画吗?
(4) 在 Dreamweaver CS4 中,你知道如何添加超链接吗?

6.2 Dreamweaver CS4 简介

Dreamweaver CS4 是由美国 Macromedia 公司推出的"网页制作三剑客"中的网页编辑与制作软件,也是目前较流行的网页编辑制作软件。

Dreamweaver CS4 是一个所见即所得的网页编辑器,支持最新的 DHTML 和 CSS 标准。它采用了多种先进技术,能够快速高效地创建极具表现力和动感效果的网页,使网页制作过程变得非常容易。在 Dreamweaver CS4 中可以同时看到源代码编辑窗口和可视化编辑窗口,不管用户在哪一个窗口中修改,都能立即反映到另一个窗口中,这个功能极大地方便了用户编辑网页时在两个窗口之间进行切换。另外,Dreamweaver CS4 不仅提供了强大的网页编辑功能,而且提供了完善的站点管理机制。它是一个集网页创作和站点管理于一身的网页编辑与制作工具。

6.2.1 Dreamweaver CS4 的功能

- 可视化编辑
- 集成的工作流
- 功能全面的编码环境
- 支持领先技术
- 支持自定义

6.2.2　初识 Dreamweaver CS4

安装 Dreamweaver CS4 后，依次选择【开始】|【所有程序】| Adobe Dreamweaver CS4
命令，即可启动 Dreamweaver CS4，如图 6-1 所示。

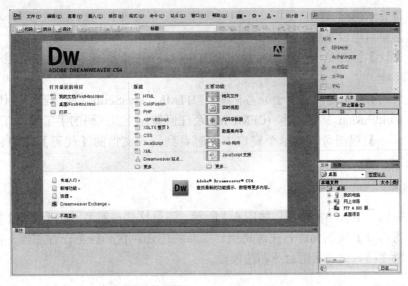

图 6-1　Dreamweaver CS4 启动界面

在【新建】栏中选择 HTML 选项，打开如图 6-2 所示的窗口，其中包括新建文档的编
辑窗口和浮动面板。Dreamweaver CS4 的外观与其强大的功能特性是紧密相连的，熟悉这些
面板，可以显著提高工作效率。

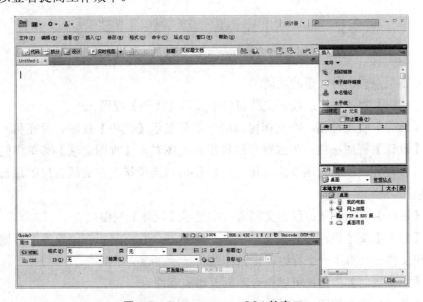

图 6-2　Dreamweaver CS4 的窗口

6.2.3　Dreamweaver CS4　工作区布局

Dreamweaver 提供了一个将全部元素置于一个窗口中的集成布局。

1. 窗口

文档窗口显示当前文档。

【文档】窗口可以采用下列任一视图方式。

- 【设计】视图是一个用于可视化页面布局、可视化编辑和快速应用程序开发的设计环境。
- 【代码】视图是一个用于编写和编辑 HTML、JavaScript、服务器语言代码(如 PHP 或 ColdFusion 标记语言 (CFML))以及任何其他类型代码的手工编码环境。
- 【拆分】视图可以在单个窗口中同时看到同一文档的【代码】视图和【设计】视图。

2. 工具栏

工具栏中包含很多功能按钮，如图 6-3 所示。通过这些按钮可以在【代码】视图、【设计】视图、【拆分】视图间进行快速切换。工具栏中还包含一些与查看文档、在本地和远程站点间传输文档有关的常用命令和选项。

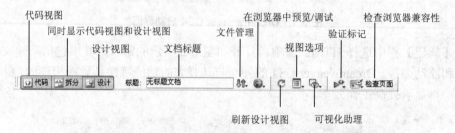

图 6-3　Dreamweaver CS4 的工具栏

下面介绍工具栏中各按钮的功能。

- 【代码】视图按钮：仅在文档窗口中显示【代码】视图。
- 【拆分】视图按钮：在文档窗口的一部分显示【代码】视图，而在另一部分显示【设计】视图按钮：当选择了这种组合视图时，【视图选项】菜单中的【在顶部查看设计视图】选项变为可用。可以使用该选项指定在文档窗口的顶部显示哪种视图。
- 【设计】视图按钮：仅在文档窗口中显示【设计】视图。
- 【标题】文本框：可以为文档输入一个标题，它将显示在浏览器的标题栏中。如果文档已经有了一个标题，则该标题将显示在该文本框中。
- 【检查页面】按钮：可以检查跨浏览器兼容性。
- 【验证标记】按钮：可以验证当前文档或选中的标签。
- 【文件管理】按钮：显示文件管理下拉菜单。

- 【在浏览器中预览/调试】按钮：可以在浏览器中预览或调试文档，可以从下拉菜单中选择一个浏览器。
- 【刷新设计视图】按钮：在【代码】视图中更改后单击该按钮可以刷新文档的【设计】视图。因为在执行某些操作(如保存文件或单击该按钮)之前，在【代码】视图中所作的更改不会自动显示在【设计】视图中。
- 【视图选项】按钮：可以为【代码】视图和【设计】视图设置选项，其中包括选择哪个视图显示在最上面。该菜单中的选项用于当前视图。
- 【可视化助理】按钮：可以使用不同的可视化助理来设计页面。

3. 状态栏

文档窗口底部的状态栏中显示与当前文档有关的一些信息，如图 6-4 所示。

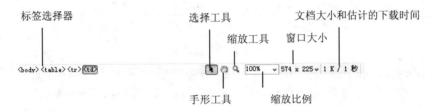

图 6-4 Dreamweaver CS4 状态栏

- 标签选择器：显示当前选定内容的标签的层次结构。单击 <body> 可以选择文档的整个正文。
- 手形工具：使用该工具可以将文档拖入文档窗口。单击选择工具按钮可禁用手形工具。
- 缩放工具和缩放比例：为文档设置缩放比率。
- 窗口大小：在其下拉式菜单(仅在【设计】视图中可见)中选择命令可将文档窗口的大小调整到预定义或自定义的尺寸。

4. 【插入】工具栏

　　【插入】工具栏包含用于创建和插入对象(如表格、层和图像)的各种按钮，这些按钮被组织到几个类别中，使用方便、快捷。启动 Dreamweaver CS4 之后，单击【插入】按钮，即可将各种工具以选项卡的形式显示出来，如图 6-5 所示。当鼠标指针移到一个按钮上时，会出现工具提示，其中含有该按钮的名称。

图 6-5 【插入】工具栏

【插入】工具栏按以下的选项卡进行组织。

- 【常用】选项卡：用于创建和插入最常用的对象，例如图像和表格。
- 【布局】选项卡：用于插入表格、div 标签、层和框架，如图 6-6(a)所示。

- 【表单】选项卡：用于创建表单和插入表单元素，如图 6-6(b)所示。
- 【数据】选项卡：用于插入 Spry 数据和其他动态元素，例如记录集、重复区域以及插入记录表单和更新记录表单，如图 6-6(c)所示。
- Spry 选项卡：包含一些构建 Spry 页面的按钮、Spry 数据对象和构件，如图 6-6(d)所示。
- 【文本】选项卡：用于插入各种文本格式和列表格式，如图 6-6(e)所示。
- 【收藏夹】选项卡：可以将【插入】工具中最常用的按钮分组和组织到某一公共位置。

(a)【布局】选项卡

(b)【表单】选项卡

(c)【数据】选项卡

(d) Spry 选项卡

(e)【文本】选项卡

图 6-6 【插入】工具栏中的各种工具

5. 【属性】面板

【属性】面板用于检查和编辑当前选择页面元素(如文本和插入的对象)的最常用属性。【属性】面板中的内容根据选择的元素会有所不同。例如，如果选择页面上的图像，则【属性】面板将改为显示该图像的属性，例如图像的文件路径、图像的宽度和高度、图像周围的边框(如果有)等，如图 6-7 所示。

图 6-7 【属性】面板

6. 【文件】面板

【文件】面板用于查看和管理 Dreamweaver CS4 站点中的文件，如图 6-8 所示。

【文件】面板包括【文件】、【资源】、【代码片断】三个子面板，它不仅能管理本地站点的结构，还可以管理远程站点，包括文件上传、文件更新等。

提示：在【文件】面板中查看站点、文件或文件夹时，可以更改查看区域的大小，还可以展开或折叠【文件】面板。当【文件】面板折叠时，它以文件列表的形式显示本地站点、远程站点或测试服务器的内容。单击【文件】面板中的 按钮可将【文件】面板展开，此时可显示本地站点和远程站点或者显示本地站点和测试服务器。【文件】面板还可以显示本地站点的视觉站点地图。

7. 【CSS 样式】面板

如图 6-9 所示，使用【CSS 样式】面板可以跟踪影响当前所选页面元素的 CSS 规则和属性("正在"模式)，或影响整个文档的规则和属性("【全部】"模式)。使用【CSS 样式】面板顶部的切换按钮可以在两种模式之间进行切换。使用【CSS 样式】面板还可以在【全部】和【正在】模式下修改 CSS 属性。

图 6-8 【文件】面板

图 6-9 【CSS 样式】面板

在【正在】模式下，【CSS 样式】面板显示三个窗格：【所选内容的摘要】窗格，其中显示文档中当前所选内容的 CSS 属性；【规则】窗格，其中显示所选属性的位置(或所选标签的规则的层叠，具体取决于你的选择)；以及【属性】窗格，可以编辑用于定义所选内容的规则的 CSS 属性。

在【全部】模式下，【CSS 样式】面板显示两个窗格：【所有规则】窗格(顶部)和属性窗格(底部)。【所有规则】窗格显示当前文档中定义的规则以及附加到当前文档的样式表中定义的所有规则的列表。使用属性窗格可以编辑【所有规则】窗格中任何所选规则的 CSS 属性。

对属性窗格所作的任何更改都将立即应用，可以在操作的同时预览效果。

6.3 制作网页

本节主要介绍制作网页的相关内容，包括创建站点、创建网页、修改、打开、预览以及保存等操作。

6.3.1 定义一个本地站点

一个网页可能会由许多文件构成，这些文件包括 HTML 文件、页面背景图片及页面中的每一个图片。在更复杂的网页中，可能还会有一些视频文件、音频文件或脚本文件。在浏览这样的网页时，所有的相关文件都会被加载。从另一个角度讲，每个网页都应该是某一站点中的一员，绝大部分网页都与站点中或站点外的其他网页相关联，网页之间存在着一种可以相互跳转的关系。所以创建网页首先应该将其纳入一个站点，参与到站点的整体规划中。

提示： 本地站点实际上是位于本地计算机中指定目录下的一组页面文件及相关支持文件。

利用建站向导创建站点的具体步骤如下。

(1) 打开 Dreamweaver，在网页编辑窗口中选择【站点】|【管理站点】命令，系统将弹出如图 6-10 所示的对话框，单击【新建】按钮。

(2) 系统弹出站点定义向导对话框，如图 6-11 所示，在对话框中输入站点名字。

图 6-10 【管理站点】对话框

图 6-11 定义站点对话框向导(1)

(3) 单击【下一步】按钮，弹出如图 6-12 所示的对话框，在此选择是否需要使用服务器。

(4) 单击【下一步】按钮，系统弹出如图 6-13 所示的对话框，输入文件存储位置，或通过单击浏览按钮选择将文件存储在哪一个文件夹中。

图 6-12　定义站点对话框向导(2)

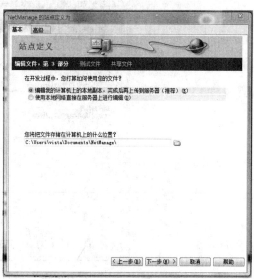

图 6-13　定义站点对话框向导(3)

(5) 单击【下一步】按钮，在弹出的对话框中选择想要链接的远程服务器类型和文件存储位置，如图 6-14 所示。

(6) 单击【下一步】按钮，系统将弹出如图 6-15 所示的对话框，选择是否允许合作伙伴同时编辑此文件。

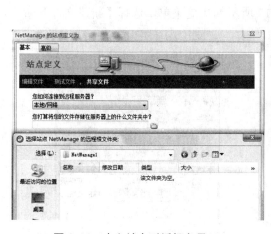
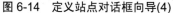

图 6-14　定义站点对话框向导(4)

图 6-15　定义站点对话框向导(5)

(7) 单击【下一步】按钮，系统弹出如图 6-16 所示的对话框，可以查看所创建站点的基本信息。

(8) 单击【完成】按钮，系统返回【管理站点】对话框，可看到所创建站点的名称。单击【完成】按钮，站点创建成功。

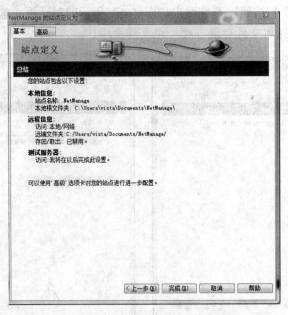

图 6-16 定义站点对话框向导(6)

6.3.2 向站点中添加网页和文件夹

建立本地站点后要在站点中添加网页和文件夹。在站点中添加网页之前，最好能大致规划一下站点中的网页，可以明确今后要进行的工作。在 Dreamweaver CS4 中，向站点中添加网页和文件夹的操作步骤如下。

(1) 右击建立好的网站图标，弹出如图 6-17 所示的快捷菜单，选择【新建文件】命令，生成如图 6-18 所示的新文件。

图 6-17 选择【新建文件】命令

图 6-18 生成的新文件

(2) 将图 6-19 中的新文件命名即可完成一个新网页的建立。

(3) 在网站中添加文件夹的方法和添加文件的方法类似，只是在步骤(1)中选择【新建文件夹】命令，出现如图 6-19 所示的新文件夹。

图 6-19　生成的新文件夹

提示：创建网页的方法很多。

● 可以在 Dreamweaver 欢迎界面的【新建】栏中选择一种网页类型，常用的是 HTML 选项，如图 6-20 所示。

图 6-20　Dreamweaver 欢迎界面

● 选择【文件】|【新建】命令，弹出【新建文档】对话框，如图 6-21 所示，然后选择一种页面类型。

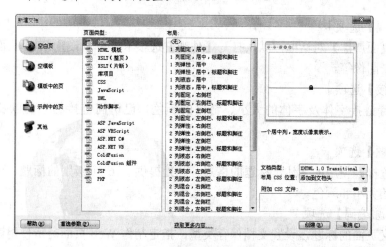

图 6-21　【新建文档】对话框

6.3.3 编辑网页

编辑网页可以分两个步骤进行，首先设置网页的属性，然后在网页中插入各种网页元素并设置这些元素的属性。

1. 设置网页属性

网页的属性一般包括网页的标题、背景、文字编码、超链接的默认显示样式等。文档的页面属性包括文档的标题、文档的文字解码方式、文档正文中各个元素的颜色等，正确设置文档的页面属性是成功编写网页的必要前提。

设置网页属性首先要打开【页面属性】对话框。打开【页面属性】对话框有多种方法。

- 选择【修改】|【页面属性】命令。
- 在文档窗口中右击，然后从弹出的快捷菜单中选择【页面属性】命令。
- 在【属性】面板中单击【页面属性】按钮。

打开的【页面属性】对话框如图 6-22 所示。页面属性包括多个分类，介绍如下。

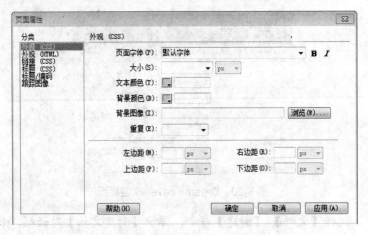

图 6-22 【页面属性】对话框

1) 【外观】选项卡

进入【页面属性】对话框，默认打开【外观】选项卡。可以设置 Web 页面的字体、背景颜色、背景图像等。

2) 【链接】选项卡

可以设置链接字体及字体的大小、链接的颜色、已访问链接的颜色以及活动链接的颜色。

3) 【标题】选项卡

可以设置标题使用的字体，标题的格式。此处提供了 6 个级别的标题，可以为每个标题指定字体的大小和颜色。

4) 【标题/编码】选项卡

用于定义页面的标题，设置文档保存类型，指定制作 Web 页面时所使用语言的文档编码类型。

　　5) 【跟踪图像】选项卡

在 Web 页面中可以插入一个图像文件，并在设计页面时使用该文件作为参考。在【跟踪图像】选项卡中，还可设置跟踪图像的不透明度。

2. 向网页中添加对象

为了设计出有特色的、内容丰富的网页，不仅需要在网页中添加文字、图片和表格等基本信息，还需要添加音乐、Flash 视频等多媒体信息。

6.3.4　保存网页

网页制作完成后应及时保存，以防死机、断电或其他误操作造成文件丢失。

保存文档的操作步骤如下。

(1) 选择【文件】|【保存】命令。

(2) 如果文档尚未被保存过，则会弹出【另存为】对话框。选择路径并输入文件名，然后单击【保存】按钮，即可保存文档。如果文档已经被保存过，则会直接保存文档，不再出现该对话框。

6.3.5　预览网页

Dreamweaver CS4 是一个"所见即所得"的网页编辑工具，用它设计的网页与浏览器中显示的效果非常接近，预览网页的步骤如下。

(1) 选择【文件】|【在浏览器中预览】命令。

(2) 选择浏览器名称，一般选择 Internet Explorer。

至此，网页设计完成，可以通过在网上申请个人主页，将制作好的网页发布到网上供人浏览。发布网页的具体操作读者可参考相关书籍，这里由于篇幅所限，不再赘述。

6.4　插入对象

为了让网页的内容更加丰富，可以插入文本、图像、音乐、电影等对象。本节主要介绍插入文本、图像、音乐、表格和 Flash 动画的方法。

6.4.1　插入文本

1. 插入文本

可以直接在 Dreamweaver 文档窗口中输入文本，也可以剪切并粘贴，还可以从 Word 文档导入文本。

单击文档编辑窗口的空白区域，窗口中出现闪动的光标，提示文字的起始位置，然后将文字素材复制粘贴进来。

2. 设置文本格式

网页的文本分为段落和标题两种格式。

● 在文档编辑窗口中选中一段文本，在【属性】面板的【格式】下拉列表框中选择【段落】选项，把选中的文本设置成段落格式。

● "标题 1"到"标题 6"选项分别表示各级标题，可用于设置网页中的不同标题。对应的字体由大到小，同时文字全部加粗。

另外，在【属性】面板中还可以定义文字的字号、颜色、加粗、倾斜、水平对齐等属性。

3. 设置字体组合

Dreamweaver CS4 预设的可供选择的字体组合只有 6 项英文字体组合，要想使用中文字体，必须编辑新的字体组合，在【字体】下拉列表框中选择【编辑字体列表】选项，弹出【编辑字体列表】对话框，如图 6-23 所示。

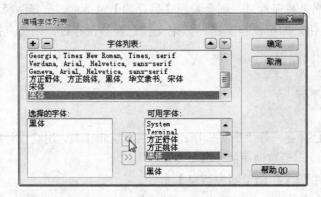

图 6-23 【编辑字体列表】对话框

在【可用字体】列表框中选择一种字体，如"黑体"，然后单击 << 按钮，将列表字体添加到【选择的字体】列表框中，然后单击【确定】按钮即可将该字体添加到下拉字体列表框中。

4. 文字的其他设置

下面介绍几种常用的设置。

● 文本换行：按 Enter 键换行的行距较大(在代码区生成<p></p>标签)，按 Enter+Shift 组合键换行的行间距较小(在代码区生成
标签)。

● 文本空格：选择【编辑】|【首选参数】命令，在弹出的对话框左侧的【分类】列表中选择【常规】选项，在右侧选中【允许多个连续的空格】复选框，然后就可以直接按空格键给文本添加空格了，如图 6-24 所示。

● 特殊字符：要向网页中插入特殊字符，需要在【插入】面板中切换到【文本】选项卡，单击最右侧的一个按钮，在下拉菜单中选择要插入的特殊字符，如图 6-25 所示。

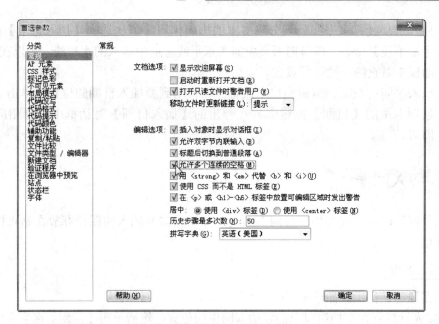

图 6-24 【首选参数】对话框

图 6-25 插入特殊字符

● 插入列表：列表分为两种，有序列表和无序列表，无序列表没有顺序，每一项左
侧都以同样的符号显示，有序列表的每一项左侧有序号引导。在文档编辑窗口中
选中需要设置的文本，在【属性】面板中单击 按钮，则选中的文本被设置成无
序列表，单击 按钮则被设置成有序列表。

- 插入水平线：水平线起到分隔文本的排版作用，依次选择【插入记录】| HTML |
  【水平线】命令，即可向网页中插入水平线。选中插入的水平线，可以在【属性】
  面板中对它的属性进行设置。
- 插入时间：在文档编辑窗口中，将光标移动到要插入日期的位置，单击【常用】
  选项卡中的【日期】按钮🖬，在弹出的【插入日期】对话框中选择相应的格式
  即可。

6.4.2 插入图像

在制作网页时，需要先构思好网页布局，预先将需要插入的图片存放在站点根目录下
的文件夹里。

1. 插入图像

插入图像的操作步骤如下。

(1) 将光标放置在文档窗口中需要插入图像的位置，然后单击【常用】选项卡中的【图
像】按钮，如图 6-26 所示。

图 6-26　插入图像

(2) 在弹出的如图 6-27 所示的【选择图像源文件】对话框中选择图像，单击【确定】
按钮，即可将图像插入网页中。

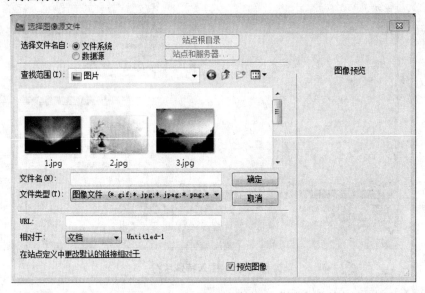

图 6-27　【选择图像源文件】对话框

2. 设置图像属性

选中图像后，在【属性】面板中会显示图像的属性，如图 6-28 所示。

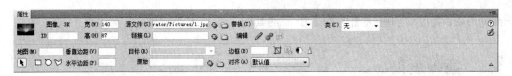

图 6-28 图像【属性】面板

(1) 在【属性】面板的左上角，显示当前图像的缩略图，同时显示图像的大小。在缩略图右侧有一个文本框，在其中可以输入图像标记的名称。

(2) 图像的大小是可以改变的，但是在 Dreamweaver 里更改是极不好的习惯，如果计算机中安装了 Fireworks 软件，单击【属性】面板中【编辑】旁边的 按钮，即可启动 Fireworks 软件对图像进行缩放等处理。当图像的大小改变时，属性栏中【宽】和【高】的数值会以粗体显示，并在旁边出现一个弧形箭头，单击它可以恢复图像的原始大小。

(3) 【水平边距】和【垂直边距】文本框用来设置图像左右和上下与其他页面元素的距离。

(4) 【边框】文本框用来设置图像边框的宽度，默认的边框宽度为 0。

(5) 【替换】文本框用来设置图像的替代文本，可以输入一段文字，当图像无法显示时，将显示这段文字。

(6) 单击【属性】面板中的对齐按钮 ，可以分别将图像设置成在浏览器中居左对齐、居中对齐、居右对齐。

在【对齐】下拉列表框中可以设置图像与文本的相互对齐方式，共有 10 个选项。可以将文字对齐到图像的上端、下端、左边和右边等，从而可以灵活地实现文字与图片的混排效果。

3. 插入其他图像元素

单击【常用】选项卡中的【图像】按钮右侧的三角按钮，打开【图像】下拉菜单，可以看到【图像】、【图像占位符】、【鼠标经过图像】、【导航条】等命令，如图 6-29 所示。

图 6-29 【图像】下拉菜单

(1) 插入图像占位符。进行页面布局时，可以先用占位符代替图片。选择【图像】下拉菜单中的【图像占位符】命令，打开【图像占位符】对话框。按设计需要设置图片的宽度和高度，输入待插入图像的名称即可。

(2) 【鼠标经过图像】实际上由两个图像组成：主图像(当首次载入网页时显示的图像)和次图像(当鼠标指针移过主图像时显示的图像)。这两张图片要大小相等，如果不相等，

Dreamweaver 会自动调整次图像的大小，使其跟主图像大小一致。

6.4.3　插入表格

表格是网页设计制作不可缺少的元素，它以简洁明了和高效快捷的方式将图片、文本、数据和表单的元素有序地显示在页面上，从而设计出漂亮的页面。使用表格排版的页面在不同平台、不同分辨率的浏览器里都能保持其原有的布局，而且在不同的浏览器平台有较好的兼容性，所以表格是网页中最常用的排版方式之一。

1. 插入并编辑表格

插入表格的方法如下。

(1) 在文档窗口中，将光标放在需要创建表格的位置，单击【常用】选项卡中的【表格】按钮，如图 6-30 所示。

图 6-30　插入表格

(2) 弹出的【表格】对话框，如图 6-31 所示，设置表格的属性后单击【确定】按钮，即可在文档窗口中插入设置的表格。

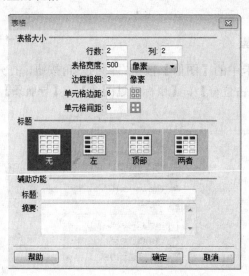

图 6-31　【表格】对话框

【表格】对话框中常用选项的说明如下。

- 【行数】文本框：用来设置表格的行数。
- 【列数】文本框：用来设置表格的列数。
- 【表格宽度】文本框：用来设置表格的宽度，可以填入数值，其右侧的下拉列表框用来设置宽度的单位，有两个选项——百分比和像素。当宽度的单位选择百分比时，表格的宽度会随浏览器窗口的大小而改变。

- 【单元格边距】文本框：用来设置单元格内部空白的大小。
- 【单元格间距】文本框：用来设置单元格与单元格之间的距离。
- 【边框粗细】文本框：用来设置表格边框的宽度。
- 【页眉】选项组：用来定义页眉样式，可以在四种样式中选择一种。
- 【标题】文本框：用来定义表格的标题。
- 【对齐标题】下拉列表框：用来定义表格标题的对齐方式。
- 【摘要】文本框：用来对表格进行注释。

2. 选择对象

(1) 选择整个表格的方法有以下几种。

- 把鼠标指针放在表格边框的任意处，当出现　标志时单击即可选中整个表格。
- 在表格内任意处单击，然后在状态栏选中<table>标签即可。
- 在单元格任意处右击，在弹出的快捷菜单中依次选择【表格】|【选择表格】命令。

(2) 要选中某一单元格，单击需要选中的单元格即可；或者选中状态栏中的<td>标签。

提示： 要选中连续的单元格，按住鼠标左键从一个单元格的左上方开始向要连续选择的单元格的方向拖动。要选中不连续的几个单元格，可以按住 Ctrl 键，逐个单击要选择的单元格即可。

(3) 要选择某一行或某一列，可以将鼠标指针移动到行的左侧或列的上方，待鼠标指针变为向右或向下的箭头图标时，单击即可。

3. 设置表格属性

选中一个表格后，可以通过【属性】面板更改表格属性，如图 6-32 所示。

图 6-32　表格【属性】面板

下面对表格【属性】面板中的选项进行简单的介绍。

- 【间距】文本框：用来设置单元格间距。
- 【对齐】下拉列表框：用来设置表格的对齐方式，默认的对齐方式一般为左对齐。
- 【边框】文本框：用来设置表格边框的宽度。
- 【背景颜色】文本框：用来设置表格的背景颜色。
- 【边框颜色】文本框：用来设置表格边框的颜色。
- 【背景图像】文本框：输入表格背景图像的路径，可以给表格添加背景图像。还可以单击文本框右侧的【浏览】按钮，查找图像文件。方法是在打开的【选择图像源】对话框中选择要设置为背景的图片，单击【确认】按钮即可。

4. 设置单元格属性

把光标移动到某个单元格内,可以利用单元格【属性】面板(见图 6-33)对这个单元格的属性进行设置。

图 6-33　单元格【属性】面板

单元格【属性】面板中的选项介绍如下。

- 【水平】下拉列表框:用来设置单元格内元素的水平排版方式是居左对齐、居右对齐还是居中对齐。
- 【垂直】下拉列表框:用来设置单元格内的垂直排版方式是顶端对齐、底端对齐还是居中对齐。
- 【高】、【宽】文本框:用来设置单元格的宽度和高度。
- 【不换行】复选框:可以防止单元格中较长的文本自动换行。
- 【标题】复选框:使选择的单元格成为标题单元格,单元格内的文字自动以标题格式显示出来。
- 【背景】文本框:用来设置表格的背景图像。
- 【背景颜色】文本框:用来设置表格的背景颜色。
- 【边框】文本框:用来设置表格边框的颜色。

5. 插入行和列

选中要插入行或列的单元格右击,在弹出的快捷菜单中选择【插入行】、【插入列】或【插入行或列】命令,如图 6-34 所示。

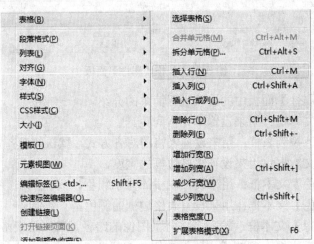

图 6-34　选择插入命令

如果选择【插入行】命令,在选择行的上方就插入一个空白行;如果选择【插入列】

命令，就在选择列的左侧插入一个空白列。

如果选择【插入行或列】命令，则会弹出【插入行或列】对话框，如图 6-35 所示，可以设置插入行还是列、插入的数量，以及在当前选择的单元格的上方或下方、左侧或是右侧插入行或列。

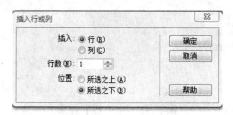

图 6-35　【插入行或列】对话框

要删除行或列，选择要删除的行或列右击，在弹出的快捷菜单中选择【删除行】或【删除列】命令即可。

6. 拆分与合并单元格

拆分单元格时，将光标放在待拆分的单元格内，单击【属性】面板上的【拆分】按钮，在弹出的如图 6-36 所示的【拆分单元格】对话框中，按需要进行设置即可。

图 6-36　【拆分单元格】对话框

合并单元格时，选中要合并的单元格，单击属性面板中的【合并】按钮即可。

6.4.4　插入音乐

声音能极好地烘托网页页面的氛围，网页中常见的声音格式有 WAV、MP3、MIDI、AIF、RA 和 Real Audio。

1. 添加背景音乐

在页面中可以嵌入背景音乐。背景音乐的格式为.wav、.mid 或.au。

在 HTML 语言中，通过<bgsoung>标记可以嵌入多种格式的音乐文件，具体步骤如下。

(1) 将 01.wav 音乐文件保存在 netmanage 文件夹里。

(2) 打开 03.html 网页，为这个页面添加背景音乐。

(3) 切换到 Dreamweaver 的【拆分】视图，将光标定位到</body>的上方，在光标位置处写下<bgsound src="med/01.wav">这段代码，如图 6-37 所示。

图 6-37　【拆分】视图

(4) 按下 F12 键，在浏览器中查看效果，我们可以听见背景音乐声。

(5) 如果希望循环播放音乐，将刚才的源代码修改为<bgsound src="med/01.wav" loop="true">代码即可。

2. 嵌入音乐

嵌入音频可以将声音直接插入页面中，但只有浏览者在浏览网页时具有所选声音文件的适当插件后，声音才可以播放。如果希望在页面显示播放器的外观，可以使用以下的方法来实现。

(1) 打开 02.html 网页，将光标置于想要显示播放器的位置。

(2) 单击【常用】选项卡中的【媒体】按钮，从下拉菜单中选择【插件】命令，如图 6-38 所示。

(3) 弹出如图 6-39 所示的【选择文件】对话框，在对话框中选择音频文件。

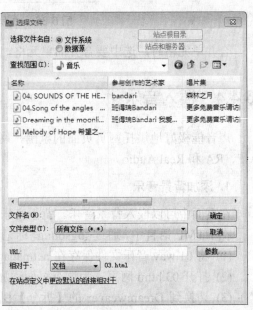

图 6-38　【媒体】下拉菜单　　　　图 6-39　【选择文件】对话框

(4) 单击【确定】按钮后,插入的插件在文档窗口中以图 6-40 所示的图标显示。

图 6-40　插件图标

(5) 选中该图标,在【属性】面板(见图 6-41)中可以对播放器的属性进行设置。

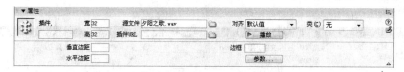

图 6-41　插件【属性】对话框

(6) 要实现循环播放音乐的效果,单击【属性】面板中的【参数】按钮,然后在打开的【参数】对话框中单击 ➕ 按钮,在【参数】列中输入 LOOP,并在【值】列中输入 true,单击【确定】按钮,如图 6-42 所示。

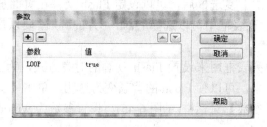

图 6-42　【参数】对话框

(7) 要实现自动播放,可以继续编辑参数,在【参数】对话框的【参数】列中输入 autostart,并在值中输入 true,单击【确定】按钮,如图 6-43 所示。

图 6-43　【参数】对话框

(8) 按下 F12 键,打开浏览器预览,可以看到这个页面实现了嵌入音乐的效果,在浏览器里显示了播放插件。

6.4.5　插入 Flash 动画

为了增强网页的表现力,丰富文档的显示效果,我们可以在网页中添加 Flash 动画、Java 小程序、音频播放插件等多媒体内容。

1. 插入 Flash 动画

插入 Flash 动画的步骤如下。

(1) 单击【常用】选项卡中的【媒体】按钮，在弹出的下拉菜单中选择 Flash 命令。

(2) 在弹出的【选择文件】对话框中选择 swf 文件夹中的文件，单击【确定】按钮后，插入的 Flash 动画并不会在文档窗口中显示，而是以一个带有字母 F 的灰色框来表示。

(3) 在文档窗口单击这个 Flash 文件，就可以在【属性】面板中设置它的属性了，如图 6-44 所示。

图 6-44　Flash【属性】面板

- 选中【循环】复选框时影片将连续播放，否则影片在播放一次后自动停止。
- 选中【自动播放】复选框后，可以设定 Flash 文件在页面加载时就播放。
- 在【品质】下拉列表框中可以选择 Flash 影片的画质，要以最佳状态显示就选择【高品质】选项。
- 【对齐】下拉列表框用来设置 Flash 动画的对齐方式，为了使页面的背景在 Flash 下能够衬托出来，可以使 Flash 的背景变为透明。单击【属性】面板中的【参数】按钮，打开【参数】对话框(见图 6-45)，设置参数为 wmode，值为 transparent。

图 6-45　【参数】对话框

这样在任何背景下，Flash 动画都能实现透明背景的显示。

2. 插入 Flash 文本

单击【常用】选项卡中的【媒体】按钮，在下拉菜单中选择【Flash 文本】命令，弹出【插入 Flash 文本】对话框，可以设置字体、颜色、背景色等。

3. 插入 Flash 按钮

将光标置于要插入 Flash 按钮的位置，单击【常用】选项卡中的【媒体】按钮，在下拉菜单中选择【Flash 按钮】命令，弹出【插入 Flash 按钮】对话框，如图 6-46 所示。

图 6-46　【插入 Flash 按钮】对话框

- 【样式】列表框：用来选择按钮的外观。
- 【按钮文本】文本框：用来输入按钮上的文字。
- 【字体】下拉列表框和【大小】文本框：用于设置按钮上文字的字体和大小，字号变大，按钮并不会跟着改变。
- 【链接】文本框：用于输入按钮的链接，可以是外部链接，也可以是内部链接。
- 【目标】下拉列表框：用来设置打开的链接窗口。

如果需要修改 Flash 按钮对象，可以先选中它，然后在【属性】面板中单击【编辑】按钮，会自动弹出【插入 Flash 按钮】对话框，更改它的设置就可以了。

4. 插入 FlashPaper 文档

还可以在网页中插入 Macromedia FlashPaper 文档。在浏览器中打开包含 FlashPaper 文档的页面时，可以浏览 FlashPaper 文档中的所有页面，而无须加载新的 Web 页；也可以搜索、打印和缩放该文档。

(1) 在文档窗口中，将光标放在页面上想要显示 FlashPaper 文档的位置，然后单击【插入】|【常规】选项卡中的【媒体】按钮，选择 FlashPaper 命令。

(2) 在弹出的【插入 FlashPaper】对话框中选择一个 FlashPaper 文档。可以输入宽度和高度(以像素为单位)指定 FlashPaper 对象在网页上的尺寸。FlashPaper 将以适合的宽度缩放文档。

(3) 单击【确定】按钮在页面中插入文档。由于 FlashPaper 文档是 Flash 对象，因此页面上将出现一个 Flash 占位符。

(4) 在【属性】面板中设置其他属性。

6.5　创建超链接

超级链接是指站点内不同网页之间、站点与站点之间的链接关系，它可以使站点内的网页成为有机的整体，还能够使不同站点之间建立联系。超级链接由链接载体和链接目标两部分组成。

文本、图像、图像热区、动画等许多页面元素都可以作为链接载体。而链接目标可以是任意网络资源，如页面、图像、声音、程序、其他网站、E-mail，甚至是页面中的某个位置——锚点。

如果按链接目标分类，可以将超级链接分为以下几种类型。

- 内部链接：同一网站文档之间的链接。
- 外部链接：不同网站文档之间的链接。
- 锚点链接：同一网页或不同网页中指定位置的链接。
- E-mail 链接：发送电子邮件的链接。

6.5.1 关于链接路径

绝对路径：为文件提供完全的路径，包括适用的协议，例如，http://www.ddvip.com 和 ftp://202.136.254.1/。

相对路径：相对路径最适合网站的内部链接。如果链接到同一目录下，则只需要输入要链接文件的名称。要链接到下一级目录中的文件，只需要输入目录名，然后输入"/"，再输入文件名。如链接到上一级目录中的文件，则要先输入"../"，再输入目录名和文件名。

根路径：是指从站点根文件夹到被链接文档经由的路径，以前斜杠开头，例如，/fy/maodian.html 就是站点根文件夹下的 fy 子文件夹中的一个文件(maodian.html)的根路径。

6.5.2 创建外部链接

创建链接的方法有直接输入地址和使用超级链接对话框两种。

1. 直接输入地址

采用此种方法创建外部链接的操作步骤如下。

(1) 在页面中输入并选中需要设置超链接的文字或图像，如"校内网"。

(2) 在【属性】面板中的【链接】下拉列表框中直接输入外部绝对地址，如 http://www.xiaonei.com，在【目标】下拉列表框中选择_blank(在一个新的未命名的浏览器窗口中打开链接)，如图 6-47 所示。

图 6-47 链接【属性】对话框

提示：在【属性】面板中，【链接】下拉列表框用来设置图像或文字的超链接，【目标】下拉列表框用来设置打开方式，其中包括_blank、_parent、_self、_top。_blank 表示将链接的内容在新的浏览器窗口中打开；_parent 表示将链接的内容直接在父框架窗口中显示；_self 表示将链接的内容在当前窗口中显示；_top 表示将链接的内容显示在没有框架的窗口中，即除去了框架。

2. 使用超级链接对话框

采用此种方法创建外部链接的操作步骤如下。

(1) 在页面中输入并选中需要设置超链接的文字或图像，如"校内网"。

(2) 单击【常用】选项卡中的【超级链接】按钮，如图 6-48 所示。

图 6-48　单击【超级链接】按钮

(3) 弹出的【超级链接】对话框，如图 6-49 所示。

图 6-49　【超级链接】对话框

- 【文本】文本框：用来显示设置超级链接的文本。
- 【链接】下拉列表框：用来设置超链接的路径。
- 【目标】下拉列表框：用来设置超链接的打开方式。
- 【标题】文本框：用来设置超链接的标题。

(4) 设置完成后单击【确定】按钮，在网页中插入超链接。

6.5.3　创建内部链接

在文档窗口中选中文字，单击【属性】面板中【链接】右侧的 📁 按钮，弹出【选择文件】对话框，选择要链接到的网页文件，即可链接到这个网页。

也可以拖动【链接】右侧的 ⊕ 按钮到站点面板上的相应网页文件，则链接将指向这个网页文件。

此外，还可以直接将相对地址输入到【链接】文本框里来链接一个页面。

6.5.4 创建 E-Mail 链接

单击【常用】选项卡中的【电子邮件链接】按钮，弹出【电子邮件链接】对话框，在对话框的【文本】文本框内输入要链接的文本，然后在 E-Mail 文本框内输入邮箱地址即可，如图 6-50 所示。

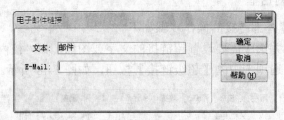

图 6-50 【电子邮件链接】对话框

6.5.5 创建锚点链接

所谓锚点链接，是指在同一个页面中的不同位置的链接。对于页面较长的网页通常要创建锚点链接。

创建锚点链接的步骤如下。

打开一个页面较长的网页，将光标放置于要插入锚点的地方，单击【常用】选项卡中的【命名锚记】按钮，插入锚点。再选中需要链接锚点的文字，在【属性】面板中拖动【链接】下拉列表框右侧的图标到锚点上即可。

6.6 表单

使用表单，可以帮助 Internet 服务器收集用户资料、获取用户订单。

通常表单的工作过程如下。

(1) 访问者在浏览有表单的页面时，要填写必要的信息，然后单击【提交】按钮。

(2) 这些信息通过 Internet 传送到服务器上。

(3) 服务器上用专门的程序对这些数据进行处理，如果有错误会返回错误信息，并要求纠正错误。

(4) 当数据完整无误后，服务器将反馈一个输入完成的信息。

一个完整的表单包含以下两个部分。

● 在网页中进行描述的表单对象。

● 应用程序，它可以是服务器端的，也可以是客户端的，用于对客户信息进行分析处理。

6.6.1　认识表单对象

在 Dreamweaver 中，可以通过选择【插入】|【表单对象】命令来插入表单对象，或者通过【插入】面板中的【表单】选项卡访问表单对象来插入表单对象，如图 6-51 所示。

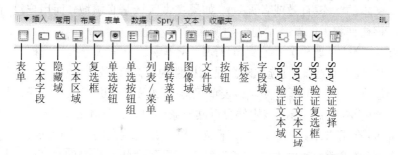

图 6-51　表单对象

下面介绍【表单】选项卡中各按钮的作用。

- 【表单】：在文档中插入表单。任何其他表单对象，如文本域、按钮等，都必须插入表单中，这样所有浏览器才能正确处理这些数据。
- 【文本字段】：在表单中插入文本域。文本域可接受任何类型的字母和数字。输入的文本可以显示为单行、多行或者显示为项目符号或星号(用于保护密码)。
- 【复选框】：在表单中插入复选框。可以在一组复选框中选择任意多个适用的选项。
- 【单选按钮】：在表单中插入单选按钮。单选按钮代表互相排斥的选择。选择一组中的某个按钮，就会取消选择该组中的所有其他按钮。例如，用户可以选择"是"或"否"。
- 【单选按钮组】：插入共享同一名称的单选按钮的集合。
- 【列表/菜单】：可以在列表中创建用户选项。【列表】选项在滚动列表中显示选项，并允许用户在列表中选择多个选项。【菜单】选项在弹出式菜单中显示选项，而且只允许用户选择一个选项。
- 【跳转菜单】：插入可导航的列表或弹出式菜单。跳转菜单中的每个选项都链接到文档或文件。请参见创建跳转菜单。
- 【图像域】：可以在表单中插入图像。可以使用图像域替换"提交"按钮，以生成图形化按钮。
- 【文件域】：在文档中插入空白文本域和【浏览】按钮。使用文件域可以浏览硬盘上的文件，并将这些文件作为表单数据上传。
- 【按钮】：在表单中插入文本按钮。按钮在单击时执行任务，如提交或重置表单。可以为按钮添加自定义名称或标签，或者使用预定义的【提交】或【重置】标签之一。
- 【标签】：在文档中给表单加上标签，以<label></label>形式开头和结尾。
- 【字段域】：在文本中设置文本标签。

- 【Spry 验证文件域】：它是一个文本域，用于在站点访问者输入文本时显示文本的状态(有效或者无效)。例如，可以向访问者输入电子邮件地址的表单中添加验证文本域构件，如果访问者没有在电子邮件地址中输入"@"或者"."，验证文本域构件会返回一条消息，声明用户输入的信息无效。

- 【Spry 验证文件区域】：它是一个文本区域，该区域在用户输入几个文本句子时显示文本的状态(有效或者无效)。如果文本区域是必填域，而用户没有输入任何文本，该构件将返回一条消息，声明必须输入值。

- 【Spry 验证复选框】：它是 HTML 表单中的一个或一组复选框，该复选框在用户选择(或没有选择)复选框时会显示构件的状态(有效或者无效)。例如，可以向表单中添加验证复选框构件，该表单可能会要求用户进行三项选择，如果用户没有进行所有这三项选择，该构件会返回一条消息，声明不符合最小选择数要求。

- 【Spry 验证选择】：它是一个下拉菜单，该菜单在用户进行选择时会显示构件的状态(有效或者无效)。例如，可以插入一个包含状态列表的验证选择构件，这些状态按不同的部分组合并用水平线分隔。如果用户意外选择了某条分界线(而不是某个状态)，验证选择构件会向用户返回一条消息，声明选择无效。

6.6.2 创建表单

表单是动态网页的灵魂，在 Dreamweaver 中可以创建各种各样的表单，表单中可以包含各种对象，如文本域、按钮、列表等。

1. 插入表单

将插入点放在希望表单出现的位置，在【表单】选项卡中单击【表单】按钮，如图 6-52 所示。

图 6-52　插入表单

提示：表单在浏览网页中属于不可见元素。当页面处于【设计】视图中时，用红色的虚轮廓线指示表单。

2. 设置属性

选中表单，在【属性】面板上可以设置表单的各项属性，如图 6-53 所示。

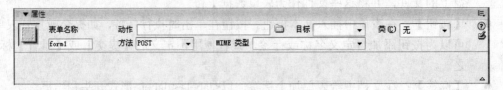

图 6-53　表单【属性】面板

(1) 在【动作】文本框中指定处理该表单脚本的路径。

(2) 在【方法】下拉列表框中，选择将表单数据传输到服务器的方法。

● POST：在 HTTP 请求中嵌入表单数据。

● GET：将表单中的数据附加到请求该页面的 URL 中。

● 默认：使用浏览器的默认设置将表单数据发送到服务器。通常默认设置为 GET。

(3) 在【目标】下拉列表框中选择一个窗口，在该窗口中显示调用程序所返回的数据。如果命名的窗口尚未打开，则打开一个具有该名称的新窗口。其中包括_blank、_parent、_self、_top 选项。

6.6.3　添加表单元素

在 Dreamweaver 中，可以快速地将 HTML 表单对象添加到表单中。在表单中通常会使用表格，以方便表单中元素的放置。

1．添加文本字段

(1) 插入表格。将光标定位在表单中，插入一个 6 行 2 列的表格，然后调整表格的宽度。

(2) 添加单行文本字段。在【表单】选项卡中单击【文本字段】按钮 ⬚，弹出【输入标签辅助功能属性】对话框，如图 6-54 所示。在 ID 文本框中输入该文本字段的名称，如 "username"；在【标签文字】文本框中输入对文本字段的说明文字，如 "用户名"，它将显示在页面中；然后单击【确定】按钮。

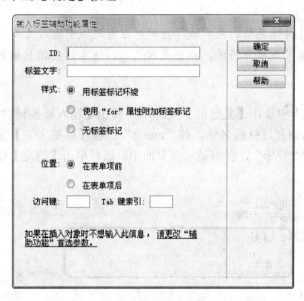

图 6-54　【输入标签辅助功能属性】对话框

💡 **注意**：ID 用于标识表单对象，每个表单对象必须有一个唯一的 ID。

选中插入的文本字段框，用户可以在【属性】面板中进行相应的设置，如图 6-55 所示。

图 6-55　文本字段【属性】面板

(3) 插入多行文本。在【表单】选项卡中单击【文本区域】按钮 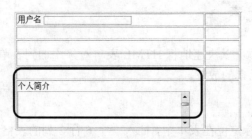，弹出【输入标签辅助功能属性】对话框。在 ID 文本框中输入该文本区域的名称，如"introduction"；在【标签文字】文本框中输入对文本区域的说明文字，如"个人简介"，它将显示在页面中；然后单击【确定】按钮，结果如图 6-56 所示。

图 6-56　添加的多行文本域

(4) 添加密码域。添加密码域的方法与添加单行文本字段的方法一样，其关键步骤是属性的设置。在【属性】面板中，选中【密码】单选按钮，设置【字符宽度】和【最多字符数】。

提示：密码域是特殊类型的文本域。当用户在密码域中输入文本时，所输入的文本被替换为星号或项目符号，以隐藏该文本，防止这些信息被他人看到。

2. 添加复选框

在【表单】选项卡中单击【复选框】按钮 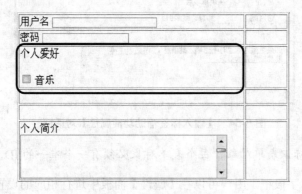，弹出【输入标签辅助功能属性】对话框。在 ID 文本框处输入该复选框的名称，如"music"；在【标签文字】文本框中输入对文本区域的说明文字，如"音乐"，它将显示在页面中；然后单击【确定】按钮，结果如图 6-57 所示。

图 6-57　添加的复选框

3. 添加单选按钮组

当需要从一组选项中选择单个选项时，可以使用表单中的单选按钮组构件。在【表单】选项卡中单击【单选按钮组】按钮圖，弹出【单选按钮组】对话框。在单选按钮组的【标签】下分别填入标签名"女"和"男"，输入对应的值"f"和"m"，然后单击【确定】按钮，如图 6-58 所示。结果如图 6-59 所示。

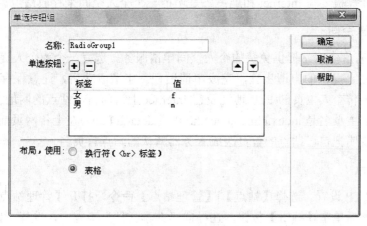

图 6-58　【单选按钮组】对话框

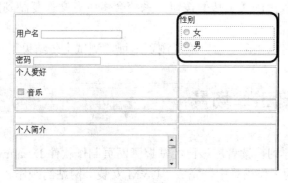

图 6-59　添加的单选按钮组

4. 添加列表

通过列表可以选择一个或多个选项。在【表单】选项卡中单击【列表/菜单】按钮圖，弹出【输入标签辅助功能属性】对话框。在 ID 文本框中输入该列表的名称，如"school"，在【标签文字】文本框中输入对文本区域的说明文字，如"所在学校"，它将显示在页面中，然后单击【确定】按钮。此时表单还没有选项，选中列表框，在【属性】面板中单击【列表值】按钮，弹出【列表值】对话框，在【项目标签】下输入列表中要显示的选项，并规定该选项的值。如果要添加多个项目，可单击➕按钮。最后单击【确定】按钮。

6.7　发布站点

整个站点创建完成以后，可将站点发布到 Internet Web 服务器上。站点发布应该具备两个条件：一是计算机要与 Internet 相连；二是申请一个个人空间来存放站点。

1. 申请个人空间

Internet 上有许多网站提供免费的个人空间申请服务。选好一个为个人提供空间的网站后，可按照页面上提供的申请步骤，完成申请过程。申请成功后，注意保存好自己的用户名、密码以及上传个人主页的 FTP 地址及在 Internet 上访问自己站点的网址。一般 Web 服务器默认的站点主页名是 index.htm、index.html 或 default.htm，在上传网页前，要按照网站申请页面上的说明把自己站点的首页改成服务器默认的站点首页名。

2. 发布站点

(1) 进行 FTP 设置。选择【站点】|【管理站点】命令，打开【管理站点】对话框。选择一个站点，然后单击【编辑】按钮，在导向"共享文件"步骤中，选择 FTP 链接到远程服务器，输入 FTP 地址，最后单击【完成】按钮关闭该对话框。

(2) 上传文件。选择【窗口】|【文件】命令，打开文件面板，选择站点的本地根文件夹，单击【文件】面板上的【上传】按钮，系统会将所有文件复制到定义好的远程服务器的根文件夹中。

上传完毕后，就可以在浏览器中输入浏览地址，测试上传结果了。

6.8　回到工作场景

通过前面内容的学习，读者应该已经掌握了网页制作软件 Dreamweaver CS4 的基本操作。下面回到 6.1 节的工作场景中，完成"U&M 女装"网站的制作。

【工作过程】

(1) "U&M 女装"网站分"首页"、"关于我们"、"咨询热线"、"产品介绍"、"营销网络"、"客服专区"、"招贤纳士"、"联系我们"几个栏目。当浏览者打开这个网站时，首先进入的是站点的首页 Index.html。单击"Enter 直接进入"图像后进入"走进猜想"栏目，单击栏目中的导航文本则分别进入各栏目网页。

(2) 网站规划好后，收集并制作相关的素材。在本地计算机创建"U&M 女装"文件夹，并在该文件夹下创建 Flash、image 等文件夹，在其中保存素材。

(3) 创建 Dreamweaver 本地站点。启动 Dreamweaver CS4，选择【站点】|【新建站点】命令，打开【站点定义】向导。切换到【基本】选项卡，将站点命名为"U&M 女装"，如图 6-60 所示。单击【下一步】按钮，进入下一界面。由于该站点是一个静态站点，所以选中【否，我不想使用服务器技术】单选按钮。单击【下一步】按钮，在下一界面中选中【编

辑我的计算机上的本地副本，完成后再上传到服务器】单选按钮。单击【浏览】按钮，在弹出的对话框中将站点存储位置指定为步骤(2)建立的"U&M 女装"文件夹，如图 6-61 所示。单击【下一步】按钮，在下一界面的【您如何连接到远程服务器】下拉列表框中选择【无】选项。单击【下一步】按钮，预览站点的设置。单击【完成】按钮，完成"U&M 女装"本地站点的创建。

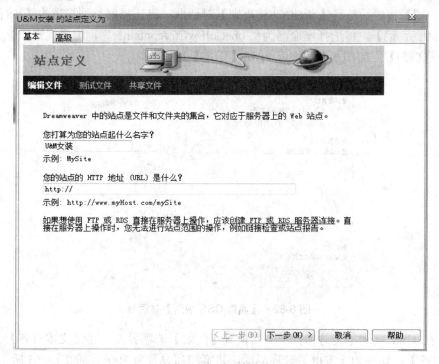

图 6-60　对站点命名

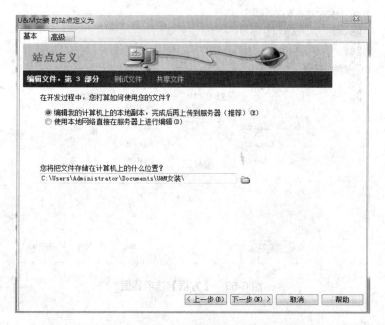

图 6-61　选择网站的开发方式和存储位置

(4) 选择【窗口】|【文件】命令，打开【文件】面板。在面板顶部的下拉列表框中选择"U&M 女装"站点，在右侧下拉列表框中将视图模式设置为"本地视图"。右击"站点-U&M 女装"文件夹，从弹出的快捷菜单中选择【新建文件】命令，将出现一个未命名的 HTML 网页文档，将其重命名为"index.html"。双击 index.html 文件，在文档窗口中打开它。

(5) 选择【窗口】|【CSS 样式】命令，打开【CSS 样式】面板。单击面板右下角的【新建 CSS 规则】按钮，打开【新建 CSS 规则】对话框。将选择器类型设置为【ID(仅应用于一个 HTML 元素)】，将选择器命名为".oneColFixCtr#container"，定义规则的位置设置为【(仅限该文档)】，如图 6-62 所示，单击【确定】按钮。

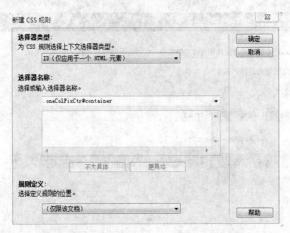

图 6-62　【新建 CSS 规则】对话框

(6) 在 CSS 规则定义对话框中，切换到【区块】选项界面，将【文本对齐】方式设置为【左对齐】；切换到【方框】选项界面，将宽和高设置为 100%，如图 6-63 所示。

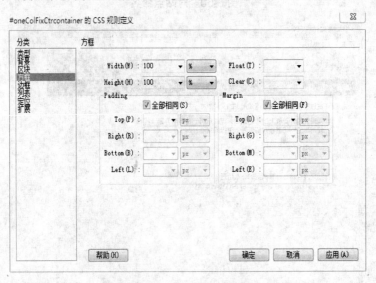

图 6-63　【方框】选项界面

(7) 用同样的方式创建 oneColFixCtrtop、oneColFixCtrcontent、oneColFixCtrfooter 样式规则，代码如图 6-64 所示。

```
13  #oneColFixCtrcontent {
14      height: 434px;
15      width: 1001px;
16  }
17  #oneColFixCtrfooter {
18      height: 186px;
19      width: 1001px;
20  }
21  #oneColFixCtrtop {
22      text-align: left;
23      height: 110px;
24      width: 1001px;
25  }
```

图 6-64　相关代码图

(8) 在【属性】面板中单击【页面属性】按钮，打开【页面属性】对话框。切换到【外观(CSS)】选项界面，将【背景颜色】设置为#582001，如图 6-65 所示。

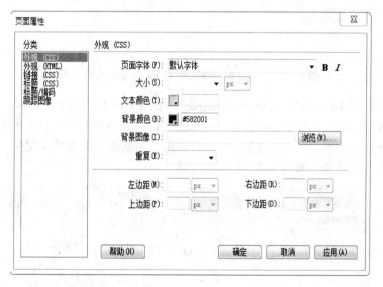

图 6-65　设置网页属性(即 body 样式规则)

(9) 将文档窗口切换到【代码】视图，在<body>标签中添加代码"class=" oneColFixCtr " "。将光标置于<body>标签后，单击【插入】面板中【布局】选项卡中的【插入 Div】按钮，打开【插入 Div 标签】对话框，在 ID 下拉列表框中选择 container 选项，如图 6-66 所示，单击【确定】按钮。

(10) 将光标置于 container Div 容器中，用与步骤(9)相同的方法在该容器中依次插入 top、content 和 footer Div 容器代码，【代码】视图中的结果如图 6-67 所示。

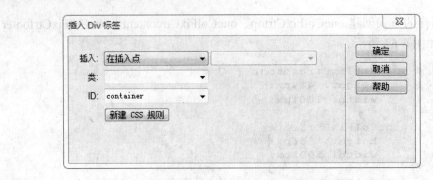

图 6-66　插入 container Div 容器

```
35    -->
36    </style>
37    </head>
38    <body class="oneColFixCtr">
39    <div id="container">此处显示  id "container" 的内容</div>
40        <div id="top">此处显示  id "top" 的内容</div>
41        <div id="content">此处显示  id "content" 的内容</div>
42        <div id="footer">此处显示  id "footer" 的内容</div>
43    </div>
44    </body>
45    </html>
46
```

图 6-67　插入 top、content 和 footer Div 容器代码

(11) 在【设计】视图中分别删除 container、top、footer Div 容器的文本占位符，然后借助【拆分】视图，将光标置于 top 容器中，单击【插入】面板【常用】选项卡中的【图像】按钮组，从下拉菜单中选择【图像】命令，在弹出的对话框中选择图像文件，在 top 容器中插入事先制作好的图像，如图 6-68 所示。

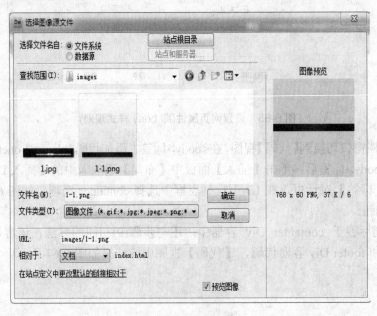

图 6-68　插入图像

(12) 将光标置于 container 容器中，单击【媒体】按钮，从下拉菜单中选择 SWF 命令，在弹出的对话框中选择文件，在 container 容器中插入事先制作好的 Flash 动画，如图 6-69 所示。

图 6-69　插入 Flash 动画

(13) 用步骤(11)的方法在 footer 容器中插入事先制作好的图像，此时文档窗口的【设计】视图如图 6-70 所示。

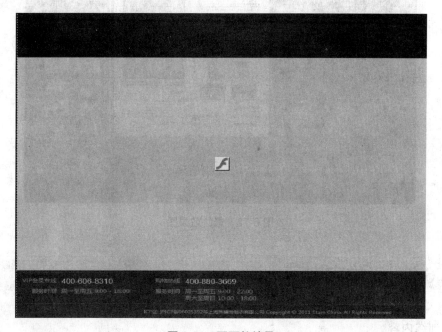

图 6-70　页面的结果

(14) 选中 footer 容器中的图像，在【属性】面板的【地图】选项组中单击【绘制矩形热点工具】按钮，在图像中绘制矩形热点区域。单击【指针热点工具】按钮，移动矩形热点区域到图像的"VIP 会员热线"文字上方，调整热点区域大小使其覆盖这段文字，如图 6-71 所示。

图 6-71　矩形图像热点区域

(15) 选中矩形热点区域，在【属性】面板中将【链接】目标设置为 about.html 页面，如图 6-72 所示。保存并预览页面，即可得到图 6-73 所示的效果。

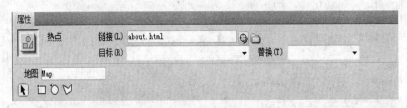

图 6-72　通过矩形图像热点区域链接到"关于我们"页面

图 6-73　最终效果图

6.9　工作实训营

1. 训练内容

制作网页"沁园春"。要求首先创建一个网页文档，然后修改页面的 Div 布局标签的样式，设置背景图像。最后在页面中添加文本内容并设计文本样式，最后的制作结果如图 6-74 所示。

图 6-74　页面最终效果

2. 训练目的

(1) 学会基于 Dreamweaver 提供的 CSS 布局来设计页面。

(2) 掌握在网页中添加文本、AP DIV 标签的方法。

(3) 掌握 CSS 样式的创建和修改方法。

本章习题

一、填空题

(1) 网页中的超级链接可分为_____、_____和_____三种类型。

(2) 网页中文本的基本格式包括_____、_____、_____、_____、_____、_____和_____七个标签。

(3) 网页中包含的基本元素有_____、_____和_____。

二、问答题

(1) 简述什么是表单？

(2) 表格是如何控制网页版面的？

(3) 在利用 Dreamweaver 制作网页时为什么要定义一个本地站点？

第 7 章

多媒体技术

 本章要点

- 多媒体图像处理
- 多媒体音频处理
- 多媒体视频处理
- 多媒体播放软件的使用

技能目标

- 多媒体音频处理
- 多媒体视频剪辑

7.1　工作场景导入

【工作场景】使用会声会影软件制作视频

小王是某软件公司宣传部的一名员工，临近公司招聘期，部门主管安排他制作一份有关公司简介的精美视频。小王手头已有一些相关的视频文件，需要从中进行选择和剪辑，并插入背景音频。如果你是小王，将如何完成此项任务？

【引导问题】

(1) 你了解什么是多媒体信息吗？

(2) 你能列举出几种图像、音频、视频的文件格式吗？

(3) 你能列举出几种多媒体播放软件吗？

(4) 你掌握会声会影软件制作视频的基本操作方法吗？

7.2　多媒体技术的基本概念

本节简单介绍了多媒体的基本概念，包括多媒体的含义、技术特点、多媒体信息的类型、多媒体信息处理的关键技术及其应用技术等内容。

7.2.1　多媒体

1. 媒体

媒体(Media)在计算机中有两种含义：一是指存储信息的物理实体，如磁盘、磁带、光盘等；二是指信息的表现形式或载体，如大家已熟悉的文字、图形、图像、声音、动画和视频等。多媒体技术中的媒体通常指后者。

2. 多媒体和多媒体技术

多媒体(Multimedia)从字面上理解就是文字、图形、图像、声音、动画和视频等"多种媒体信息的集合"。计算机能处理的多媒体信息从时效上可分为两大类。

- 静态媒体：包括文字、图形、图像。
- 动态媒体：包括声音、动画、视频。

通常情况下，多媒体并不仅仅指多种媒体本身，而主要是指处理和应用它的一整套技术。因此，多媒体实际上常被看做多媒体技术的同义词。

多媒体技术是指利用计算机技术把多种媒体信息综合一体化，使它们建立起逻辑联系，并能进行加工处理的技术。这里所说的"加工处理"主要是指对这些媒体的录入、对信息的压缩和解压缩、存储、显示、传输等。显然，多媒体技术是一种基于计算机的综合技术，包括数字化信息的处理技术、音频和视频技术、计算机硬件和软件技术、人工智能和模式识别技术、通信和图像技术等，因而是一门跨学科的综合技术。

7.2.2　多媒体技术的特性

多媒体技术的主要特性包括信息媒体的多样性、集成性、交互性和数字化等，也是在多媒体研究中必须要解决的主要问题。

7.2.3　多媒体信息的类型

1. 文本

文本(Text)是计算机中基本的信息表示方式，包含字母、数字以及各种专用符号。多媒体系统除了可以利用字处理软件(如记事本、Word 等)对文本进行输入、存储、编辑、格式化、输出等功能外，还可以应用人工智能技术对文本进行识别、理解、翻译、发音等。

2. 图形

图形(Graphics)一般是指通过绘图软件绘制的由直线、圆、圆弧、任意曲线等组成的画面，图形文件中存放的是描述生成图形的指令(图形的大小、形状及位置等)，以矢量图形文件形式存储。计算机辅助设计(CAD)系统中常用矢量图来描述复杂的机械零件、房屋结构等。

3. 图像

图像(Image)是通过扫描仪、数字照相机、摄像机等输入设备捕捉的真实场景的画面，数字化后以位图格式存储。图像可以用图像处理软件如 Adobe Photoshop 等进行编辑和处理。

4. 动画

动画(Animation)是利用人眼的视觉特性所得到的，当一系列形或像的画面按一定的时间在人眼中经过时，人脑就会产生物体运动的印象。计算机动画通常通过 Flash、3ds Max 等软件制作。这些软件目前已成功地用于网页制作、广告业和影视业、建筑效果图、游戏软件等，尤其是将动画用于电影特技，使电影动画技术与实拍画面相结合，真假难辨，效果明显。

5. 视频

视频(Video)图像来自录像带、摄像机、影碟机等视频信号源的影像，是对自然景物的捕捉，数字化后以视频文件格式存储。视频的处理技术有视频信号导入、数字化、压缩/解压缩、视频和音频编辑、特效处理、输出到计算机磁盘、光盘等。视频在多媒体系统中充当了非常重要的角色，在计算机辅助教学(CAI)中，也将起到越来越重要的作用。

6. 音频

音频(Audio)包括话语、音乐以及各种动物和自然界(如风、雨、雷等)发出的各种声音。

音乐和解说词可使文字和画面更加生动；音频和视频的同步使视频影像具有了真实的效果。计算机中的音频处理技术主要包括声音的采集、数字化、压缩和解压缩、播放等。

7.3　图像处理

本节主要介绍常见的图像文件格式、数字图像的获取方法、图像的浏览方法、图像的处理技巧等内容。

7.3.1　常见的图像文件格式

计算机每一张靓丽的墙纸图片都可以表达个人的情调和风格，网页中也少不了图片的装饰。那么平常我们接触的图像到底有哪些呢？常见的图像文件格式又有哪些呢？

1. BMP 格式

BMP 是英文 Bitmap(位图)的简写，它是 Windows 操作系统中的标准图像文件格式，能够被多种 Windows 应用程序所支持。随着 Windows 操作系统的流行与丰富的 Windows 应用程序的开发，BMP 位图格式埋所当然地被广泛应用。这种格式的特点是包含的图像信息较丰富，几乎不进行压缩。

2. GIF 格式

GIF 是英文 Graphics Interchange Format(图形交换格式)的缩写。顾名思义，这种格式是用来交换图片的。事实上也是如此，20 世纪 80 年代，美国一家著名的在线信息服务机构 CompuServe 针对当时网络传输带宽的限制，开发了这种 GIF 图像格式。

GIF 格式的特点是压缩比高，磁盘空间占用较少，所以这种图像格式迅速得到了广泛的应用。最初的 GIF 只是简单地用来存储单幅静止图像(称为 GIF87a)，后来随着技术的发展，可以同时存储若干幅静止图像进而形成连续的动画，使之成为当时支持 2D 动画为数不多的格式之一(称为 GIF89a)，而在 GIF89a 图像中可指定透明区域，使图像具有非同一般的显示效果，这更使 GIF 风光十足。目前 Internet 上大量采用的彩色动画文件多为这种格式的文件，也称为 GIF89a 格式文件。

3. JPEG 格式

JPEG 也是常见的图像格式，由联合照片专家组开发并命名为"ISO10918-1"，JPEG 仅仅是一种俗称而已。

JPEG 文件的扩展名为.jpg 或.jpeg，其压缩技术十分先进，它用有损压缩方式去除冗余的图像和彩色数据，在获取极高的压缩率的同时也能展现丰富生动的图像，换句话说，就是可以用最少的磁盘空间得到较好的图像质量。

同时 JPEG 还是一种很灵活的格式，具有调节图像质量的功能，允许用不同的压缩比例对这种文件压缩，比如最高可以把 1.37MB 的 BMP 位图文件压缩至 20.3KB。当然我们完全可以在图像质量和文件尺寸之间找到平衡点。

　　由于 JPEG 具有优异的品质和杰出的表现，因此它的应用也非常广泛，特别是在网络和光盘读物上，肯定都能找到它的影子。目前各类浏览器均支持 JPEG 图像格式，因为 JPEG 格式的文件尺寸较小，下载速度快，使得 Web 页有可能以较短的下载时间提供大量美观的图像，JPEG 同时也就顺理成章地成为网络上最受欢迎的图像格式。

4. TIFF 格式

　　TIFF(Tag Image File Format)是 Mac 中广泛使用的图像格式，它由 Aldus 和微软联合开发，最初是出于跨平台存储扫描图像的需要而设计的。它的特点是图像格式复杂、存贮信息多。正因为它存储的图像细微层次的信息非常多，图像的质量也得以提高，故而非常有利于原稿的复制。

　　该格式有压缩和非压缩两种，其中压缩可采用 LZW 无损压缩方案存储。不过，由于 TIFF 格式结构较为复杂，兼容性较差，因此有时软件不能正确识别 TIFF 文件(现在绝大部分软件都已解决了这个问题)。目前在 Mac 和 PC 机上移植 TIFF 文件也十分便捷，因而 TIFF 现在也是微机上使用最广泛的图像文件格式之一。

5. PSD 格式

　　这是 Adobe 公司的图像处理软件 Photoshop 的专用格式 Photoshop Document(PSD)。PSD 其实是 Photoshop 进行平面设计的一张"草稿图"，它里面包含有各种图层、通道、遮罩等多种设计的样稿，以便于下次打开文件时可以修改上一次的设计。在 Photoshop 所支持的各种图像格式中，PSD 的存取速度比其他格式快得多，功能也很强大。由于 Photoshop 越来越被广泛地应用，我们有理由相信，这种格式也会逐步流行起来。

6. PNG 格式

　　PNG(Portable Network Graphics)是一种新兴的网络图像格式。在 1994 年年底，由于 Unysis 公司宣布 GIF 拥有专利的压缩方法，要求开发 GIF 软件的作者需缴纳一定费用，由此促使免费的 PNG 图像格式的诞生。PNG 一开始便结合 GIF 及 JPG 两家之长，打算一举取代这两种格式。1996 年 10 月 1 日由 PNG 向国际网络联盟提出并得到推荐认可标准，并且大部分绘图软件和浏览器开始支持 PNG 图像浏览，从此 PNG 图像格式生机焕发。

　　PNG 是目前保证最不失真的格式，它汲取了 GIF 和 JPG 二者的优点，存贮形式丰富，兼有 GIF 和 JPG 的色彩模式；它的另一个特点是能把图像文件压缩到极限以利于网络传输，但又能保留所有与图像品质有关的信息，因为 PNG 是采用无损压缩方式来减少文件的大小，这一点与牺牲图像品质以换取高压缩率的 JPG 有所不同；它的第三个特点是显示速度很快，只需下载 1/64 的图像信息就可以显示出低分辨率的预览图像；第四，PNG 同样支持透明图像的制作，透明图像在制作网页图像的时候很有用，我们可以把图像背景设置为透明，用网页本身的颜色信息来代替设置为透明的色彩，这样可让图像和网页背景很和谐地融合在一起。

7. SWF 格式

　　利用 Flash 可以制作出一种后缀名为 SWF(Shock Wave Format)的动画，这种格式的动画图像能够用比较小的体积来表现丰富的多媒体形式。在图像的传输方面，不必等到文件全部下载才能观看，而是可以边下载边看，因此特别适合网络传输，特别是在传输速率不佳的情况下，也能取得较好的效果。事实也证明了这一点，SWF 如今已被大量应用于 Web 网页进行多媒体演示与交互性设计。此外，SWF 动画是基于矢量技术制作的，因此不管将画面放大多少倍，画面都不会因此而有任何损害。综上，SWF 格式作品以其高清晰度的画质和小巧的体积，受到了越来越多网页设计者的青睐，也越来越成为网页动画和网页图片设计制作的主流，目前已成为网上动画的事实标准。

8. SVG 格式

SVG 的英文全称为 Scalable Vector Graphics，意思是可缩放的矢量图形。它是由 World Wide Web Consortium(W3C)联盟开发的。严格来说应该是一种开放标准的矢量图形语言，可设计激动人心的、高分辨率的 Web 图形页面。用户可以直接用代码来描绘图像，可以用任何文字处理工具打开 SVG 图像，通过改变部分代码来使图像具有交互功能，并可以随时插入 HTML 中通过浏览器来观看。

它提供了目前网络流行格式 GIF 和 JPEG 无法具备的优势：可以任意放大图形显示，但绝不以牺牲图像质量为代价；文字在 SVG 图像中保留可编辑和可搜寻的状态；通常 SVG 文件比 JPEG 和 GIF 格式的文件要小得多，因而下载也很快。可以相信，SVG 的开发将会为 Web 提供新的图像标准。

7.3.2　常见的获取数字图片的途径

下面介绍采集图片的常用途径。

1. 通过扫描仪输入图片

获取图片比较传统的方法就是利用扫描仪扫描，扫描仪虽然不同，但是使用方法都基本一致，可以在 Adobe Photoshop 中执行【文件】|【导入】|【TWAIN 设备】命令，选择计算机上已经安装的扫描驱动程序后，即可打开扫描仪的扫描图片控制界面，将图片扫描后可以直接在 Photoshop 中打开并编辑。

2. 使用数码相机

在将数码相机中的照片导入计算机中时，首先需要将数码相机与计算机相连接，然后需要将数码相机的开关打开，并安装数码相机的驱动程序。一般来说，数码相机都随机提供了一个可以读取相机存储设备中资料的软件或可以与 Windows 系统相链接的界面。

3. 截取视频片段

通过一些视频设备，比如一些带有视频采集功能的显示卡，或者一些可以采集视频图像的视频采集卡等，然后配合相应的软件支持，就可以直接将所需要的画面截取下来，存为静态图像文件，比如具备视频采集功能的 Capture 或 Adobe Premiere 等，都可以实现此类功能。

4. 屏幕抓图

这种方法只是局限于抓取计算机上的屏幕画面，比如可以截取屏幕整幅图片，还可以截取屏幕窗口。实现屏幕抓图最简单的办法就是按下键盘上的 Print Screen 快捷键，即可将整个画面复制下来，并保存在剪贴板中，打开图像编辑软件将剪贴板中保存的图片保存起来就可以了。另外，还有一些专业的抓图软件，比如 SnagIt6 等。

5. 利用绘图软件创建图像

这类软件往往具有多种功能，除了绘图以外，还可以用来对图形进行扫描修改等，著名的软件有 CorelDraw、Photoshop、Photostyler 等。

7.3.3 浏览图片

Windows 7 将照片库集成在 Windows Live 中。Window Live 照片库为浏览、组织管理及修复照片带来了极大的帮助。下面介绍使用这个软件浏览图片。

1. 启动软件

依次选择【开始】|【所有程序】| Windows Live |【Windows Live 照片库】命令，启动照片库，如图 7-1 所示。

图 7-1　照片库

☞ **提示**：当计算机连上数码相机等可移动设备时，在自动播放窗口中，单击【导入图片】按钮，导入图片后将自动打开【Windows 照片库】窗口。

另外，直接在文件夹中打开一幅图片，也可启动照片库，如图 7-2 所示。

2. 添加文件和文件夹

将图片文件夹添加到照片库有两种方式：在照片库窗口中添加和打开图片文件后再

添加。

图 7-2　直接打开照片文件

(1) 在照片库主窗口添加，操作步骤如下。

① 打开 Windows 照片库窗口，选择【文件】|【在照片库中添加文件夹】命令，如图 7-3 所示。

② 在打开的如图 7-4 所示的对话框中，选中要添加的文件夹，然后单击【确定】按钮，完成添加操作。

图 7-3　选择添加文件夹命令

图 7-4　选择要添加的文件夹

③ 回到照片库窗口中，可以看到文件夹已被成功添加，如图 7-5 所示。

图 7-5 查看刚被添加的文件夹

(2) 在图片查看窗口中添加，操作步骤如下。

① 找到要添加的图片文件，双击打开图片，如图 7-6 所示。

图 7-6 打开的图片文件

② 单击左上角的【转到照片库】按钮，会关闭当前窗口，转而打开照片库窗口，如图 7-7 所示。

3. 浏览图片

在照片库中浏览图片，是照片库的基本功能。除了可以直接打开图片文件来查看图片，还可以利用缩略图来查看图片，下面就介绍如何利用缩略图的功能。

图 7-7　查看添加的照片

1)　缩放缩略图

在照片库中，双击导入的图片，单击窗口下方播放控件中的缩放按钮⊕，调整滑块的位置，即可调节缩略图的大小，如图 7-8 所示。

如果想返回到原来的设置，只要单击默认缩略图按钮⊡即可。

图 7-8　使用缩放滑块

2)　查看图片信息

打开【信息】菜单，可以查看图片文件的详尽信息，如图 7-9 所示。

图 7-9　图片信息

3) 旋转缩略图

单击照片库播放控件中的逆时针旋转按钮 和顺时针按钮 ，可以对图片进行旋转。

4) 全屏浏览图片

在照片库中，单击 按钮即可全屏浏览图片，退出时按 Esc 键即可。

7.3.4 图像的基本处理技巧

Windows 照片库自带的修复功能给处理修复照片带来了极大的方便，使我们可以轻轻松松地对图片进行一些简单的处理。

Windows 照片库为用户提供了图片修复工具，切换到【修复】选项卡即可打开修复工具，如图 7-10 所示。

图 7-10   选项修复图片工具

修复工具的功能如下。

- 自动调整：自动优化图片的亮度、对比度和颜色。
- 调整曝光：手动调节亮度和对比度。
- 调整颜色：手动调节色温、浓度和饱和度。
- 校正图片：手动调节图片至最佳可视效果。
- 剪裁图片：根据需要剪裁图片中的部分。
- 调整细节：对图片进行锐化和降低噪声操作。
- 修复红眼：修复拍照时曝光所造成的红眼现象。
- 黑白效果：手动设置黑白效果模式。

7.4 音频处理

本节主要介绍常见的音频文件格式、录制并保存 Windows 媒体音频文件的方法、从 CD 中提取音频的方法、转换音乐格式及刻录 CD 的方法。

7.4.1 常见的音频文件格式

现在网络上的音频文件格式多种多样，下面介绍常见的几种。

1. CD 格式

标准 CD 格式是 44.1kHz 的采样频率，速率为 88Kb/s，16 位量化位数，因为 CD 音轨可以说是近似无损的，因此它的声音基本上是忠于原声的，因此如果你是一个音响发烧友的话，CD 是你的首选。CD 光盘可以在 CD 唱机中播放，也能用计算机里的各种播放软件来重放。一个 CD 音频文件是一个.cda 文件，这只是一个索引信息，并不是真正的包含声音信息，所以不论 CD 音乐的长短，在计算机上看到的"*.cda 文件"都是 44 字节长。

2. WAV 格式

WAV 是微软公司开发的一种声音文件格式，它符合 PIFFResource Interchange File Format 文件规范，用于保存 Windows 平台的音频信息资源，被 Windows 平台及其应用程序所支持。"*.WAV"格式支持 MSADPCM、CCITT A LAW 等多种压缩算法，支持多种音频位数、采样频率和声道，标准格式的 WAV 文件和 CD 格式一样，也是 44.1kHz 的采样频率，速率为 88k/s，16 位量化位数。WAV 格式的声音文件质量和 CD 相差无几，也是目前 PC 机上广为流行的声音文件格式，几乎所有的音频编辑软件都"认识"WAV 格式。

3. MP3 格式

MP3 格式诞生于 20 世纪 80 年代的德国，所谓的 MP3 指的是 MPEG 标准中的音频部分，也就是 MPEG 音频层。根据压缩质量和编码处理的不同分为 3 层，分别对应 .mp1、.mp2、.mp3 这 3 种声音文件。MPEG 音频文件的压缩是一种有损压缩，MPEG3 音频编码具有 10：1～12：1 的高压缩率，同时基本保持低音频部分不失真，但是牺牲了声音文件中 12kHz～16kHz 高音频这部分的质量来换取文件的尺寸，相同长度的音乐文件，用.mp3 格式来储存，一般只有.wav 文件的 1/10，而音质要次于 CD 格式或 WAV 格式的声音文件。由于其文件尺寸小，音质好，所以在它问世之初还没有什么别的音频格式可以与之匹敌，因而为.mp3 格式的发展提供了良好的条件。

4. MIDI 格式

经常玩音乐的人应该常听到 MIDI(Musical Instrument Digital Interface)这个词，MIDI 允许数字合成器和其他设备交换数据。MID 文件格式由 MIDI 继承而来。MID 文件并不是一段录制好的声音，而是记录声音的信息，然后再告诉声卡如何再现音乐的一组指令。这样

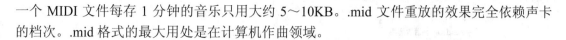

一个 MIDI 文件每存 1 分钟的音乐只用大约 5～10KB。.mid 文件重放的效果完全依赖声卡的档次。.mid 格式的最大用处是在计算机作曲领域。

5. WMA 格式

WMA (Windows Media Audio) 格式是来自于微软的重量级选手，后台强硬，音质要强于 MP3 格式，更远胜于 RA 格式，它和日本 YAMAHA 公司开发的 VQF 格式一样，是以减少数据流量但保持音质的方法来达到比 MP3 压缩率更高的目的，WMA 的压缩率一般都可以达到 1∶18 左右，WMA 的另一个优点是内容提供商可以通过 DRM(Digital Rights Management)方案如 Windows Media Rights Manager 7 加入防复制保护。这种内置了版权保护技术可以限制播放时间和播放次数甚至于播放的机器，等等，这对被盗版搅得焦头烂额的音乐公司来说可是一个福音，另外 WMA 还支持音频流(Stream)技术，适合在网络上在线播放，作为微软抢占网络音乐的开路先锋可以说是技术领先、风头强劲，更方便的是不用像 MP3 那样需要安装额外的播放器，而 Windows 操作系统和 Windows Media Player 的无缝捆绑让你只要安装了 Windows 操作系统就可以直接播放 WMA 音乐，新版本的 Windows Media Player 更是增加了直接把 CD 光盘转换为 WMA 声音格式的功能，在操作系统 Windows XP 中，WMA 是默认的编码格式。WMA 这种格式在录制时可以对音质进行调节。

6. RealAudio 格式

RealAudio 主要是用于网络上的在线音乐欣赏，现在大多数的用户仍然在使用 56kb/s 或更低速率的 Modem，所以典型的回放并非最好的音质。有的下载站点会提示根据 Modem 速率选择最佳的 Real 文件。现在 Real 的文件格式主要有 RA(RealAudio)、RM(RealMedia，RealAudio G2)、RMX(RealAudio Secured)。这些格式的特点是可以随网络带宽的不同而改变声音的质量，在保证大多数人听到流畅声音的前提下，令带宽较富裕的听众获得较好的音质。

7.4.2 录音

录音机是 Windows 提供的一种声音处理软件，可以录制并保存 Windows 媒体音频文件。

1. 打开录音机

(1) 依次选择【开始】|【所有程序】|【录音机】命令，如图 7-11 所示。

(2) 打开如图 7-12 所示的录音机面板。

2. 开始录音

录音的操作步骤如下。

(1) 录音前要先将麦克风连入声卡，如果希望录下 CD 唱机或其他音响系统中的音乐，则需要将音频线连入声卡。

(2) 单击【开始录制】按钮，对着麦克风说话，或把麦克风放在靠近发出声音的地方，录音机就开始录音，如图 7-13 所示。

图 7-11 启动录音机

图 7-12 录音机面板

图 7-13 正在录制

(3) 录音完毕后，单击【停止录音】按钮结束录音。

3. 保存声音文件

单击【停止录音】按钮后将弹出【另存为】对话框，如图 7-14 所示，选择存档路径，输入文件名，单击【保存】按钮，声音文件将被保存到指定的地方。

图 7-14 【另存为】对话框

4. 播放声音文件

右击要播放的声音文件,在弹出的快捷菜单中选择【打开方式】| Windows Media Play 命令,声音文件即开始播放。

7.4.3　从 CD 中提取音频

用系统自带的 Windows Media Play 从音乐 CD 中提取音频。

1. 插入 CD

将音乐 CD 插入 CD 驱动器。

2. 打开 Windows Media Play

如图 7-15 所示,依次选择【开始】|【所有程序】| Windows Media Player 命令打开 Windows Media Player 播放窗口,如图 7-16 所示。

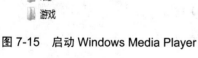

图 7-15　启动 Windows Media Player

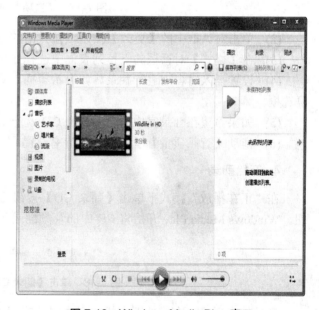

图 7-16　Windows Media Play 窗口

3. 翻录设置

切换到【刻录】选项卡,单击【刻录选项】按钮 弹出下拉菜单,进行刻录设置。

(1) 选择【更多刻录选项】命令,在弹出的【选项】对话框中切换到【翻录音乐】选项卡,如图 7-17 所示。

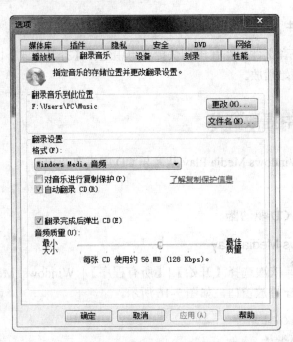

图 7-17 【选项】对话框

(2) 单击对话框中的【更改】按钮，在弹出的对话框中为翻录音乐选择合适的路径。

(3) 在【格式】对话框的下拉列表框中选择【Windows Media 音频】选项。

(4) 设置插入时自动进行翻录。如果希望插入 CD 时自动翻录就选中【自动翻录 CD】复选框。

(5) 如果希望在翻录完成后自动弹出 CD 就选中【翻录完成后弹出 CD】复选框。

(6) 拖动【音频质量】滑块进行比特率设置。

4. 开始翻录

在"正在播放"模式下单击【翻录 CD】按钮，或者在播放机库中单击【翻录 CD】按钮，Windows Media Play 开始将 CD 中的音频翻录到媒体库中，如图 7-18 所示。

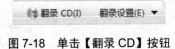

图 7-18 单击【翻录 CD】按钮

翻录结束后可以在媒体库中找到刚才翻录的音频文件。

7.4.4 转换音乐格式

下面介绍音频文件格式之间的转换。现在网络上的音频转换软件有很多，有的播放器本身就有音频转换功能，如千千静听。下面介绍一种音频转换软件——Softe 音频转换器。

1. Softe 音频转换器

Softe 音频转换器是一个高性能、多用途的应用程序，用来管理、播放和转换音频文件。

Softe 音频转换器支持 MP1、MP2、MP3、WAV、WMA、OGG、RA、RM、RMVB、CDA(CD)、AC3、VOB(DVD)、AMR、AWB(AMR-WB)、AAC、M4A、FLAC、AU、AIF、APE、MPC、G721、G726、MOV、3GP、MP4、VYF、MPG、DAT(VCD)、FLV、WMV、ASF、AVI 等格式。

2. 启动 Softe 音频转换器

安装 Softe 音频转换器后，桌面和开始菜单里会出现程序图标。启动 Softe 音频转换器有以下两种方法。

(1) 双击桌面上的 Softe 音频转换器图标。

(2) 依次选择【开始】|【程序】|【Softe 音频转换器】命令。

3. 把音频/视频文件转换成其他音频格式

(1) 在文件夹树里选中音频文件所在的文件夹，如图 7-19 所示。

图 7-19　选择音频文件夹

(2) 在文件列表里选中一个或多个音频文件，如图 7-20 所示。

名称	标题	艺术家	长度	类型	品质	尺寸	修改日期
A day witho...	a day without rain	Enya-新...	1:00.160	MP3	44100Hz 16位 立体声 128kb/s	942 KB	2008/9/23 16:18
A day witho...	a day without rain	Enya-新...	2:39.008	WMA	44100Hz 16位 立体声 65kb/s	1270 KB	2003/8/21 16:18
All You Wan...	All You Want	Dido-新	3:54.195	WMA	22050Hz 16位 单声 16kb/s	472 KB	2003/8/21 15:45
Anyone Of U...	新快网址[v333.com]	新快网址	3:00.557	WMA	44100Hz 16位 立体声 64kb/s	1432 KB	2003/8/22 9:11
Come On Ove...	Come On Over Baby	Christin...	3:23.219	WMA	22050Hz 16位 立体声 22kb/s	559 KB	2003/8/21 14:57
Deora ar mo...	deora ar mo chroi	Enya-新	2:49.411	WMA	44100Hz 16位 立体声 65kb/s	1353 KB	2003/8/21 16:18
Don't Think...	Don't Think Of Me	Dido-新	3:30.976	WMA	22050Hz 16位 单声 16kb/s	544 KB	2003/8/21 15:45
Fighter: Fi...	Fighter	Christin...	4:05.994	WMA	44100Hz 16位 立体声 48kb/s	1478 KB	2003/8/21 14:58
first love...	First Love	宇多田光...	4:20.294	WMA	22050Hz 16位 单声 16kb/s	522 KB	2003/6/28 15:42

图 7-20　选择音频文件

(3) 右击选中的文件，在弹出的快捷菜单中选择【转换】命令，如图 7-21 所示。

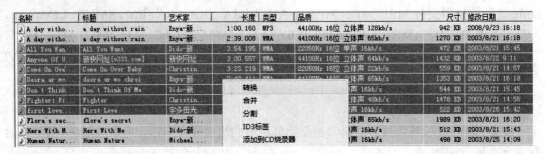

图 7-21　选择【转换】命令

(4) 在【音频格式转换】对话框的【格式】列表里选择一种格式，如图 7-22 所示。

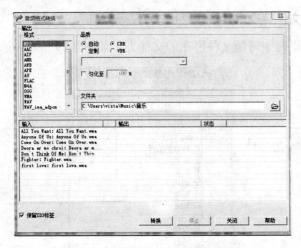

图 7-22　【音频格式转换】对话框

(5) 如果需要改变输出质量，选中【定制】单选按钮，如图 7-23 所示。

(6) 如果想改变目的地文件夹，通过单击【浏览】按钮来改变，如图 7-24 所示。

(7) 返回图 7-22 所示的对话框，单击【转换】按钮，开始文件格式转换。

图 7-23　【品质】选项组　　　　　　　　图 7-24　指定路径

7.4.5　刻录音乐 CD

刻录音乐 CD 就是把计算机里的音乐刻录到 CD 盘上，在 Windows Media Play 里进行刻录非常简单。下面介绍如何用 Windows Media Play 刻录音乐 CD。

1. 插入空白 CD 盘

把空白的 CD 盘放入 CD 驱动器中。

2. 进行刻录设置

如果播放机当前已打开且处于【正在播放】模式，请单击播放机右上角的【切换到媒体库】按钮。在媒体库中切换到【刻录】选项卡，单击【刻录选项】按钮，在下拉菜单中进行刻录设置。在下拉菜单中选择要刻录的 CD 种类，如果要刻录音频 CD 就选择【音频 CD】命令；如果要刻录数据 CD 或 DVD 就选择【数据 CD 或 DVD】命令。如果希望刻录完成后自动弹出光盘就选中【刻录完成后弹出光盘】复选框，如图 7-25 所示。

除前面的设置外，我们还可以在图 7-25 中选择【更多刻录选项】命令打开【选项】对话框进行更详细的设置，如果要在音频 CD 的曲目之间应用音量调节就选中【在曲目间应用音量调节】复选框，如图 7-26 所示。

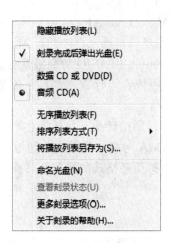

图 7-25　选择刻录命令

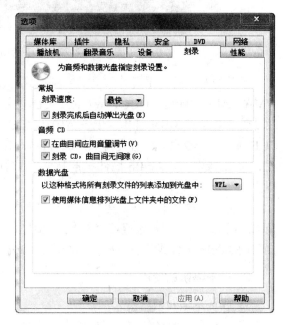

图 7-26　【刻录】选项卡

3. 开始刻录

把媒体库的歌曲列表中需要刻录的歌曲拖到刻录列表中，然后单击【开始刻录】按钮，Windows Media Play 就开始刻录音乐 CD 了。

刻录完成后 CD 盘将自动弹出。

7.4.6 "千千静听"多媒体播放软件

千千静听是一款完全免费的音乐播放软件,集播放、音效、转换、歌词等众多功能于一身。其小巧精致、操作简便、功能强大,深得用户喜爱。

1. 软件简介

安装程序后,双击桌面上的快捷方式图标运行程序,千千静听的普通模式界面如图 7-27 所示。

图 7-27 千千静听普通模式界面

千千静听支持几乎所有常见的音频格式,包括 MP/mp3PRO、AAC/AAC+、M4A/MP4、WMA、APE、MPC、OGG、WAVE、CD、FLAC、RM、TTA、AIFF、AU 等音频格式以及多种 MOD 和 MIDI 音乐,以及 AVI、VCD、DVD 等多种视频文件中的音频流,还支持 CUE 音轨索引文件,并且支持 DirectSound、Kernel Streaming 和 ASIO 等高级音频流输出方式、64 比特混音、AddIn 插件扩展技术,具有资源占用低、运行效率高、扩展能力强等特点。

通过简单便捷的操作,可以在多种音频格式之间进行轻松转换,包括上述所有格式(以及 CD 或 DVD 中的音频流)到 WAVE、MP3、APE、WMA 等格式的转换;通过基于 COM 接口的 AddIn 插件或第三方提供的命令行编码器还能支持更多格式的播放和转换。

2. 千千静听的使用

1) 欣赏本地和网络音乐

启动千千静听,在主控面板单击【播放音乐】按钮,选择播放的文件。这样每次只能欣赏一个曲目,如果想连续欣赏多个曲目需要创建播放列表。

如果想要欣赏网络音乐、收听网络电台,则在播放列表面板中,依次选择【添加】|【添加 URL】命令,在弹出的对话框中填入网络音乐或网络电台的地址,单击【确定】按钮,再单击【播放】按钮,如图 7-28 所示。

图 7-28 添加网络项目

2) 添加歌曲

千千静听提供了多种添加曲目的方法，可以根据需要选择不同的添加方式。

● 添加单个曲目。依次选择【添加】|【文件】命令，在打开的对话框中浏览并选择要添加的文件，单击【确定】按钮。

● 添加整个目录。依次选择【添加】|【文件夹】命令，在打开的对话框中浏览并选择要添加的目录，单击【确定】按钮，此时整个目录下的所有音频文件均会加入到列表中。

● 添加网络音乐。依次选择【添加】|【添加 URL】命令，在打开的对话框中输入网络音乐的地址，单击【确定】按钮。

提示：建议将网络音频文件或网络电台单独建立一个列表。

● 用搜索添加。为了方便添加不同目录的文件，千千静听还提供了强大的搜索添加功能。依次选择【添加】|【本地搜索】命令，在弹出的对话框中浏览选择或者在【搜索位置】选择或者输入搜索目录；在【搜索类型】列表框中选择要搜索的文件格式；在【高级选项】右侧选中【不包含少于】复选框，并填入时间(单位：秒)，可以避免搜索范围太大时搜索到系统音效之类的文件。在搜索结果中选择想要添加的文件，单击【添加已选结果】按钮。

提示：选择时可以按 Ctrl 键或 Shift 键进行多选。

3) 创建播放列表

默认情况下，在千千静听中添加的歌曲会出现在【默认】列表里。可以根据自己的需要将歌曲进行分类，创建不同的列表(如英文歌曲、动漫歌曲等)，以便欣赏喜欢的曲目。新建列表的方法是在【播放列表】面板中依次选择【列表】|【新建列表】命令，输入列表名称，如"流行音乐"，如图 7-29 所示。

图 7-29　创建播放列表

4) 编辑已创建的播放列表

已创建的列表会在【播放列表】面板的左侧窗格中出现，可以切换不同的播放列表欣赏歌曲，也可以上下拖动列表进行排序。此外，还可以对已有的列表进行如下操作。

● 添加列表。选择【列表】|【添加列表】命令，在弹出的对话框中选择新列表。

● 打开列表。选择【列表】|【打开列表】命令，在弹出的对话框中选择列表，此列表的曲目则会出现在当前列表中。

● 保存列表。选中需要进行编辑的列表，然后选择【列表】|【保存列表】命令，在弹出的对话框中选择保存的路径即可。

● 删除列表。选中需要进行编辑的列表，然后选择【列表】|【删除列表】命令。

● 保存所有列表。选择【列表】|【保存所有列表】命令，可以将创建好的所有列表保存在指定的目录下。

7.5　视频处理

本节主要介绍常见的视频文件格式、视频文件的剪辑处理、视频文件格式的转换方法等内容。

7.5.1　常见的视频文件格式

1. AVI 格式

AVI 的英文全称为 Audio Video Interleaved，即音频视频交错格式，于 1992 年由 Microsoft 公司推出，随 Windows 3.1 一起被人们所认识和熟知。所谓"音频视频交错"，就是可以将视频和音频交织在一起进行同步播放。这种视频格式的优点是图像质量好，可以跨多个平台使用，其缺点是体积过于庞大，而且压缩标准不统一，表现为高版本 Windows 媒体播放器播放不了采用早期编码编辑的 AVI 格式视频，而低版本 Windows 媒体播放器又播放不了采用最新编码编辑的 AVI 格式视频。

2. MPEG 格式

MPEG 的英文全称为 Moving Picture Expert Group，即运动图像专家组格式，家里常看的 VCD、SVCD、DVD 就是这种格式。MPEG 文件格式是运动图像压缩算法的国际标准，它采用了有损压缩方法减少运动图像中的冗余信息，说得更明白一点就是 MPEG 的压缩方法依据是相邻两幅画面绝大多数是相同的，把后续图像中和前面图像有冗余的部分去除，从而达到压缩的目的。

3. MOV 格式

QuickTime(MOV)是 Apple 计算机公司开发的一种音频、视频文件格式，用于保存音频和视频信息，具有先进的视频和音频功能，QuickTime 文件格式支持 25 位彩色，支持 RLE、JPEG 等领先的集成压缩技术，提供 150 多种视频效果，并配有提供了 200 多种 MIDI 兼容音响和设备的声音装置。

4. RM 格式

Real Networks 公司所制定的音频视频压缩规范称为 Real Media，可以使用 RealPlayer 或 RealOne Player 对符合 Real Media 技术规范的网络音频/视频资源进行实况转播。并且 Real Media 可以根据不同的网络传输速率制定不同的压缩比率，从而实现在低速率的网络上进行影像数据实时传送和播放。这种格式的另一个特点是 RealPlayer 或 RealOne Player 播放器可以在不下载音频/视频内容的条件下实现在线播放。

5. RMVB 格式

这是一种由 RM 视频格式升级延伸出的新视频格式，它的先进之处在于 RMVB 视频格式打破了原先 RM 格式那种平均压缩采样的方式，在保证平均压缩比的基础上合理利用比特率资源，就是说静止和动作场面少的画面场景采用较低的编码速率，这样可以留出更多的带宽空间，而这些带宽会在出现快速运动的画面场景时被利用。

6. ASF 格式

ASF 的英文全称为 Advanced Streaming Format，它是微软为了和现在的 Real Player 竞争而推出的一种视频格式，用户可以直接使用 Windows 自带的 Windows Media Player 对其进行播放。

7. WMV 格式

WMV 的英文全称为 Windows Media Video，也是微软推出的一种采用独立编码方式并且可以直接在网上实时观看视频节目的文件压缩格式。WMV 格式的主要优点包括：本地或网络回放、可扩充的媒体类型、部件下载、可伸缩的媒体类型、流的优先级化、多语言支持、环境独立性、丰富的流间关系以及扩展性等。

7.5.2 处理视频剪辑

使用 Windows Live 影音制作可以将音频和视频从数字摄像机捕捉到计算机,然后在电影中使用已捕捉的内容,也可以将现有的音频、视频或静态图片导入 Windows Live 影音制作中,用于要创建的电影。

1. 启动软件

依次选择【开始】|【所有程序】| Windows Live |【Windows Live 影音制作】命令,即可启动 Windows Live 影音制作软件,如图 7-30 所示。

图 7-30 启动【Windows Live 影音制作】软件

启动后界面如图 7-31 所示。

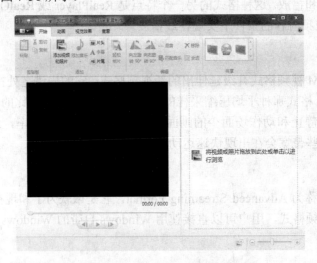

图 7-31 Windows Live 影音制作界面

2. 导入素材

Windows Live 影音制作除了可以从 DV 机捕获影片外,也可以导入其他素材,包括多种格式的影音文件、静止图片文件、音频文件(如 MP3、WAV)。这里仅介绍导入已有的多媒体文件来获取素材。

1) 导入视频与照片文件

Windows Live 影音制作所支持的视频文件格式有.ASF、.AVI、.M1V、.MP2、.MP2V、.MPE、.MPEG、.MPG、.MPV2、.WM 和.WMV。

单击常用工具栏中的【添加视频和照片】按钮，打开【添加视频和照片】对话框，如图 7-32 所示。

图 7-32 【添加视频和照片】对话框

选择相关的视频文件后，单击【打开】按钮即可将其导入到制作软件中，如图 7-33 所示。

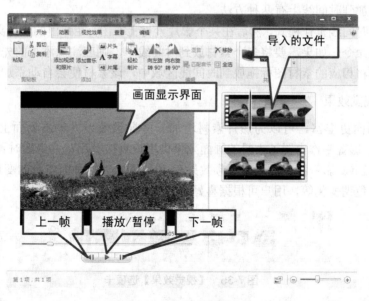

图 7-33 导入后的视频文件

2) 导入音频文件

单击【添加音乐】按钮，打开【添加音乐】对话框，如图 7-34 所示。

图 7-34　导入音频文件

选择相关的文件后，单击【打开】按钮即可将文件导入到软件中。

3. 增加素材到时间线

Windows Live 影音制作有两种工作模式，分别是【情节提要】模式和【时间线】模式。用户可以在主界面中进行切换。时间线模式能够让用户了解所有素材、过渡、效果等之间的时间及次序关系。

将素材添加到时间线上有两种方法。

(1) 选择时间线工作模式，然后在某个影片素材上右击，在弹出的快捷菜单中选择【添加到时间线】命令。如果需要将多个素材放到时间线中，则应注意添加的先后次序。

(2) 直接将相应的素材图标拖放到时间线区域中，该素材便会自动添加。

4. 加入视觉效果

为了使画面更丰富，可以为影片素材增加一些视频效果。单击界面上部，可以看到 Windows Live 影音制作内置了大量的画面效果供用户直接套用，并可即时预览实际效果。

Windows Live 影音制作提供的视频效果有 40 多种，包括画面本身的变化、旋转、模仿旧电影胶片、色调变化等，用户可根据喜好进行挑选，如图 7-35 所示。

图 7-35　【视觉效果】选项卡

直接将视觉效果拖到视频片段中，也可以在时间线上选择指定影片段落并右击，在弹出的快捷菜单中选择【视觉效果】命令，继而会弹出一个【添加或删除视频效果】对话框，选择效果后单击【添加】按钮，再单击【确定】按钮，视觉效果便可加入到电影片段中。一个段落可以添加多个效果，而这些效果最终会合并起来。

添加视觉效果后时间线上会出现星形标记，即表示该片段已增加特殊效果。

5. 音频处理

在时间线模式中，图像画面与音频是同步显示的。在时间线的【音频】栏右击就会弹出音频设置菜单。用户可以针对个别片段的音频增减音量以取得平衡，也可以为片段添加特殊的音频效果。例如，当视频采用了淡入和淡出效果时，音频也应该作同样处理。

Windows Live 允许用户导入音频，而且支持任何类型的音频文件。用户只要将音效素材直接从收藏区拖到【音频/音乐】轨即可。如果外加的音频文件播放时间长度比电影的播放时间长，可以使用拖放的方法使音频与影片同步。另外也可以利用右键快捷菜单增减音量，或进行淡入淡出的加工处理。

6. 保存影片

一部影片制作完成后应进行保存，方便以后观赏或编辑，步骤如下。

(1) 选择【文件】|【发布电影】命令，打开【发布】对话框。

(2) 在【发布】对话框中选择发布的方式(本地计算机、DVD、可录制 CD、电子邮件、数字摄像机)，单击【下一步】按钮。

(3) 输入电影的文件名，并选择存储位置，单击【下一步】按钮。

(4) 设置影片的质量，质量越好，文件越大。

(5) 设置好影片质量后，单击【下一步】按钮，就可以完成电影的发布工作了。

7.5.3　转换视频格式

经常需要将视频从一种格式转换为另一种格式，以便能在各种播放器中播放。通常需要使用视频转换软件进行格式转换，视频格式转换软件一般可以在网上下载。下面简要介绍用格式工厂转换器进行视频格式的转换。

1. 格式工厂简介

格式工厂是一套万能的多媒体格式转换软件，它具有以下功能。

(1) 所有类型视频转到 MP4/3GP/MPG/AVI/WMV/FLV/SWF。

(2) 所有类型音频转到 MP3/WMA/MMF/AMR/OGG/M4A/WAV。

(3) 所有类型图片转到 JPG/BMP/PNG/TIF/ICO/…。

(4) 抓取 DVD 到视频文件。

(5) MP4 文件支持 iPod/iPhone/PSP/黑霉等指定格式。

(6) 源文件支持 RMVB。

2. 视频格式的转换

用格式工厂转换器转换视频格式的操作步骤如下。

(1) 启动格式工厂媒体格式转换器打开转换器窗口，如图 7-36 所示。

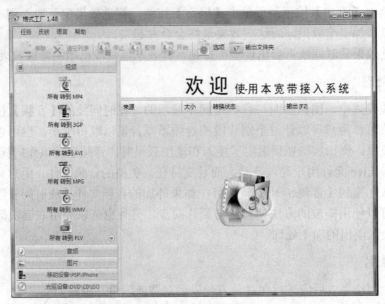

图 7-36 格式转换器窗口

(2) 如果要把某个文件转换成 MP4 格式，就单击【所有转到 MP4】按钮，弹出【所有转到 MP4】对话框，如图 7-37 所示。

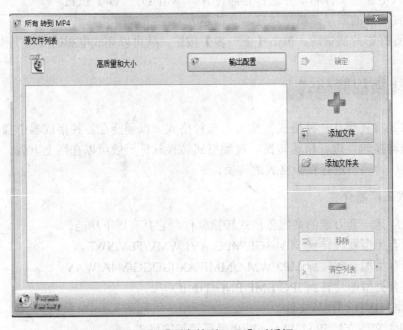

图 7-37 【所有转到 MP4】对话框

(3) 单击【添加文件】按钮，在弹出的【打开】对话框中找出需要转换格式的文件，然后单击【打开】按钮，如图 7-38 所示。

图 7-38 添加文件

(4) 返回到【所有转到 MP4】对话框,单击【确定】按钮,文件就添加到转换列表中了,如图 7-39 所示。

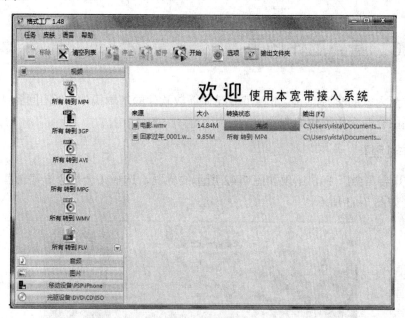

图 7-39 转换列表

(5) 依次选择【任务】|【开始转换】命令,如图 7-40 所示。

(6) 文件开始转换格式,如图 7-41 所示。

(7) 当转换状态显示完成时,视频转换完毕。选择该文件,单击【输出文件夹】按钮就可以看到转换后的文件。

其他各种格式的转换方式也是一样的,这里不作说明。当然有些视频格式工厂软件不能转换,而需要其他相应的转换软件。

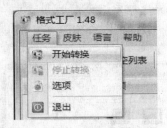

图 7-40　选择命令

图 7-41　文件正在转换

 ## 7.6　回到工作场景

通过前面内容的学习，已经掌握了多媒体播放软件的基本操作。下面回到 7.1 节的工作场景中，完成会声会影视频的制作。

【工作过程】

(1) 打开会声会影 10，出现如图 7-42 所示的界面，选择【会声会影编辑器】选项，打开编辑器，如图 7-43 所示。

图 7-42　会声会影界面

图 7-43　会声会影编辑器

(2) 在编辑器中单击 按钮选择【插入视频】命令，弹出【打开视频文件】对话框，如图 7-44 所示，选择 1.avi 文件后单击【打开】按钮。

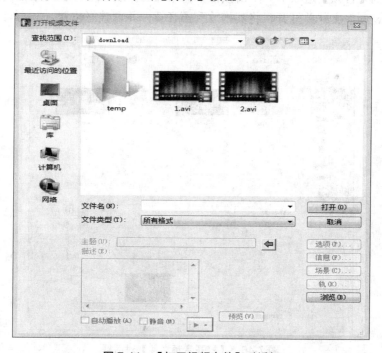

图 7-44　【打开视频文件】对话框

(3) 再一次重复步骤(2)的操作，选中 2.avi 文件，这样视频线上就有了需要合并的两个文件。

(4) 切换到【效果】选项卡，选中一个转场略图 Split Gate，选中的转场将在预览窗口中显示出来，单击【播放】按钮可以查看其效果，预览窗口中的 A 和 B 分别代表转场效果所链接的两个素材，如图 7-45 所示。

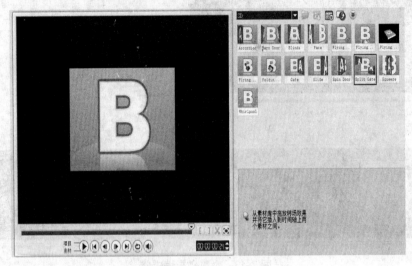

图 7-45　查看转场效果

(5) 添加转场效果。将该效果拖动到需要添加转场效果的位置。

(6) 切换到【音频】选项卡，单击按钮 弹出【打开音频文件】对话框，如图 7-46 所示，选择"1.wma"文件并打开，将其拖放到声音轨，并调整好位置。

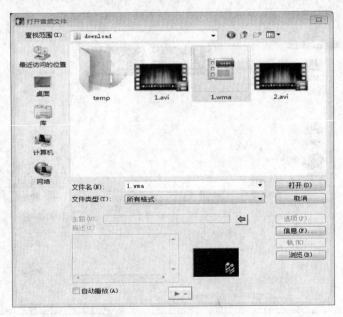

图 7-46　【打开音频文件】对话框

(7) 切换到【分享】选项卡后单击【创建视频文件】按钮，在弹出的对话框中选择格式，如果要合并成 WMV 格式，将保存类型设置为 wmv 即可，如图 7-47 所示。

图 7-47 【创建视频文件】对话框

 ## 7.7 工作实训营

1．训练内容

使用 Windows Live 影音制作一个简单的公司视频宣传片，要求包括公司的简介和图片，并插入相关音频，最后保存此影片。

2．训练目的

(1) 复习本章有关处理视频剪辑的内容。

(2) 掌握使用 Windows Live 影音制作视频的方法。

(3) 在工作实践中不断学习 Windows Live 影音制作软件。

 ## 本章习题

一、选择题

(1) 下列各项中，不属于多媒体硬件的是_____。

    A．光盘驱动器   B．视频卡   C．音频卡   D．加密卡

(2) 在多媒体计算机系统中，不能用以存储多媒体信息的是_____。

    A．磁带   B．光缆   C．磁盘   D．光盘

(3) 具有多媒体功能的微型计算机系统中，常用的 CD-ROM 是_____。

    A．只读型大容量软盘   B．只读型光盘

    C．只读型硬盘   D．半导体只读存储器

(4) 下列类型的文件，其中_____类型的文件通常是音乐文件。

    A. WAV   B. SND   C. MID   D. AIF

(5) 以下关于超媒体的叙述中，不正确的是_____。

  A. 超媒体可以包含图画、声音和动态视频信息等

  B. 超媒体的信息可以存储在多台计算机中

  C. 超媒体可以用于建立功能强大的应用程序的"帮助"系统

  D. 超媒体采用一种线性的结构来组织信息

二、填空题

(1) 多媒体技术的主要特征有_____、_____、_____、_____。

(2) 扫描仪是一种_____设备。

(3) 使用数字波形法表示声音信息时，采样频率越高，则数据量_____。

(4) 多媒体信息的类型主要有文本、_____、图像、动画、_____及音频。

(5) 多媒体计算机软件系统按功能可分为_____和_____。

三、简答题

(1) 简述多媒体技术的特性。

(2) 简述你所知道或接触过的多媒体技术在学习、生活和工作中的应用？

第 8 章

计算机网络基础

 本章要点

- 计算机网络的发展历程
- 计算机网络的功能与应用
- 计算机网络的分类
- 网络协议
- IP 地址与子网掩码
- Internet 的基本概念

- Internet 的接入方式
- Internet 的服务
- IE 浏览器的使用
- 网上聊天工具使用
- 文件的下载
- 电子邮件的收发

技能目标

- 网络协议
- IP 地址与子网掩码
- 接入方式

8.1 工作场景导入

【工作场景】组建无线局域网

小李是公司网络技术部的员工，公司安排其为一间办公室组建无线局域网，从而实现办公室员工共享上网，该办公室有 3 台计算机，两台台式机(Intel USB 无线网卡)，一台 IBM T20 笔记本(PCMCIA 无线网卡)。如果你是小李，该如何组建这个无线局域网？

【引导问题】

(1) 在日常生活中，你了解 Internet 的基本概念吗？

(2) 你了解计算机网络的相关功能与应用吗？

(3) 你能列举出 Internet 有哪些接入方式吗？

(4) 你掌握组建无线局域网的方法吗？

8.2 计算机网络概述

计算机网络是由计算机设备、通信设备、终端设备等网络硬件和软件组成的大的计算机系统。网络中的各个计算机系统具有独立的功能，它们在脱离网络时，仍可单机使用。

所谓计算机网络，是指互联起来的、功能独立的计算机集合。这里的"互联"意味着互相联接的两台或两台以上的计算机能够互相交换信息，达到资源共享的目的。而"功能独立"是指每台计算机的工作是独立的，任何一台计算机都不能干预其他计算机的工作。例如启动、停止等，任意两台计算机之间没有主从关系。

从这个简单的定义可以看出，计算机网络涉及三个方面的问题。

(1) 两台或两台以上的计算机相互联接起来才能构成网络，达到资源共享的目的。

(2) 两台或两台以上的计算机联接，互相通信交换信息，需要有一条通道。这条通道的连接是物理的，由硬件实现，这就是联接介质(有时称为信息传输介质)。它们可以是双绞线、同轴电缆或光纤等"有线"介质；也可以是激光、微波或卫星等"无线"介质。

(3) 计算机系统之间的信息交换，必须有某种约定和规则，这就是协议。这些协议可以由硬件或软件来完成。

因此，我们可以把计算机网络定义为：将地理位置分散的、功能独立的多台计算机系统通过线路和设备互联，以功能完善的网络软件实现网络中资源共享和信息交换的系统。

8.3 计算机网络的组成

一般而言，计算机网络有三个主要组成部分：若干个主机，它们各为用户提供服务；一个通信子网，它主要由结点交换机和连接这些结点的通信链路所组成；一系列的协议，这些协议是为在主机和主机之间或主机和子网中各结点之间的通信而用的，它是通信双方事先约定好且必须遵守的规则。

为了便于分析，按照数据通信和数据处理的功能，一般从逻辑上将网络分为通信子网和资源子网两个部分。图 8-1 给出了典型的计算机网络结构。

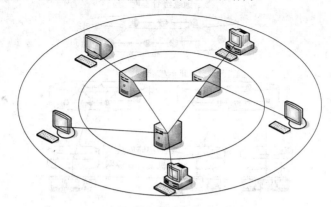

图 8-1　计算机网络的基本结构

1. 通信子网

通信子网由通信控制处理机(CCP)、通信线路与其他通信设备组成，负责完成网络数据传输、转发等通信处理任务。

通信控制处理机在网络拓扑结构中被称为网络结点。它一方面作为与资源子网的主机、终端连结的接口，将主机和终端连入网内；另一方面它又作为通信子网中的分组存储转发结点，完成分组的接收、校验、存储、转发等功能，实现将源主机报文准确发送到目的主机的作用。目前通信控制处理机一般为路由器和交换机。

💡 **注意：** 在以交互式应用为主的微机局域网中，一般不需要配备通信控制处理机，但需要安装网络适配器(即网卡)，用来担负通信部分的功能。

通信线路为通信控制处理机与通信控制处理机、通信控制处理机与主机之间提供通信信道。计算机网络采用了多种通信线路，如电话线、双绞线、同轴电缆、光纤电缆、无线通信信道、微波与卫星通信信道等。

2. 资源子网

资源子网由主机系统、终端、终端控制器、连网外设、各种软件资源与信息资源组成。资源子网实现全网的面向应用的数据处理和网络资源共享，它由各种硬件和软件组成。

3. 现代网络结构的特点

在现代的广域网结构中，随着使用主机系统用户的减少，资源子网的概念已经有了变化。目前，通信子网由交换设备与通信线路组成，它负责完成网络中数据传输与转发任务。交换设备主要是路由器与交换机。随着微型计算机的广泛应用，连入局域网的微型计算机数目日益增多，它们一般通过路由器将局域网与广域网相连接，图 8-1 为目前常见的计算机网络的结构示意图。

另外，从组网的层次角度看网络的组成结构，图 8-2 所示为一个典型的三层网络结构，最上层称为核心层，中间层称为分布层，最下层称为访问层，为最终用户接入网络提供接口。

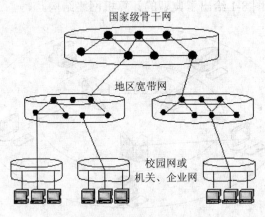

图 8-2　层次型网络组成

8.4　计算机网络的功能

计算机网络是计算机技术和通信技术紧密结合的产物。它不仅使计算机的作用范围超越了地理位置的限制，而且大大加强了计算机本身的能力。计算机网络具备了单个计算机所不具备的功能，介绍如下。

1. 数据交换和通信

计算机网络中的计算机之间或计算机与终端之间，可以快速可靠地相互传递数据、程序或文件。例如，电子邮件(E-mail)可以使相隔万里的异地用户快速准确地相互通信；电子数据交换(EDI)可以实现在商业部门(如银行、海关等)或公司之间进行订单、发票、单据等商业文件安全准确的交换；文件传输服务(FTP)可以实现文件的实时传递，为用户复制和查找文件提供了有力的工具。

2. 资源共享

充分利用计算机网络中提供的资源(包括硬件、软件和数据)是计算机网络组网的目的之一。计算机的许多资源是十分昂贵的，不可能为每个用户所拥有。例如，进行复杂运算的巨型计算机、海量存储器、高速激光打印机、大型绘图仪和一些特殊的外部设备等，另外还有大型数据库和大型软件等。这些昂贵的资源都可以为计算机网络上的用户所共享。资源共享既可以使用户减少投资，又可以提高这些计算机资源的利用率。

3. 提高系统的可靠性和可用性

在单机使用的情况下，如没有备用机，则计算机有故障便引起停机。如有备用机，则费用会大大提高。当计算机连成网络后，各计算机可以通过网络互为后备，当某一处计算机发生故障时，可由别处的计算机代为处理，还可以在网络的一些节点上设置一定的备用设备，起到整个网络公用后备的作用，这种计算机网能起到提高可靠性及可用性的作用。特别是在地理分布很广且具有实时性管理和不间断运行的系统中，建立计算机网络便可保证更高的可靠性和可用性。

4. 均衡负荷，相互协作

对于大型的任务或当网络中某台计算机的任务负荷太重时，可将任务分散到较空闲的计算机上去处理，或由网络中比较空闲的计算机分担负荷。这就使得整个网络资源能互相协作，以免网络中的计算机忙闲不均，既影响任务的执行又不能充分利用计算机资源。

5. 分布式网络处理

在计算机网络中，用户可根据问题的实质和要求选择网内最合适的资源来处理，以便使问题能迅速而经济地得以解决。对于综合性大型问题可以采用合适的算法将任务分散到不同的计算机上进行处理。各计算机连成网络也有利于共同协作进行重大科研课题的开发和研究。利用网络技术还可以将许多小型机或微型机连成具有高性能的分布式计算机系统，使它具有解决复杂问题的能力，而费用大为降低。

6. 提高系统性能价格比，易于扩充，便于维护

计算机组成网络后，虽然增加了通信费用，但由于资源共享，明显提高了整个系统的性价比，降低了系统的维护费用，且易于扩充，方便系统维护。计算机网络的以上功能和特点使得它在社会生活的各个领域得到了广泛应用。

8.5　计算机网络的分类

计算机网络的分类方法很多，可以从不同的角度对计算机网络进行分类。常用的分类方法有按网络覆盖的地理范围分类、按网络的拓扑结构分类、按传输技术分类、按网络的应用领域分类等。

1. 按网络覆盖的地理范围分类

按网络覆盖的地理范围分类是最常用的分类方法，也是我们最熟悉的分类方法。按照网络覆盖的地理范围的大小，可以把计算机网络划分为广域网(World Area Network)、城域网(Metropolitan Area Network)和局域网(Local Area Network)三种类型。

2. 按网络的拓扑结构分类

网络物理连接的构型称为拓扑结构。常见的拓扑结构有星型、总线型、环型、树型等(见图 8-3)。图中的小圆圈又称为结点。在结点处既可以是一台计算机，也可以是另外一个网络。

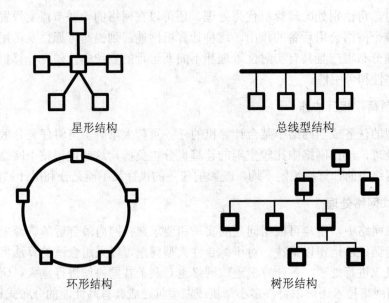

星形结构

总线型结构

环形结构

树形结构

图 8-3　网络的拓扑结构

3. 按传输技术分类

依据所使用的传输技术，可以将网络分为广播式网络和点到点网络。

4. 按应用领域分类

根据应用领域的不同可将网络分为专用网和公共网两大类。

 ## 8.6　网络协议

如果想在两个系统之间进行通信，两个系统就要具有相同的层次功能，通信是在系统间同等层次的对应层之间进行的。同等层次间又必须遵守一系列规则或约定，这些规则或约定称为协议。

协议由语义、语法和变换规则三部分组成。语义规定通信双方准备"讲什么"，即确定协议元素的种类；语法规定通信双方"如何讲"，确定数据的格式、信号电平；变换规则规定通信双方彼此的"应答关系"。

TCP/IP 协议其实是一组协议，它包括许多协议，组成了 TCP/IP 协议簇。但传输控制协议(TCP)和网际协议(IP)是其中最重要的、确保数据完整传输的两个协议。IP 协议保证数据的传输，TCP 协议确保数据传输的质量。

1. TCP/IP 的数据链路层

数据链路层不是 TCP/IP 协议的一部分，但它是 TCP/IP 赖以存在的各种通信网和 TCP/IP 之间的接口，这些通信网包括多种广域网如 ARPANFT、MILNET 和 X.25 公用数据网，以及各种局域网，如 Ethernet、IEEE 的各种标准局域网等。IP 层提供了专门的功能，解决与各种网络物理地址的转换。

　　一般情况下、各物理网络可以使用自己的数据链路层协议和物理层协议，不需要在数据链路层上设置专门的 TCP/IP 协议。但是，当使用串行线路连接主机与网络，或连接网络与网络时，例如用户使用电话线和 Modem 接入或两个相距较远的网络通过数据专线互联时，则需要在数据链路层运行专门的 SLIP(Serial Line IP)协议的 PPP(Point to Point Protocal)协议。

2. 网络层

　　网络层中含有四个重要的协议：互联网协议 IP、互联网控制报文协议 ICMP、地址转换协议 ARP 和反向地址转换协议 RARP。

　　网络层的功能主要由 IP 来提供。除了提供端到端的分组分发功能外，IP 还提供了很多扩充功能。例如，为了克服数据链路层对帧大小的限制，网络层提供了数据分块和重组功能，这使得很大的 IP 数据包能以较小的分组在网上传输。

　　网络层的另一个重要服务是在互相独立的局域网上建立互联网络，即网际网。网间的报文来往根据它的目的 IP 地址通过路由器传到另一网络。

3. TCP/IP 网络层

　　TCP/IP 在这一层提供了两个主要的协议：传输控制协议(TCP)和用户数据协议(UDP)，另外还有一些别的协议，例如用于传送数字化语音的 NVP 协议。

4. TCP/IP 应用层

　　TCP/IP 的上三层与 OSI 参考模型有较大区别，也没有非常明确的层次划分。其中 FTP、TELNET、SMTP、DNS 是几个在各种不同机型上广泛实现的协议，TCP/IP 中还定义了许多别的高层协议。

8.7　IP 地址与子网掩码

　　在互联网中，为了使众多的主机能够相互识别，通常要给每一台主机分配一个唯一的 IP 地址，也称网际地址。IP 地址采用的是数字表示形式，记忆和使用上不太方便。因此，在实际应用的过程中还采用另一种地址表示形式，即域名地址。

8.7.1　IP 地址

1. IP 地址的组成

　　IP 地址是一个 32 位的二进制数，由地址类别、网络号和主机号三个部分组成，如图 8-4 所示。

　　为了表示方便，国际上通行一种"点分十进制表示法"，即将 32 位地址分为 4 段，每段 8 位，组成一个字节，每个字节用一个十进制数表示。每个字节之间用点号"."分隔。这样，IP 地址就表示成了以点号隔开的四个数字，每组数字的取值范围是 0～255(即一个字节表示的范围)，如图 8-5 所示。

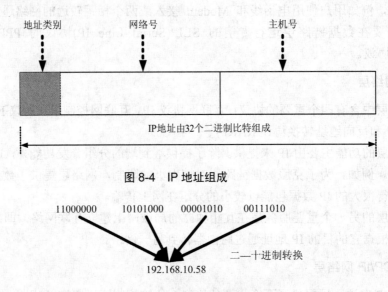

图 8-4　IP 地址组成

图 8-5　点分十进制表示法

2. IP 地址的分类

IP 地址分为 A、B、C、D 和 E 5 类，详细结构如图 8-6 所示。

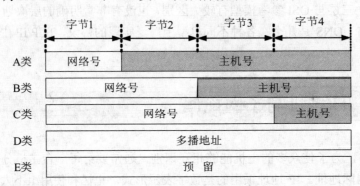

图 8-6　IP 地址分类

1) A 类地址

A 类地址网络号占一个字节，主机号占三个字节，并且第一个字节的最高位为 0，用来表示地址是 A 类地址，因此，A 类地址的网络数为 2^7(128)个，每个网络对应的主机数可达 2^{24}(16777216)个，A 类地址的范围是 0.0.0.0～127.255.255.255。

由于网络号全为 0 和全为 1 用于特殊目的，所以 A 类地址有效的网络数为 126 个，其范围是 1～126。另外，主机号全为 0 和全为 1 也有特殊作用，所以每个网络号对应的主机数最多应该是 2^{24}-2 个，即 16 777 214 个。因此，一台主机能使用的 A 类地址的有效范围是 1.0.0.1～128.255.255.254。

2) B 类地址

　　B 类地址网络号、主机号各占两个字节，并且第一个字节的最高两位为 10，用来表示地址是 B 类地址，因此 B 类地址网络数为 2^{14} 个(实际有效的网络数是 $2^{14}-1$)，每个网络号所对应的主机数可达 2^{16} 个(实际有效的主机数是 $2^{16}-1$)。B 类地址的范围为 128.0.0.0~191.255.255.255，与 A 类地址类似(网络号和主机号全为 0 和全为 1 有特殊作用)，一台主机能使用的 B 类地址的有效范围是 128.1.0.1~191.254.255.254。

　　3) C 类地址

　　C 类地址网络号占 3 个字节，主机号占 1 个字节，并且第一个字节的最高三位为 110，用来表示地址是 C 类地址，因此 C 类地址网络数为 2^{21}(实际有效的网络数为 $2^{21}-1$)个，每个网络号所对应的主机数可达 256(实际有效的主机数为 254)个。C 类地址的范围为 192.0.0.0~223.255.255.255，同样，一台主机能使用的 C 类地址的有效范围是 192.0.1.1~223.255.254.254。

　　4) D 类地址

　　D 类地址用于多播，多播就是同时把数据发送给一组主机，只有那些已经登记可以接收多播地址的主机，才能接收多播数据包。D 类地址的范围是 224.0.0.0~239.255.255.255。

　　5) E 类地址

　　E 类地址是为将来预留的，也可用于实验目的，它们不分配给主机。

　　其中，A、B、C 类地址是基本的 Internet 地址，是用户使用的地址，为主类地址。D、E 类地址为次类地址，有特殊用途，为系统保留的地址。

　　表 8-1 列出了 IP 地址的使用范围。

表 8-1　IP 地址的使用范围

网络类型	第一字节范围	可用网络号范围	最大网络数	每个网络中的最大主机数
A	1~126	1~126	126(2^7-2)	16 777 214($2^{24}-2$)
B	128~191	128.0~191.255	16 383($2^{14}-1$)	65 534($2^{16}-2$)
C	192~223	192.0.0~223.255.255	2 097 151($2^{21}-1$)	254(2^8-2)

8.7.2　子网的划分

　　通常 A 类或 B 类地址的 1 个网络号可以对应很多主机，C 类地址的一个网络号只能对应 254 台主机。

　　因此，一个较大的网络常被分成几个部分，每个部分称为一个子网。在外部，这几个子网依然对应一个完整的网络号。子网划分的方法就是将地址的主机号部分进一步划分成子网号和主机号两个部分，如图 8-7 所示。

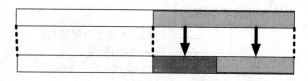

图 8-7　子网的划分

其中，表示子网号的二进制位数(占用主机地址位数)取决于子网的个数，假设占用主机地址的位数为 m，子网个数为 n，它们之间的关系是 $2^m=n$。

例如：一个 B 类网络 172.17.0.0，将主机号分为两部分，其中 8 位用于子网号，另外 8 位用于主机号，那么这个 B 类网络就被分为 254 个子网，每个子网可以容纳 254 台主机。

子网掩码(Subnet Mask)也是一个"点分十进制"表示的 32 位二进制数，通过子网掩码，可以指出一个 IP 地址中的哪些位对应于网络地址(包括子网地址)、哪些位对应于主机地址。对于子网掩码的取值，通常是将对应于 IP 地址中网络地址(网络号和子网号)的所有位都设置为"1"，对应于主机地址(主机号)的所有位都设置为"0"。

例如：位模式 11111111 11111111 11111111 00000000 中，前三个字节全为 1，代表对应 IP 地址中最高的三个地址为网络地址；后一个字节全为 0，代表对应 IP 地址中最后的一个字节为主机地址。

默认情况下，A、B、C 三类网络的掩码如表 8-2 所示。

表 8-2　默认的子网掩码

地址类型	点分十进制数	子网掩码的二进制位			
A	255.0.0.0	11111111	00000000	00000000	00000000
B	255.255.0.0	11111111	11111111	00000000	00000000
C	255.255.255.0	11111111	11111111	11111111	00000000

子网掩码的作用是判断信源主机和信宿主机是否在同一网段上，方法是把信源主机地址和信宿主机地址分别与所在网段的子网掩码进行二进制"与"运算，如果产生的两个结果相同，则在同一网段；如果产生的结果不同，则两台主机不在同一网段，这两台计算机要进行相互访问时，必须通过一台路由器进行路由转换。

8.8　域名与域名解析

虽然用数字表示网络中各主机的 IP 地址对计算机来说很恰当，但对于用户来说，记忆一组毫无意义的数字是相当困难的。为此，TCP/IP 协议引进了一种字符型的主机命名制，这就是域名。域名(Domain Name)的实质就是用一组具有记忆功能的英文简写名代替 IP 地址。为了避免重名，主机的域名采用层次结构，各层次的子域名之间用圆点"."隔开，从右到左分别为第一级域名、第二级域名直至主机名。其结构如下。

主机名……第二级域名. 第一级域名

例如，

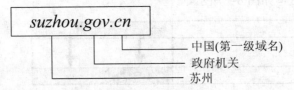

关于域名应该注意以下几点。

(1) 只能以字母字符开头，以字母字符或数字字符结尾，其他位置可用字符、数字、连字符或下划线。

(2) 域名中大、小写字母视为相同。

(3) 各子域之间以圆点隔开。

(4) 域名中最左边的子域名通常代表机器所在单位名，中间各子域名代表相应层次的域名，第一级域名是标准化了的代码(常用的一级子域名标准代码见表 8-3)。

(5) 整个域名的长度不得超过 255 个字符。

域名和 IP 地址都是表示主机的地址，实际上是同一个事物的不同表示。用户可以使用主机的 IP 地址，也可以使用它的域名。从域名到 IP 地址或者从 IP 地址到域名的转换由域名服务器 DNS(Domain Name Server)完成。

表 8-3 常用一级子域名的标准代码

域名代码	意 义
COM	商业组织
EDU	教育机构
GOV	政府机构
MIL	军事部门
NET	主要网络支持中心
ORG	其他组织
INT	国际组织

域名系统的提出为用户提供了极大方便，但主机域名不能直接用于 TCP/IP 协议的路由选择。当用户使用主机域名进行通信时，必须首先将其映射成 IP 地址，这个过程叫域名解析。在 Internet 中，域名服务器中有相应的软件把域名转换成 IP 地址，从而帮助寻找主机域名所对应的 IP 地址。

8.9 全球最大的网络——Internet

本节主要对 Internet 进行概述，包括 Internet 概述、Internet 的接入方式、Internet 的服务。

8.9.1 Internet 概述

Internet 作为一种计算机网络通信系统和一个庞大的技术实体，促进了人类社会从工业社会向信息社会的发展。美国联邦网络理事会给出如下定义：Internet 是一个全球性的信息系统；它是基于 Internet 协议(IP)及其补充部分的全球的一个由地址空间逻辑联接而成的信息系统；它通过使用 TCP/IP 组及其补充部分或其他 IP 兼容协议支持通信；它公开或非公开地提供使用或访问存放于通信和相关基础结构的高级别服务。简而言之，Internet 是一种以

TCP/IP 为基础的、国际性的计算机互联网络，是世界上规模最大的计算机网络系统，我们一般称之为因特网或国际互联网。

8.9.2　Internet 的接入方式

1. ISDN 接入

ISDN 中文名称是综合业务数字网，中国电信将其俗称为"一线通"。它将各种信息和通信管道纳入到一个网络里面，用户利用一对普通电话线就可以同时享有语音、数据、视频等丰富多彩的数字通信服务，即在一条电话线上实现一边上网一边打电话。ISDN 连接原理如图 8-8 所示。

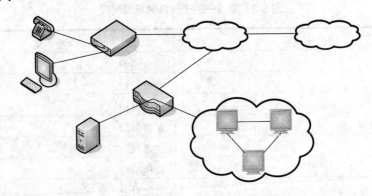

图 8-8　采用 ISDN 连接 Internet

虽然仍然是普通的电话线，但它提供给用户的却是两个标准的 64 Kbps 数字信道，即所谓的 2B+D 接口，其最高的上网速率可以达到 128 Kbps，是普通 Modem 的 2～3 倍。由于 ISDN 方便快捷、一线多用的功能，使得它有普及和快速发展的趋势。目前全国各大、中城市相继建成了 ISDN 网络，且拥有了大批的商业用户和个人用户。

2. ADSL 接入

ADSL 的中文名称是非对称数字用户线路，它是一种上、下行不对称的高速数据调制技术，提供下行 6～8Mbps、上行 1Mbps 的上网速率。它以传统用户铜线为传输介质，采用先进的数字调制技术和信号处理技术，在普通电话线上传送电话业务的同时还可以向用户提供高速宽带数据业务和视频服务，使传统电话网络同时具有提供各种综合宽带业务接入 Internet 的能力，在提高性能的同时，充分保护了现有资源。ADSL 连接原理如图 8-9 所示。

ADSL 接入方式的主要特点如下。

(1) 提供各种多媒体服务。由于 ADSL 接入方式无可比拟的高下行速率，使得用户可以通过 Internet 享受到各种多媒体服务，如在线电影、网上电视等。

(2) 使用方便。ADSL 不需要拨号，一直在线，用户只需接上 ADSL 电源便可以享受高速网上冲浪服务了，而且可以同时拨打电话。

(3) 静态 IP 地址。ADSL 个人用户具有一个固定的静态 IP 地址，可以建立个人主页，无须再申请。

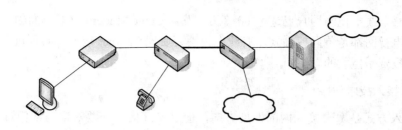

图 8-9 采用 ADSL 连接 Internet

ADSL 接入方式的初次安装费用和设备价格较高,但其优越性仍然吸引了大批的单位和个人用户。

ADSL 接入方式所需硬件资源如下。

- 微机(最好奔腾级以上)。
- 网卡(普通 10 兆或以上网卡)。
- 普通电话机和电话线。
- 滤波器。
- ADSL Modem。

ADSL 的硬件连接如图 8-10 所示。

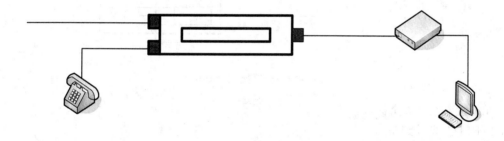

图 8-10 ADSL 硬件连接

3. ISDN 接入电缆调制解调技术(Cable Modem)

有线电视系统的传输介质同轴电缆具有很大的容量,而且抗电子干扰能力强,它使用频分多路复用技术可同时传送上百个电视频道。更重要的是,由于有线电视系统的设计容量要远远高于现在使用的电视频道数目,未使用的带宽(即频道)可用来传输数据。因此,人们研究开发了用有线电视网高速传送数字信息的技术,这就是电缆调制解调器(Cable Modem)技术。

使用 Cable Modem 传输数据时,将同轴电缆的整个频带划分为三部分,分别用于数字信号上传、数字信号下传及电视节目(模拟信号)下传。一般同轴电缆的频带为 5～750 MHz,数字信号上传使用的频带为 5～42MHz,电视节目(模拟信号)下传使用的频带为 50～550MHz,数字信号下传,使用的频带则为 550～750MHz。这样一来,数字信号和模拟信号就不会发生冲突而可以同时传输了。这也是为什么上网时还可以同时收看电视节目的原因。

Cable Modem 在上传数据和下载数据时的速率是不同的。数据下行传输时的速率可达 36 Mbps,而上传信道低速调制方式,一般为 320 Kbps～10 Mbps。

我国现有有线电视网用户已达 8000 多万，发展 Cable Modem 有多方面的有利条件。但现有的有线电视网都是单向广播式，有线电视网要实现 Internet 接入，必须进行双向改造，这项工程的投资是巨大的。

4. 光纤接入技术

光纤接入方式是宽带接入网的发展方向，但是光纤接入需要对电信部门过去的铜缆接入网进行相应的改造，所需投入的资金巨大。光纤接入分为多种情况，可以表示成 FTTx (Fiber TO The x)，x 可以是路边(Curb, C)、大楼(Building, B)和家(Home, H)。在图 8-11 中 OLT(Optical Line Terminal)称为光线路终端，ONU(Optical Network Unit)称为光网络单元，SNI 是业务网络接口，UNI 是用户网络接口。根据 ONU 位置不同有 3 种主要的光纤接入网。

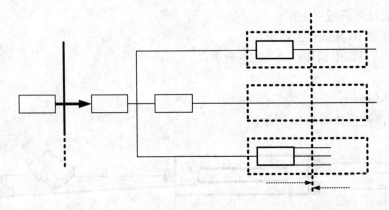

图 8-11　光纤接入 Internet

光纤接入类型如下。

1) FTTC 光纤到路边

ONU 设置在路边的分线盒处，在 ONU 网络一侧为光纤，一侧为双绞线。FTTC 是光纤与铜缆相结合的比较经济的方式，提供 2 Mbps 以下业务，典型的用户数为 128 以下，主要为住宅或小型企业单位服务。FTTC 适合于点到点或点到多点的树形分支拓扑结构。其中的 ONU 是有源设备，因此需要为 ONU 提供电源。

2) FTTB 光纤到大楼

FTTB 将 ONU 直接放到居民住宅楼或小型企业办公楼内，再经过双绞线接到各个用户上。FTTB 是一种点到多点的结构。

3) FTTH 光纤到户

FTTH 是将 ONU 移到用户的房间内，实现了真正的光纤到用户。从本地交换机一直到用户全部为光纤连接，没有任何铜缆，也没有有源设备，是接入网发展的长远目标。

5. FFTx+LAN

以太网技术是目前具有以太网布线的小区、小型企业、校园中用户实现宽带城域网或广域网接入的首选技术。用以太网技术实现宽带接入，必须对其采用某种方式进行改造以增加宽带接入所必需的用户认证、鉴权和计费功能，目前这些功能主要通过 PPPoE 方式实现。

　　PPPoE 是以太网上的点到点协议的简称，它提供了基于以太网的点对点服务。在 PPPoE 接入方式中，由安装在汇聚层三层交换机旁边的宽带接入服务器(Broadband Access Server，BAS)承担用户管理、用户计费和用户数据续传等所有宽带接入功能。BAS 可以与以太网中的多个用户端之间进行 PPP 会话，不同的用户与接入服务器所建立的 PPP 会话以不同的会话标识(Session ID)进行区分。BAS 对不同用户和用户之间所建立的 PPP 逻辑连接进行管理，并通过 PPP 建立连接和释放会话，对用户上网业务进行时长和流量的统计，实现基于用户的计费功能。

　　作为以太网和拨号网络之间的一个中继协议，PPPoE 充分利用了以太网技术的寻址能力和 PPP 在点到点的链路上的身份验证功能，继承了以太网的快速性，PPP 拨号具备简单、用户验证、IP 分配等优势，从而逐渐成为宽带上网的最佳方式。

　　图 8-12 所示是一个简单的针对光纤到小区或大楼、5 类或超 5 类线到户的应用 PPPoE 接入服务器的例子。利用 FTTx+LAN 的方式可以实现千兆位到小区、百兆位到大楼、十兆位到家庭的宽带接入方式。在城域网建设中，千兆位以太网已经分布到居民密集区、学校以及写字楼区。把小区内的千兆位或百兆位以太网交换机通过光纤连接到城域网，小区内采用综合布线，用户计算机终端插入 10/100 Mbps 的以太网卡就可以实现高速的网络接入，可以实现高速上网、视频点播、远程教育等多项业务。接入用户不需要在网卡上设置固定 IP 地址、默认网关和域名服务器，PPP 服务器可以为其动态指定。PPPoE 接入服务器的上行端口可通过光电转换设备与局端设备连接，其他各接入端口与小区或大楼的以太网相连。用户只要在计算机上安装好网卡和专用的虚拟拨号客户端软件后，拨入 PPPoE 接入服务器就可以上网了。

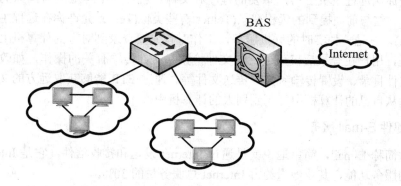

图 8-12　通过以太网接入 Internet

　　LAN 接入技术目前已比较成熟、带宽高、用户端设备成本低，目前一般用于具有以太网布线的住宅小区、酒店、写字楼等。但其传输距离短、初期投资成本高、管理不方便、需要重新布线等缺点在一定程度上限制了其应用。

8.9.3　Internet 的服务

　　一旦进入 Internet 世界，你一定会为它所包含的丰富的信息资源和拥有的多种多样的信息交流手段而惊讶！从早期的远程登录访问 Telnet、FTP 文件传输服务、电子邮件 E-mail、网络新闻服务 USENET、电子公告牌 BBS，到目前最流行的万维网 WWW 服务，Internet 提供了形式多样、功能各异的信息服务。本节介绍这些服务中的部分功能。

1. WWW 服务

WWW，即万维网(World Wide Web，WWW)，可以缩写为 W3 或 Web，又称为"全球信息网"、"环球信息网"、"环球网"等。它并不是独立于 Internet 的另一个网络，而是基于"超文本(Hypertext)"技术将许多信息资源连接成一个信息网，由结点和超链组成的、方便用户在 Internet 上搜索和浏览信息的超媒体信息查询服务系统，是互联网的一部分。WWW 中结点的连接关系是相互交叉的，一个结点可以以各种方式与另外的结点相连接。超媒体的优点是用户可以通过传递一个超链接，得到与当前结点相关的其他结点的信息。

"超媒体"(Hypermedia)是一个与超文本类似的概念，在超媒体中，超链接的两端可以是文本结点，也可以是图像、语音等各种媒体的数据。WWW 通过超文本传输协议(HTTP)向用户提供多媒体信息，所提供信息的基本单位是网页，每一网页可以包含文字、图像、动画、声音、3D(三维)世界等多种信息。

WWW 是通过 WWW 服务器(也叫做 Web 站点)来提供服务的。网页可存放于全球任何地方的 WWW 服务器上(例如，北京大学 WWW 服务器 http://www.pku.edu.cn)，当你上网时，就可以使用浏览器(如微软公司的 Internet Explorer，网景公司的 Netscape)访问全球任何地方的 WWW 服务器上的信息。

2. 文件传输 FTP 服务

文件传输服务 FTP 允许 Internet 上的用户将一台计算机上的文件和程序传送到另一台计算机上，允许你从远程主机上得到想要的程序和文件，就像一个跨地区跨国家的全球范围内的复制命令。这与前面提到的远程登录(Telnet)有些类似(Telnet 允许你在远程主机上登录并使用其资源)，它是一种实时的联机服务，工作时首先要登录到对方的计算机上。与远程登录不同的是，用户在登录后仅可进行与文件检索和文件传输有关的操作，如改变当前工作日志、列文件目录、设置传输参数、传送文件等。通过 FTP 能够获取远方的文件，同时也可以将文件从自己的计算机中复制到别人的计算机中。

3. 电子邮件 E-mail 服务

电子邮件简称 E-mail，简单地说就是通过 Internet 发送和接收信件，它是 Internet 最基本、最重要的服务功能，其业务量约占 Internet 总服务量的 30%。

利用 Internet 传送电子邮件和邮寄普通邮件一样，首先要知道对方的邮箱地址即 E-mail 地址，在发出邮件的同时，还要通报自己的邮箱号。对方的 E-mail 地址在发送之前需要指定，而自己的邮箱号则无须专门指定，因为只要是网络上的合法用户，必定有一个属于自己的邮箱号。当在自己的户头上发送电子邮件时，邮箱号会自动附在电子邮件上一并发出。我们还可以把一封信件同时发给多个收件人，电子邮件系统会自动将信件通过网络一站一站送到目的地。若发出的收件人电子信箱地址有误，系统会将原信退回，并通知不能送达的原因。

要接收电子邮件，必须有一个信箱，即一块磁盘空间，用以保存已收到但还未来得及阅读的信件，供以后阅读和处理。同普通邮政信箱一样，E-mail 的信箱也是私有的，任何人都可以向信箱中发信，但只有你有"钥匙"(即口令)才能打开它。

4. Internet 的其他服务

1) 远程登录 Telnet 服务

远程登录实际上可以看成是 Internet 的一种特殊通信方式，是指在另一个网络通信协议 Telnet 的支持下，用户的计算机通过 Internet 网络暂时成为远程计算机终端的过程；是指远距离操纵他人的机器，实现自己的需要。我们可以通过自己的计算机进入到位于地球任一地方的连接在网上的某台计算机系统中，就像使用自己的计算机一样使用该计算机系统(该计算机系统叫做"远程计算机"或"远程计算机系统")。也就是说，键盘、屏幕是你的，而真正运行的计算机是别人的，而且这台计算机可能远在地球的另一端。这是一件多么奇妙的事啊。

但是用户要登录远程计算机，必须首先成为系统的合法用户，并拥有要使用的那台计算机的相应用户名及口令，才可以远程登录。一旦登录成功，用户便可以使用远程计算机提供的共享资源。

在世界上的许多大学图书馆都通过 Telnet 对外提供联机检索服务。一些研究机构将他们的数据库对外开放，并提供各种菜单式的用户接口和全文检索接口，供用户通过 Telnet 查阅。用户还可以从自己的计算机上发出命令运行其他计算机上的软件。当然不可能在别人的计算机上为所欲为，因为别人的计算机可以限制远程登录用户使用的权限。

2) 信息讨论和公布服务

由于 Internet 上有数以千计的用户，使其成为人们相互联系、交换信息和发表观点以及发布信息的场所。电子公告板系统(BBS)、邮件列表(Mailing List)、网络新闻(USENET)往往就是供那些对共同主题感兴趣的人们相互讨论、交换信息的场所。

网络新闻 USENET 是 Internet 出现最早、生命力最强的应用服务之一。网络新闻是可以自由参加和退出的专题讨论组织，参加者以电子邮件的形式提交个人的意见和建议。值得注意的是，这里所谓的"新闻"并不是通常意义上的大众传播媒体所提供的各种新闻，而是在网络上开展的对各种问题的研究、讨论和交流。如果你希望向 Internet 上的行家请教，但你和他们又素不相识，那么网络新闻仍然是最好的可选途径。

电子公告栏 BBS(Bulletin Board System 的缩写)是 Internet 上的一种休闲信息服务系统，用户可以通过它发布通知和消息，进行各种信息交流。BBS 通常是由某个单位或个人提供的。用户可以根据自己的兴趣访问任何 BBS。和网络新闻不同，Internet 上的电子公告栏相对独立，不同的 BBS 站点的服务内容差别很大，因为建立网站的目的和对象都不同。不同 BBS 彼此之间并没有特别的联系，但有些 BBS 之间也相互交换信息。

3) 娱乐与会话服务

Internet 不仅可以让你同世界上的 Internet 用户进行实时通话，而且还可以参与各种游戏，如与远在数千里之外的你不认识的人对弈，或者参加联网大战等。

8.10　用 IE 浏览器浏览网页

本节主要介绍如何利用 IE 浏览器浏览网页、搜索资源、保存网页内容，以及收藏夹的使用方法。

8.10.1　IE 浏览器的简介

IE 浏览器是 Microsoft 公司的一款浏览器,比较常用,是一个把在互联网上找到的文本文档(和其他类型的文件)翻译成网页的工具。网页可以包含图形、音频和视频,还有文本。由此可见,浏览器的主要作用是接受客户的请求并进行相应的操作,以跳转到相应的网站获取网页并显示出来。其实浏览器就是一个应用软件,就像一个字处理程序一样(如 Microsoft Word)。同时,浏览器有很多种类,我们以 Microsoft 公司的 Internet Explorer 7.0(简称为 IE 7.0 浏览器)为例来介绍。

1. 启动 IE 浏览器

启动 IE 浏览器有以下两种方法。

● 双击桌面上的 IE 快捷方式,如图 8-13(a)所示。
● 选择【开始】|【所有程序】| Internet Explorer 命令,即可启动 IE 浏览器,如图 8-13(b)所示。

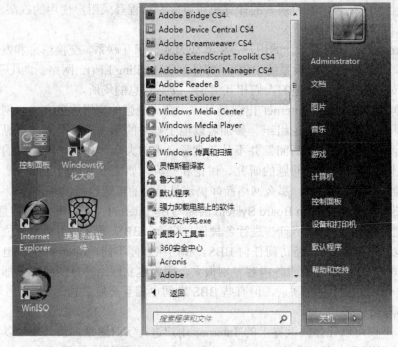

图 8-13　IE 浏览器的启动方法

2. 认识 IE 浏览器窗口

打开 IE 浏览器运行窗口,运行窗口大体上可以分为标题栏、菜单栏、地址栏、工具栏和状态栏几部分,如图 8-14 所示。

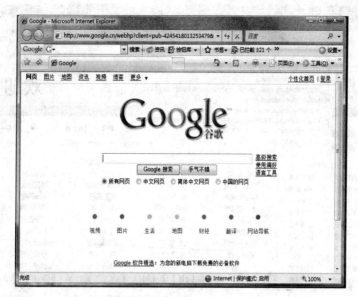

图 8-14 IE 窗口

8.10.2 利用 IE 浏览网页

1. 通过地址栏浏览

如图 8-15 所示，在地址栏中输入需要浏览的网站的网址，输完后按下 Enter 键即可。

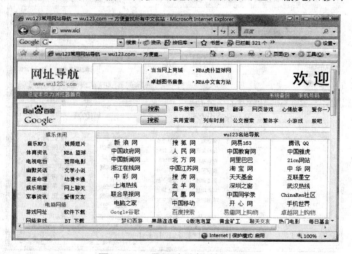

图 8-15 通过地址栏浏览网页

2. 通过链接栏浏览

如图 8-16 所示，单击地址栏右侧的下拉按钮，可以看到经常浏览的网站的地址，通过单击这些地址也可链接到相应的网站。

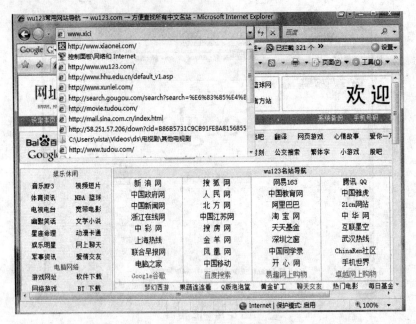

图 8-16　通过链接栏浏览网页

3. 通过历史记录栏浏览

单击工具栏上的【历史】按钮，在浏览器页面的左侧出现如图 8-17 所示的地址列表框，其中列出了曾经浏览过的网页地址，单击这些地址即可链接到相应的网站。

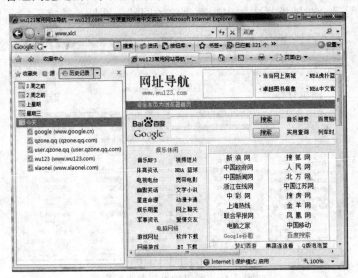

图 8-17　通过历史记录浏览网页

4. 通过网站页面的链接浏览

在一些网站中，也可以通过网站中的超链接链接到目标网站进行浏览。一般在鼠标指针碰到有超链接的项目时，超链接的文字等会有颜色的变化，如图 8-18 所示。

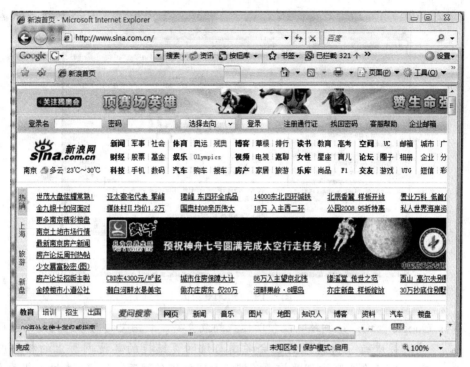

图 8-18 通过页面链接浏览网页

8.10.3 使用搜索引擎查询信息

1. 常见搜索引擎

- 搜狐搜索：http://dir/sohu.com/。
- 新浪搜索：http://search.sina.com.cn/。
- 网易搜索：http://search.163.com/。
- 雅虎中文：http://cn.yahoo.com/。
- 百度搜索及其支持的搜索引擎：http://www.baidu.com/。
- 中文 Google：http://www.google.com.hk/。

2. 搜索引擎的使用

这里以较为常用的 Google 为例说明搜索引擎的使用。其他的搜索引擎使用方法类似。

1) 基本使用方法

(1) 基本搜索。

Google 查询简洁方便，仅需输入查询内容并按下 Enter 键，或单击【Google 搜索】按钮即可得到相关资料，如图 8-19 所示。

图 8-19　Google 页面

💡 **注意**：Google 查询严谨细致，能帮助你找到最重要、最相关的内容。例如，当 Google 对网页进行分析时，它也会考虑与该网页链接的其他网页上的相关内容。Google 还会先列出那些搜索关键词相距较近的网页。而且，在输入想要查询的内容时 Google 还会列出搜索频率很高的内容。

(2) 自动使用"and"进行查询。

不需要在关键词之间加上"and"或"+"。如果想缩小搜索范围，只需输入更多的关键词，在关键词中间留空格就行了，如图 8-20 所示。

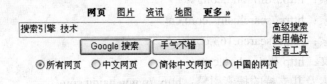

图 8-20　自动 and 功能

(3) 忽略词。

Google 会忽略最常用的词和字符，这些词和字符称为忽略词。Google 自动忽略"http"，".com"和"的"等字符以及数字和单字，这类字词不仅无助于缩小查询范围，而且会大大降低搜索速度。

使用英文双引号可将这些忽略词强加于搜索项，例如：输入"柳堡的故事"时，加上英文双引号会使"的"强加于搜索项中。

(4) 简繁转换。

Google 运用智能型汉字简繁自动转换系统，这样可找到更多相关信息。这个系统不是简单的字符变换，而是简体和繁体文本之间的"翻译"转换。例如简体的"计算机"会对应于繁体的"电脑"。在搜索所有中文网页时，Google 会在对搜索项进行简繁转换的同时检索简体和繁体网页。

(5)　不区分大小写。

Google 搜索不区分英文字母大小写。所有的字母均按小写处理。例如：搜索"google"、"GOOGLE"或"GoOgLe"，得到的结果都一样。

2) 缩小搜索范围

(1)　搜索窍门。

由于 Google 只搜索包含全部查询内容的网页，所以缩小搜索范围的简单方法就是添加搜索词。添加词语后，查询结果的范围会小得多。

(2)　减除无关资料。

如果要避免搜索某个词语，可以在这个词前面加上一个减号("－"，英文字符)。但在减号之前必须留一空格，如图 8-21 所示，在"技术"前加空格和"－"之后，就不会在搜索结果中出现单独"技术"一词的结果了。

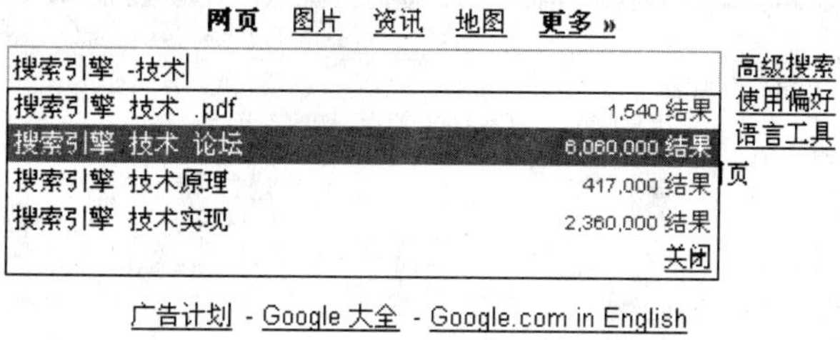

图 8-21　缩小搜索范围

(3)　英文短语搜索。

在 Google 中，可以通过添加英文双引号来搜索短语。双引号中的词语(比如"like this")在查询到的文档中将作为一个整体出现。这一方法在查找名言警句或专有名词时显得格外有用。

一些字符可以作为短语连接符。Google 将"－"、"\"、"."、"="和"..."等标点符号识别为短语连接符。

(4)　指定网域。

有一些词后面加上冒号对 Google 有特殊的含义，其中有一个词是"site:"。要在某个特定的域或站点中进行搜索，可以在 Google 搜索框中输入"site:xxxxx.com"。

例如，要在 Google 站点上查找新闻，可以输入 "新闻 site:www.google.com"，再单击【Google 搜索】按钮。

3) 搜索技巧

在工作和生活中会遇到各种各样的疑难问题。网络用户成千上万，遇到同样问题的人就会很多。有了搜索引擎，就可以把这些信息找出来。

查找这类信息的核心问题是如何构建查询关键词。一个基本原则是，在构建关键词时，尽量不要用自然语言(所谓自然语言，就是我们平时说的语言和口气)，而要从自然语言中提炼关键词。这个提炼过程并不容易，但是可以用一种将心比心的方式思考：如果我知道问题的解决办法，我会怎样对此作出回答。也就是说，猜测信息的表达方式，然后根据这种表达方式，取其中的特征关键词，从而达到搜索目的。简单地概括如下。

(1) 表述准确。

(2) 查询词的主题关联与简练。

(3) 根据网页特征选择查询词。

8.10.4 保存网页信息

保存网页内容的方法如下。

(1) 在【文件】菜单中选择【另存为】命令。

(2) 在弹出的【保存网页】对话框中选择准备用于保存网页的文件夹。在【文件名】文本框中输入该页的名称，如图 8-22 所示。

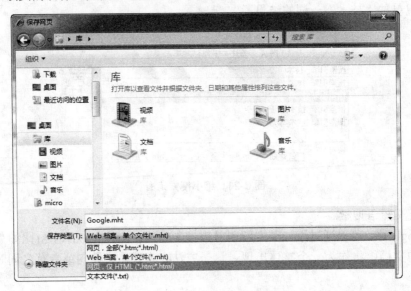

图 8-22 【保存网页】对话框

(3) 在【保存类型】下拉列表框中选择保存类型。

(4) 单击【保存】按钮。

注意：如果在保存网页时出现无法保存的提示，一般改变【保存类型】就可以保存了。

如果想直接保存网页中超链接指向的网页或图像，暂不打开并显示，可进行如下操作。

(1) 右击所需项目的链接。

(2) 在弹出的快捷菜单中选择【目标另存为】命令，如图 8-23 所示。弹出 Windows 保存文件标准对话框。

(3) 在【保存文件】对话框中选择准备保存网页的文件夹，在【文件名】文本框中输入名称，然后单击【保存】按钮。

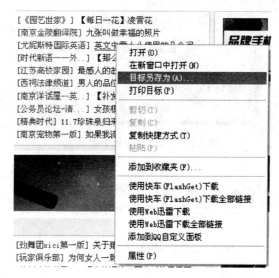

图 8-23　选择命令

8.10.5　将网页添加到收藏夹

对于常用网站，我们可以通过收藏网址来达到方便上网的目的。例如我们将新浪网收入到收藏夹中。首先进入新浪网网站，待进入网站之后单击工具栏上的收藏夹按钮 ☆ 收藏夹，在浏览器的左侧会出现收藏夹，如图 8-24 所示，单击左上角的【添加】按钮，出现图 8-25 所示的对话框，单击【添加】按钮，即可收藏此网页。单击收藏夹中的网址即可浏览相关网页，不必每次都输入网址。

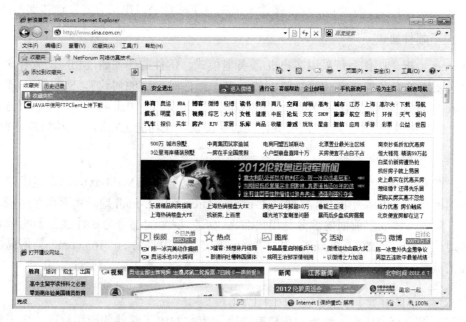

图 8-24　收藏夹

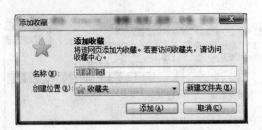

图 8-25　【添加收藏】对话框

8.11　电子邮件

本节主要介绍电子邮件的知识，包括基础知识、免费电子邮箱及收发电子邮件等内容。

8.11.1　电子邮件基础知识

电子邮件(E-mail)是目前 Internet 上使用最频繁的服务之一，它为 Internet 用户之间发送和接收信息提供了一种快捷、廉价的通信手段，特别是在国际之间的交流中发挥着重要的作用。

1. 电子邮件定义

电子邮件简称 E-mail，它是利用计算机网络与其他用户进行联系的一种快速、简便、高效、价廉的现代化通信手段。电子邮件与传统邮件大同小异，只要通信双方都有电子邮件地址即可以电子传播为媒介，交互邮件。可见电子邮件是以电子方式发送传递的邮件。

2. 电子邮件协议

Internet 上电子邮件系统采用客户机/服务器模式，信件的传输通过相应的软件来实现，这些软件要遵循有关的邮件传输协议。传送电子邮件时使用的协议有 SMTP(Simple Mail Transport Protocol)和 POP(Post Office Protocol)，其中 SMTP 用于电子邮件发送服务，POP 用于电子邮件接收服务。当然，还有其他的通信协议，在功能上它们与上述协议是相同的。

3. 电子邮件地址

用户在 Internet 上收发电子邮件，必须拥有一个电子信箱(Mailbox)，每个电子信箱有一个唯一的地址，通常称为电子邮件地址(E-mail Addresses)。E-mail 地址由两部分组成，以符号 "@" 间隔，"@" 前面的部分是用户名，"@" 后面的部分为邮件服务器的域名，如 E-mail 地址 "qzh_0605@163.com" 中，"qzh_0605" 是用户名，"163.com" 为网易的邮件服务器的域名。

4. 电子邮件工具

用户不仅要有电子邮件地址，还要有一个负责收发电子邮件的应用程序。电子邮件应用程序很多，常见的有 Foxmail、Outlook Express、Outlook 2000 等。

8.11.2 免费电子信箱

1. 国内免费的电子信箱

目前许多网站都提供免费的邮件服务,用户可以在这些网站上申请免费的邮件服务,并通过这些网站收发自己的电子邮件。常见的提供免费电子邮箱的网站有以下几个。

(1) 首都在线:www.263.net。

(2) 新浪网:www.sina.com.cn。

(3) 163:电子邮局 www.163.net。

(4) 网易:www.163.com。

(5) 搜狐:www.sohu.com。

(6) 中文雅虎:www.yahoo.com.cn。

2. 免费电子信箱申请的步骤

申请免费邮箱的方法大同小异,一般有以下几步。

(1) 登录邮箱提供者的首页。

(2) 在注册页面中选择邮箱用户名。

(3) 确定使用密码。

(4) 输入用户个人信息。

(5) 确认所申请的免费电子信箱。

3. 免费电子信箱的申请实例

下面以 www.126.com 网站为例讲述免费电子信箱的申请步骤。

(1) 在浏览器的地址栏中输入 www.126.com,然后按下 Enter 键,将会打开如图 8-26 所示的 126 免费邮箱的首页。

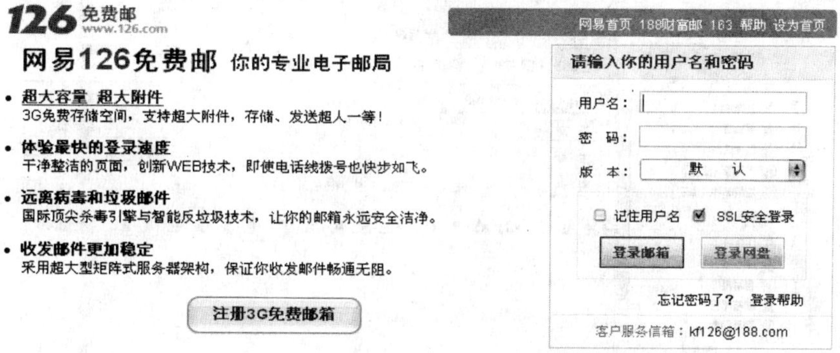

图 8-26 www.126.com 界面

(2) 单击主页上【注册 3G 免费邮箱】按钮打开服务条款界面。如果同意以上条款,则单击【我同意】按钮继续,否则单击【不同意】按钮退出。

(3) 单击【我同意】按钮后,打开一个新页面,在【用户名】文本框中输入希望的用户名，长度为 5～20 位，可以是数字、字母、小数点、下划线，但必须以字母开头。

(4) 单击【下一步】按钮，在出现的新页面中输入用户的基本信息，设置用户邮箱密码。最后输入验证码进行确认，验证码仅防止恶意注册，注册界面如图 8-27 所示。

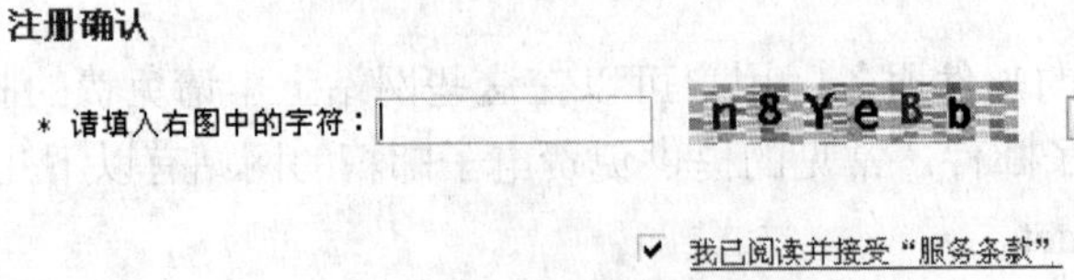

图 8-27　注册确认

(5) 单击【下一步】按钮，完成免费邮箱申请，如图 8-28 所示。

图 8-28　完成免费信箱的申请

8.11.3　收发电子信件

完成免费电子信箱的申请后，就可以利用 E-mail 和远方的朋友进行信息交流了。下面介绍如何使用免费信箱发送和接收邮件。

1. 写信操作

登录邮箱后，单击页面左侧的【写信】按钮，就可以开始写邮件了，如图 8-29 所示。

图 8-29　写信操作

2. 收信操作

登录邮箱后，单击页面左侧的【收信】按钮，就可以进入收件箱，查看收到的邮件。直接单击邮件发件人或者邮件主题即可。进入读信界面后，出现该信的正文、主题、发件人、收件人地址以及发送时间。如有附件也会在正文上方出现，可以在浏览器中打开附件，也可以下载到本地文件夹中，如图 8-30 所示。

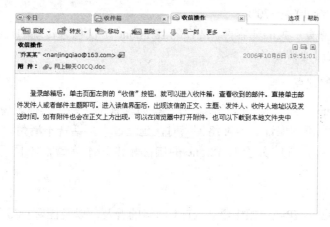

图 8-30　收信操作

3. 删除邮件

选中要删除的邮件，单击页面上方的【删除】按钮，邮件即可删除到【已删除】文件夹中。若要删除【已删除】文件夹中的邮件，应打开【已删除】文件夹，选择需要彻底删除的邮件，单击【彻底删除】按钮完成；单击【清空】按钮将彻底删除【已删除】文件夹中的全部邮件。若要将收件箱中的邮件直接删除，而不通过删除到【已删除】文件夹的中间过程，则选择需要删除的邮件，直接单击页面上方删除列表中的【直接删除】选项即可。

8.12　其他 Internet 应用

随着 Internet 的日益普及，基于 IP 技术的各种应用迅速发展，其中 IP Phone 就是近几年兴起的、极具挑战性的实用技术。

8.12.1　IP Phone

IP Phone 可以在 Internet 上实现实时的语音传输服务，与传统的电话业务相比，它具有巨大的优势和广阔的市场前景，并得到了工业界的广泛关注。IP Phone 不仅可以提供PC-to- PC 的实时语音通信，而且可以提供 PC-to-Phone、Phone-to-Phone 的实时语音通信，并在此基础上实现语音、视频、数据合一的实时多媒体通信。

1. IP Phone 与传统电话相比较所具有的优点

(1) 能够更加高效地利用网络资源。IP Phone 采用了先进的数字信号处理技术,可以将原先 64Kbps 的话音信号压缩成 8Kbps 或更低的数据流,并且 IP Phone 采用的是分组交换技术,可以实现信道的统计复用,使得网络资源的利用效率更好,大大降低了运营商的成本。

(2) 可以提供更为廉价的服务。现在所有的 ISP 都可以提供 IP Phone 服务,并且价格低廉,比传统的电话低 40%~70%。

(3) 与数据业务有更大的兼容性。现在的 IP Phone 不仅包含传统的话音业务,还包括了其他一些多媒体实时通信业务。

2. IP Phone 的缺点

目前,IP Phone 正处于发展时期,还有一些问题有待完善,具体表现在以下几个方面。

(1) 话音质量得不到保证。当网络拥塞时,延迟过大,话音不清楚。

(2) 互通性较差。目前关于 IP Phone 的国际标准还不完善,不同厂家的产品还不能互通。

(3) 网络容量小。

今后随着 QOS 的 IPv6、帧中继、ATM 网络的普及,以及国际标准的制定,这类问题会逐步得到解决。

通常 Phone-to-Phone 的网络电话由电信服务商提供,对于普通用户而言,可利用网络电话软件,实现 PC-to-PC、PC-to-Phone 的实时语音通信。一般情况下,PC-to-PC 的语音通信只付使用互联网的费用,而 PC-to-Phone 的语音通信除了互联网的费用还要另付服务费,但总费用比长途特别是国际长途电话费要低得多。

8.12.2 网上学习与娱乐

网上有很多教育资源,我们可以在英语网站学习外语,可以订阅网上的免费电子刊物,可以进入科学网站了解科学知识,可到相应的学习辅导网站跟名师学习及与网友交流学习心得,还可以报名参加网上学校进行系统的学习,等等。

1. 网上学英语

1) 参加英语教学网站同步学习

可以根据自己的需要,选择适合自己英语水平的英语网站参加比较系统、课程式的学习。例如在专门的英语学习网站中,空中英语教室(http://www.kzyyjs.com/)就是一个比较好的站点(见图 8-31),网站中的英语素材新颖、广泛、生动、实用。

2) 访问国外媒体网站

我们还可以到国外的一些媒体网站训练英语阅读和听力。

例如可以到以下的英语学习网站练习英语阅读,或在线收看收听实时新闻报道。

● 微软英卡塔学习园地,网址为 http://encarta.msn.com。

● 时代杂志,网址为 http://www.timedigest.com。

● 读者文摘网站,网址为 http://www.rd.com/。

- ABC(美国广播公司)，网址为 http://www.abcnews.go.com。
- 英国 BBC 电台，网址为 http://www.broadcast.com/bbc/。

图 8-31 空中英语教室

3) 订阅免费英语杂志

除了上网在线学习英语，如果考虑节约上网费用，可以订阅免费英语杂志。这些英语杂志通常是网上热心者创办的面向英语学习者的免费杂志，可以通过电子邮件下载后阅读。

例如，我们可以到下面的网站，登记注册后，申请订阅免费英语杂志，通过电子邮件收到语法、阅读等有关资料。可从中挑选适合自己阅读的内容，例如：

- http://www.englishlearner.com/online。
- http://www.gfe.cn/html/zazhi/home.htm。

另外，我们还可以在网上通过 BBS 和英语学习爱好者交流经验，共同提高英语水平。

2. 网上远程教学

参加网络学校的远程教学，在学习方式上比较方便、灵活，坐在家中上自己喜欢的学校。学生可以在网上接受实时互动的课堂教学，包括在线讨论和答疑辅导。学生还可以通过点播课件在任何时间上课。目前国内的网校主要有中小学教学辅导网校、进行学历教育的网络大学和进行职业培训的网校，用户可以根据自己的需要来选择合适的网上学校。

3. 网上休闲娱乐

休闲娱乐是现代生活中的一个重要方面，网络作为一个新的世界，也包含了各种各样的休闲娱乐资源，如可以让我们在学习工作之外，享受网络带来的新体验。如网上游戏、网上影视、网上读书。

8.13 回到工作场景

下面回到 8.1 节的工作场景中，动手完成无线局域网的组建。

【工作过程】

1) 借助无线网卡对 AP 进行设置

首先将本地机器的网关设置成"192.168.0.10"，IP 地址设置为 192.168.0.x，设置完成之后，我们在 IE 浏览器里面直接输入"http://192.168.0.10"，就可以看到 AP 的设置界面，单击里面的"Setup Wizard"安装向导，就会进入一个安装配置界面。

(1) 设置网络名称(SSID)，其实也就相当于一个"工作组"的意思，每一个 AP 连起来的无线网络都只能使用这个 SSID，默认状态下的 SSID 就是 101。单击 Save/Next 按钮进入下一步。

(2) 设置 Encryption Settings 选项。该选项相当于一个网络密码。一般来说，可以选择除了 Disable 之外的其他选项，然后再输入一个身份验证的密码。值得注意的是，这些身份认证密码必须是十六进制的代码，也就是说双位数字，而且还至少要求 5 位。这就相当于我们要输入 10 个在 0~9、a~f 之间的数字或字母了。为了方便起见，这里我们输入"4444444444"。设置完成之后，继续进入下一步。

(3) 设置 Device Settings 选项，我们采用 HUB 方式，选中 Wireless Gateway Mode 无线网关模式。

(4) 设置 Cable/DSL Settings 选项，也就是设置上网方式。如果现在已经有了局域网，就可以进入里面设置 Cable 模式。如果已经有 ADSL Modem，则可以利用里面的 DSL 模式，设置成为让无线网关自动进行 ADSL 拨号。单击按钮，可以看到一个新的窗口出现。

对于使用局域网，可以直接在 IP Settings 里面设置 ISP 分配给自己的 IP 地址、网关地址以及 DNS 的地址等。同样，ADSL 用户也可以在下面的 Additional Cable/DSL Settings 里面设置自己的虚拟拨号的用户名和密码。输入完成之后，单击最下方的 Apply 按钮。

到此，AP 设置就基本完成了，我们刚才设置的所有东西都显示在里面，现在需要单击 Save & Restart，等待大概 30 秒钟 AP 就可以重新启动。

2) 安装无线网卡

办公室两台台式机的无线网卡是 USB 接口的，只要将 USB 的接口和计算机连接上，Windows 系统就会自动找到硬件，并开始安装驱动程序。在安装驱动程序的时候，不要选择"点对点"(Peer-to_peer)。

当驱动程序询问"Network Name"的时候，就输入上面所设置的 SSID，也就是 101 了。接下来设置 Encryption Key，输入在 AP 里面所设置的密码"4444444444"，不过有时候可能会输入失败，没关系，这里，可以先将这个密码屏蔽掉，在驱动程序里面再继续输入这个密码。

3) 设置无线网络的网关

将无线网络的网关设置成为无线 AP 的 IP 地址后就可以共享上网了。

8.14 工作实训营

1. 训练内容

绘制以下场景的网络拓扑结构图。

(1) 学校学生小机房。

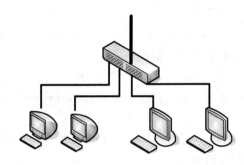

(2) 某大型场所大机房。

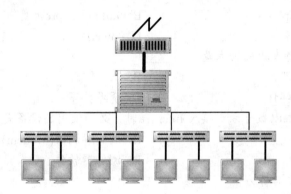

2. 训练要求

(1) 明确网络拓扑结构的概念。

(2) 认识几种常见的网络拓扑结构。

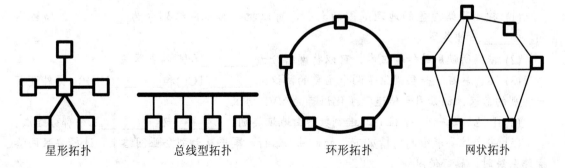

星形拓扑　　　　　　总线型拓扑　　　　　　环形拓扑　　　　　　网状拓扑

本章习题

一、选择题

(1) 不属于按照覆盖范围大小进行分类的计算机网络有_____。

    A. 局域网　　　　　B. Internet　　　　　C. 环形网　　　　　D. 广域网

(2) LAN 是指_____的简称。

    A. 局域网　　　　　B. 对等网　　　　　C. Internet　　　　　D. 广域网

(3) _____不是组建局域网必需的设备。

    A. 网卡　　　　　B. Hub　　　　　C. Vedio　　　　　D. 网线

(4) 网络物理连接的构型称为拓扑结构,常见的拓扑结构有星型、_____、环形、树形等。

    A. 分散型　　　　　B. 总线型　　　　　C. 合成型　　　　　D. 集成型

(5) 不属于网络传输介质的是_____。

    A. 同轴电缆　　　　　B. 卡线工具　　　　　C. 光纤　　　　　D. 双绞线

(6) 专门用来进行发送 E-mail 的应用软件是_____。

    A. Internet Explorer　　　　　B. Outlook Express

    C. FrontPage　　　　　D. PowerPoint

(7) 计算机网络最突出的优点是_____。

    A. 进行通话联系　　　　　B. 上网聊天

    C. 收发电子邮件　　　　　D. 资源共享

(8) 当个人计算机以拨号方式接入 Internet 时,必须使用的设备是_____。

    A. 网卡　　　　　B. 调制解调器(Modem)

    C. 电话机　　　　　D. 浏览器软件

(9) WWW 的中文名称为_____。

    A. 电子商务　　　　　B. 万维网　　　　　C. 浏览器　　　　　D. 网页

(10) 用户要想在网上查询 WWW 信息,必须安装并运行一个被称为_____的软件。

    A. 万维网　　　　　B. 网络服务器　　　　　C. 搜索引擎　　　　　D. 浏览器

二、填空题

(1) 按照网络覆盖的地理范围的大小,可以把计算机网络划分为_____、城域网和_____三种类型。

(2) 依据所使用的传输技术,可以将网络分为_____和点到点网络。

(3) TCP/IP 在这一层提供了两个主要的协议:_____(TCP)和_____(UDP),另外还有一些别的协议,例如用于传送数字化语音的 NVP 协议。

(4) IP 地址是一个 32 位的二进制数,由地址类别、_____和_____三个部分组成。

(5) 安全性要求很高的情况下,如金融、银行、军事及大型企业网络上,选择安装网络操作系统时,最好使用_____。

(6) Internet 采用_____协议作为共同的通信协议，将世界范围内许许多多计算机网络连接在一起，成为当今最大的和最流行的国际性网络。

(7) 接入 Internet 有两种常用的方式，即专线方式和_____。

(8) Intranet 的特点主要有：_____和可扩展性、通用性、_____和经济性以及_____。

(9) 电子邮件的英文名是_____。

(10) 在网址 http://www.sohu.com 中，"http" 表示_____。

三、简答题

(1) 什么是计算机网络，它应具备哪些因素？

(2) 计算机网络都有什么功能。

(3) TCP/IP 协议族都包括哪些协议。

第 9 章

计算机安全与系统维护

 本章要点

- 计算机网络安全
- 计算机病毒
- 防火墙技术
- 系统维护

 技能目标

- 防火墙技术

9.1 工作场景导入

【工作场景】防火墙的设置

在某间办公室的局域网中有四台安装 Windows 7 操作系统的计算机，其中只有一台计算机安装了打印机驱动，可以完成日常工作中的文件打印。上级领导指派网络管理员小王解决此问题，使四台计算机都能打印文档。如果你是小王，你如何进行防火墙的设置，从而实现文件打印共享功能？

【引导问题】

(1) 什么是计算机网络安全？
(2) 你了解什么是计算机病毒吗？
(3) 你了解什么是防火墙技术吗？
(4) 你掌握维护计算机网络安全的相关措施吗？

9.2 计算机安全概述

本节主要介绍计算机网络安全的含义、网络攻击和入侵的特点、计算机网络中的安全缺陷及产生的原因、网络攻击和入侵的主要途径，让读者对计算机安全有一个基本的了解。

9.2.1 计算机安全的定义

我们这里讲的计算机安全主要指的是计算机的网络安全。其定义概括来讲指的是计算机及其网络系统资源和信息资源不受自然和人为有害因素的威胁和危害，即是指计算机、网络系统的硬件、软件及其系统中的数据受到保护，不因偶然的或恶意的攻击而遭到破坏、更改、泄漏，确保系统能连续可靠正常地运行，使网络服务不中断。计算机网络安全从其本质上来说就是网络上的信息安全。

一个现代信息系统若不包含有效的信息安全技术措施，就不能认为是完整和可信的。信息安全主要包括物理安全、安全控制和安全服务三个方面。

1. 物理安全

物理安全是指在物理媒介层次上对存储和传输的信息加以保护，它是保护计算机网络设备、设施免遭地震、水灾和火灾等环境事故及人为操作错误或各种计算机犯罪行为而导致破坏的过程。保证网络信息系统各种设备的物理安全是整个网络信息系统安全的前提。

2. 安全控制

安全控制是指在操作系统和网络通信设备上对存储和传输信息的操作和进程进行控制

和管理，主要是在信息处理层次上对信息进行初步的安全保护。

3. 安全服务

安全服务是指在应用层对信息的保密性、完整性和来源真实性进行保护和认证，满足用户的安全需求，防止和抵御各种安全威胁和攻击。

9.2.2　计算机网络攻击的主要特点

计算机网络攻击具有下述特点：

(1) 损失巨大。

(2) 波及范围广泛。

(3) 手段多样。

(4) 以攻击软件为主。

(5) 威胁国家安全。

网络攻击的特点一方面导致了计算机犯罪的隐蔽性，另一方面又要求人们对计算机的各种软件(包括计算机通信过程中的信息流)进行严格的保护。

9.2.3　计算机网络攻击的主要途径

计算机网络攻击是指攻击者通过非法的手段(如破译口令、电子欺骗等)获得非法的权限，并通过使用这些非法的权限对被攻击的主机进行非授权的操作。计算机网络攻击的主要途径有破译口令、IP 欺骗、DNS 欺骗及指定路由。

1)　破译口令

口令是计算机系统抵御入侵者的一种重要手段。所谓口令入侵，是指使用某些合法用户的账号和口令登录到目的主机，然后再实施攻击活动。这种方法的前提是必须先得到该主机上的某个合法用户的账号，然后再进行合法用户口令的破译。

2)　IP 欺骗

IP 欺骗是指攻击者伪造别人的 IP 地址，让一台计算机假冒另一台计算机以达到蒙混过关的目的。它只能对某些特定的运行 TCP/IP 的计算机进行入侵。IP 欺骗利用了 TCP/IP 网络协议的脆弱性。在 TCP 的三次握手过程中，入侵者假冒被入侵主机的信任主机与被入侵主机进行连接，并对被入侵主机所信任的主机发起淹没攻击，使被信任的主机处于瘫痪状态。当主机正在进行远程服务时，网络入侵者最容易获得目标网络的信任关系，从而进行 IP 欺骗。IP 欺骗是建立在对目标网络的信任关系基础之上的。同一网络的计算机彼此都知道对方的地址，它们之间互相信任。由于这种信任关系，这些计算机彼此可以不进行地址的认证而执行远程操作。

3)　DNS 欺骗

DNS 欺骗是指网络攻击者利用 DNS 协议不对转换或信息性的更新进行身份认证的特征来危害 DNS 服务器并更改主机名——IP 地址映射表。通常，网络用户通过 UDP 协议和 DNS 服务器进行通信，而服务器在特定的 53 端口监听，并返回用户所需的相关信息。DNS 协议不对转换或信息性的更新进行身份认证，这使得该协议被人以一些不同的方式加以利用。当攻击者危害 DNS 服务器并明确地更改主机名——IP 地址映射表时，DNS 欺骗就会发生，这些改变被写入 DNS 服务器上的转换表。因而，当一个客户机请求查询时，用户只能得到这个伪造的地址，该地址是一个完全处于攻击者控制下的机器的 IP 地址。因为网络上的主机都信任 DNS 服务器，所以一个被破坏的 DNS 服务器可以将客户引导到非法的服务器，也可以欺骗服务器相信一个 IP 地址确实属于一个被信任客户。

4) 指定路由

发送方指定一信息包到达目的站点的路由，而这条路由是经过精心设计的、绕过设有安全控制的路由。网络攻击者利用指定的路由获得非法的权限，并通过使用这些非法的权限对被攻击的主机进行非授权的操作。

9.2.4 计算机网络安全维护的简要措施

措施一：用杀毒软件保护电脑，及时更新软件

要确保计算机中安装了杀毒软件。杀毒软件可以保护计算机在很大程度上不受病毒的侵害。病毒的发作就像每年的流感病毒一样，新的病毒和病毒变种不断产生，所以一定要保证有规律地升级杀毒软件。

措施二：使用比较复杂的密码

密码只有在难以破解的时候才能阻挡非法用户的入侵。不要让别人知道自己的密码，也不要在一个以上的地方使用相同的密码。密码设置的黄金定律如下。

(1) 一个密码至少 8 位以上。

(2) 定期更换密码，至少每隔 90 天改一次。

(3) 不要把密码告诉任何人。

措施三：IP 欺骗

进行 IP 欺骗，让黑客找不到你的 IP，这样你的计算机就比较安全了，最简单的方法就是使用代理服务器，比如软件 Hide IP Platinum 软件，就能很好地隐藏你的 IP 地址。

措施四：打开计算机上的防火墙，防止受到来自互联网的攻击

在计算机上装防火墙，防火墙会在计算机和外部环境之间建立防御层。防火墙有两种形式：一是个人计算机上运行的软件防火墙；二是同时保护若干计算机不受侵害的硬件防火墙。这两种防火墙的工作原理是：过滤来自互联网的未授权的用户连接到你的电脑上。

措施五：不要打开不明来源的邮件

对于不知道来源的邮件不要打开。对于看起来有些奇怪或是意料之外的邮件，也要提高警惕。特别是如果邮件中包含了一些奇怪的链接，就更要小心谨慎。

措施六：不使用互联网的时候及时断开链接

在不需要使用网络的时候，最好断开网络链接，否则会给别人留下链接到你计算机的机会。而且如果你没有及时更新杀毒软件，或者没有安装防火墙，有人可能会侵入到你的电脑或者利用它来伤害网络上的其他人。

措施七：关闭不必要的端口

木马 Doly 、trojan、Invisible FTP 容易进入 21 端口，如果不架设 FTP，建议关掉它。为了防止冲击波最好关闭 23 端门、25 端口、135 端口。既能防止黑客又不影响上网，只开放 80 端口就行了，如果还需要上 POP 端面再开放 109、110。

措施八：关闭"文件共享"

开放的操作系统可以允许网络中的其他计算机连接到你的计算机硬盘上进行"文件共享"。如果没有加以足够的重视，这种"文件共享"的能力可能导致你的计算机遭受病毒的感染，或者计算机中其他文件被"偷看"。所以，除非真的需要这种功能，否则应该确保"文件共享"功能是关闭的。

措施九：定期下载系统安全更新补丁

当今大多数主流软件公司都会很及时地公布其软件产品的更新和补丁。程序漏洞可能会导致有人恶意攻击你的计算机。软件公司或经销商发现这些漏洞以后，会在他们的网站上发布针对这个漏洞创建的程序补丁。

措施十：定期检查计算机设置

更改应用程序设置后要重新评估计算机的安全性。计算机上的程序和操作系统有很多重要的功能，可以使生活更便利，但也同样使系统更容易受到黑客和病毒的攻击。用户应该最少一年两次评定计算机的安全性，特别在修改了应用程序设置后。

9.3　计算机病毒

本节主要介绍了计算机病毒的基本知识，包括计算机病毒的定义、特点、危害、分类及防治等内容。

9.3.1　计算机病毒的相关概念

1. 计算机病毒的定义

在《中华人民共和国计算机信息系统安全保护条例》中明确定义了计算机病毒(Computer Virus)是指"编制或者在计算机程序中插入的破坏计算机功能或者破坏数据，影响计算机使用并且能够自我复制的一组计算机指令或者程序代码"。而现在较为普遍的定义认为，计算机病毒是一种人为制造的、隐藏在计算机系统的数据资源中的、能够自我复制进行传播的程序。

2. 计算机病毒的特征

计算机病毒一般具有如下特征。

(1) 破坏性。任何计算机病毒侵入到机器中，都会对系统造成不同程度的影响。轻者占有系统资源，降低工作效率，重者数据丢失、机器瘫痪。

提示： 破坏是广义的，不仅破坏计算机软件系统，还能破坏计算机硬件系统。

(2) 传染性。计算机病毒的传染性是指病毒具有把自身复制到其他程序中的特性。病毒可以附着在程序上，通过磁盘、光盘、计算机网络等载体进行传输，被破坏的计算机又成为病毒生成的环境及新传染源。传染性是病毒的基本特征。是否具有传染性是判别一个程序是否为计算机病毒的最重要条件。

(3) 隐蔽性。计算机病毒是一种具有很高编程技巧、短小精悍的可执行程序，通常附着在正常程序中或磁盘较隐蔽的地方，也有个别的以隐含文件形式出现，如不经过程序代码分析或计算机病毒代码扫描，病毒程序与正常程序是不容易区别开来的。

(4) 潜伏性。计算机病毒具有依附其他媒体而寄生的能力。有些计算机病毒并不是一侵入你的机器，就会对机器造成破坏，它可能隐藏在合法文件中，静静地待几周或者几个月甚至几年，具有很强的潜伏性，一旦时机成熟就会迅速繁殖、扩散。

(5) 可触发性。计算机病毒因某个事件或数值的出现，诱使病毒实施感染或进行攻击的特性称为可触发性。病毒具有预定的触发条件，这些条件可能是时间、日期、文件类型或某些特定数据等。病毒运行时，触发机制检查预定条件是否满足，如果满足，启动感染或破坏动作，使病毒进行感染或攻击；如果不满足，使病毒继续潜伏。

(6) 表现性。病毒运行后，如果按照作者的设计，会有一定的表现特征，如 CPU 占用率 100%，在用户无任何操作下读写硬盘或其他磁盘数据，蓝屏死机，鼠标右键无法使用等。但这样明显的表现特征，反倒帮助被感染病毒者发现自己已经感染病毒并对清除病毒很有帮助，隐蔽性就不存在。

3. 计算机病毒的命名

如果用户掌握一些病毒的命名规则，就能通过杀毒软件的报告中出现的病毒名来判断病毒的一些共有的特性。计算机病毒命名的一般格式为：<病毒前缀>.<病毒名>.<病毒后缀>

病毒前缀是指一个病毒的种类，它是用来区别病毒的种族分类的。不同种类的病毒，其前缀也是不同的。比如我们常见的木马病毒的前缀是 Trojan，蠕虫病毒的前缀是 Worm，DOS 下的病毒一般无前缀。

病毒名是指一个病毒的家族特征，是用来区别和标识病毒家族的，如振荡波蠕虫病毒的家族名是 Sasser。

病毒后缀是指一个病毒的变种特征，是用来区别具体某个家族病毒的某个变种的。一般都采用英文字母来表示，如 Worm.Sasser.b 就是指振荡波蠕虫病毒的变种 B，因此一般称为"振荡波 B 变种"或"振荡波变种 B"。如果该病毒变种非常多，可以采用数字与字母混合表示变种标识。

4. 计算机病毒的症状

计算机中病毒和人体中病毒一样，它的发作也有自己的典型症状，主要表现在以下方面。

(1) 屏幕异常滚动。

(2) 系统文件长度发生变化。

(3) 出现异常信息、异常图形。

(4) 运行速度减慢，系统引导、打印速度变慢。

(5) 存储容量异常减少。

(6) 系统不能由硬盘引导。

(7) 系统出现异常死机。

(8) 数据丢失。

(9) 执行异常操作。

(10) 文件名称、扩展名、日期、属性被更改过。

5. 计算机病毒的危害

在使用计算机时，有时会碰到一些莫明奇妙的现象，如计算机无缘无故地重新启动、运行某个应用程序突然出现死机、屏幕显示异常、硬盘中的文件或数据丢失等。这些现象有可能是因硬件故障或软件配置不当引起，但多数情况下是计算机病毒引起的，计算机病毒的危害是多方面的，归纳起来，大致可以分成如下几方面。

(1) 破坏硬盘的主引导扇区，使计算机无法启动。

(2) 破坏文件中的数据，删除文件。

(3) 对磁盘或磁盘特定扇区进行格式化，使磁盘中信息丢失。

(4) 产生垃圾文件，占据磁盘空间，使磁盘空间逐个减少。

(5) 占用 CPU 运行时间，使运行效率降低。

(6) 破坏屏幕正常显示，破坏键盘输入程序，干扰用户操作。

(7) 破坏计算机网络中的资源，使网络系统瘫痪。

(8) 破坏系统设置或对系统信息加密，使用户系统紊乱。

9.3.2　计算机病毒的分类

计算机病毒的种类很多，其分类的方法也不尽相同，下面根据不同的分类方法对计算机病毒的种类进行归纳和简要的介绍。

1. 按照计算机病毒存在的媒体进行分类

根据病毒存在的媒体，病毒可以划分为网络病毒、文件病毒、引导型病毒。

2. 按照计算机病毒传染的方法进行分类

根据病毒传染的方法可分为驻留型病毒和非驻留型病毒。

3. 按照计算机病毒破坏的能力进行分类

根据病毒破坏的能力可划分为以下四类。

(1) 无害型病毒。除了传染时减少磁盘的可用空间外，对系统没有其他影响。

(2) 无危险型病毒。这类病毒仅仅是减少内存、显示图像、发出声音。

(3) 危险型病毒。这类病毒在计算机系统操作中会造成严重的错误。

(4) 非常危险型病毒。这类病毒会删除程序、破坏数据、清除系统内存区和操作系统中重要的信息。这些病毒对系统造成的危害，并不是本身的算法中存在危险的调用，而是当它们传染时会引起无法预料的、灾难性的破坏。

4. 按照计算机病毒的链接方式分类

由于计算机病毒本身必须有一个攻击对象以实现对计算机系统的攻击，计算机病毒所攻击的对象是计算机系统可执行的部分。

1) 源码型病毒

该病毒攻击高级语言编写的程序，该病毒在高级语言所编写的程序编译前插入到源程序中，经编译成为合法程序的一部分。

2) 嵌入型病毒

这种病毒是将自身嵌入到现有程序中，把计算机病毒的主体程序与其攻击的对象以插入的方式链接。这种计算机病毒是难以编写的，一旦侵入程序体后也较难消除。如果同时采用多态性病毒技术、超级病毒技术和隐蔽性病毒技术，将给当前的反病毒技术带来严峻的挑战。

3) 外壳型病毒

外壳型病毒将其自身包围在主程序的四周，对原来的程序不做修改。这种病毒最为常见，易于编写，也易于发现，一般测试文件的大小即可知。

4) 操作系统型病毒

这种病毒用它自己的程序意图加入或取代部分操作系统进行工作，具有很大的破坏力，可以导致整个系统瘫痪。圆点病毒和大麻病毒就是典型的操作系统型病毒。

5. 按照计算机病毒特有的算法进行分类

根据病毒特有的算法，病毒可以划分为以下五类。

(1) 伴随型病毒。这一类病毒并不改变文件本身，它们根据算法产生 EXE 文件的伴随体，具有同样的名字和不同的扩展名(COM)，例如：XCOPY.EXE 的伴随体是 XCOPY.COM。病毒把自身写入 COM 文件并不改变 EXE 文件，当 DOS 加载文件时，伴随体优先被执行到，再由伴随体加载执行原来的 EXE 文件。

(2) "蠕虫"型病毒。通过计算机网络传播，不改变文件和资料信息，计算网络地址，将自身的病毒通过网络发送。有时它们在系统存在，一般它们只是占用内存而不占用其他资源。

(3) 寄生型病毒。除了伴随型和"蠕虫"型病毒外，其他病毒均可称为寄生型病毒，它们依附在系统的引导扇区或文件中，通过系统的功能进行传播。

(4) 诡秘型病毒。它们一般不直接修改 DOS 中断和扇区数据，而是通过设备技术和文件缓冲区等 DOS 内部修改，使用比较高级的技术。利用 DOS 空闲的数据区进行工作。

(5) 变型病毒(又称幽灵病毒)。这一类病毒使用一个复杂的算法，使自己传播的每一份病毒都具有不同的内容和长度。

9.3.3 计算机病毒的防治

我们必须了解必要的病毒防治方法和技术手段,尽可能做到防患于未然。

1. 计算机病毒的预防

计算机病毒的预防是指在病毒尚未入侵或刚刚入侵时,就拦截、阻止病毒的入侵或立即报警,目前在预防病毒工具中采用的技术主要有如下几种。

(1) 将大量的消毒/杀毒软件汇集于一体,检查是否存在已知病毒,如在开机时或在执行每一个可执行文件前执行扫描程序。

(2) 检测一些病毒经常要改变的系统信息,如引导区、中断向量表、可用内存空间等,以确定是否存在病毒行为。其缺点是无法准确识别正常程序与病毒程序的行为,常常报警,而频频误报警的结果是使用户失去对病毒的戒心。

(3) 监测写盘操作,对引导区 BR 或主引导区 MBR 的写操作报警。若某个程序对可执行文件进行写操作,就认为该程序可能是病毒,阻止其写操作,并报警。

(4) 对计算机系统中的文件形成一个密码检验码和实现对程序完整性的验证,在程序执行前或定期对程序进行密码校验,如有不匹配现象即报警。

(5) 智能判断型。设计病毒行为过程判定知识库,应用人工智能技术,有效区分正常程序与病毒程序行为,是否误报警取决于知识库选取的合理性。

(6) 智能监察型。设计病毒特征库、病毒行为知识库、受保护程序存取行为知识库等多个知识库及相应的可变推理机。通过调整推理机,能够对付新类型病毒,误报和漏报较少。这是未来预防病毒技术发展的方向。

(7) 安装防毒软件。首次安装时,要对计算机作一次彻底的病毒扫描。每周应至少更新一次病毒定义码或病毒引擎,并定期扫描计算机。防毒软件必须使用正版软件。

2. 计算机病毒的检测

现在几乎所有的杀毒软件都具有在线监测病毒的功能,例如金山网彪的病毒防火墙就能在机器启动时自动加载并动态地监测网络上传输的数据,一旦发现有病毒可疑现象就能马上给出警告和提示信息。

计算机病毒的检测技术是指通过一定的技术手段判定出计算机病毒的一种技术。病毒检测技术主要有两种:一种是根据计算机病毒程序中的关键字、特征程序段内容、病毒特征及传染方式、文件长度的变化,在特征分类的基础上建立的病毒检测技术;另一种是不针对具体病毒程序的自身检验技术,即对某个文件或数据段进行检验和计算并保存其结果,以后定期或不定期地根据保存的结果对该文件或数据段进行检验,若出现差异,即表示该文件或数据段的完整性已遭到破坏,从而检测到病毒的存在。

3. 计算机病毒的清除

一旦检测到计算机病毒,就应该想办法将病毒立即清除,可采取如下治疗方法。

(1) 停止使用机子,用干净启动磁盘启动机子,将所有资料备份;用正版杀毒软件进行杀毒,最好能将杀毒软件升级到最新版。

(2) 如果一个杀毒软件不能杀除,可到网上找一些专业性的杀毒网站下载最新版的其他杀毒软件,进行查杀。

(3) 如果多个杀毒软件均不能杀除,可下载专杀工具或到专门的 BBS 论坛留下贴子,也可将此染毒文件上报杀毒网站,让专业性的网站或杀毒软件公司帮你解决。

(4) 若遇到清除不掉的同种类型的病毒,可到网上下载专杀工具进行杀毒。

(5) 若以上方法均无效,只有格式化磁盘,重装系统。

目前市场上的查杀病毒软件有许多种,可以根据需要选购合适的杀毒软件。下面简要介绍常用的几个查杀毒软件。

1) 金山毒霸

由金山公司设计开发的金山毒霸杀毒软件有多种版本。可查杀超过 2 万种病毒和近百种黑客程序,具备完善的实时监控(病毒防火墙)功能,它能对多种压缩格式文件进行病毒查杀,能进行在线查毒,具有功能强大的定时自动查杀功能。

2) 瑞星杀毒软件

瑞星杀毒软件是专门针对目前流行的网络病毒研制开发的,采用多项最新技术,有效提升了对未知病毒、变种病毒、黑客木马和恶意网页等新型病毒的查杀能力,在降低系统资源消耗、提升查杀毒速度、快速智能升级等多方面进行了改进,是保护计算机系统安全的工具软件。

3) 诺顿防毒软件

诺顿防毒软件(Norton AntiVirus)是 Symantec 公司设计开发的软件,可侦测上万种已知和未知的病毒,每当开机时,诺顿自动防护系统会常驻在 System Tray,当用户从磁盘、网络上或 E-mail 附件中打开文档时便会自动检测文档的安全性,若文档内含有病毒,便会立即警告,并作适当的处理。Symantec 公司平均每周更新一次病毒库,可通过诺顿防毒软件附有的自动更新(LiveUpdate)功能,连接 Symantec 公司的 FTP 服务器下载最新的病毒库,下载完后自动完成安装更新的工作。

4) 卡巴斯基杀毒软件

卡巴斯基 Kaspersky (卡巴斯基)杀毒软件来源于俄罗斯,它具有超强的中心管理和杀毒能力,提供了一个广泛的抗病毒解决方案。它提供了所有类型的抗病毒防护:抗病毒扫描仪、监控器、行为阻段和完全检验。它几乎支持所有的普通操作系统、E-mail 通路和防火墙。Kaspersky 控制所有可能的病毒进入端口,它具有强大的功能和局部灵活性以及网络管理工具为自动信息搜索、中央安装和病毒防护控制提供最大的便利,可以用最少的时间来建构抗病毒分离墙。

5) 江民杀毒软件

江民杀毒软件由江民科技公司设计开发,能够检测或清除目前流行的近 8 万种病毒。具有实时内存、注册表、文件和邮件监视功能,实时监控软硬盘、移动盘等设备,实时监控各种网络活动,遇到病毒即报警并隔离。

由于现在的杀毒软件都具有在线监视功能,一般在操作系统启动后即自动装载并运行,时刻监视打开的磁盘文件、从网络上下载的文件以及收发的邮件等。有时,在一台计算机上同时安装多个杀毒软件后,使用时可能会有冲突,容易导致原有杀毒软件不能正常工作。对用户来说选择一个合适的杀毒软件主要应该考虑以下几个因素。

(1) 能够查杀的病毒种类越多越好。

(2) 对病毒具有免疫功能，即能预防未知病毒。

(3) 具有在线检测和即时查杀病毒的能力。

(4) 能不断对杀毒软件进行升级服务，因为每天都可能有新病毒的产生，所以杀毒软件必须能够对病毒库不断地进行更新。

 ## 9.4　防火墙技术

本节简单介绍了防火墙技术，主要包括概述、防火墙关键技术、防火墙主要类型及防火墙的局限性等相关内容。

9.4.1　防火墙概述

防火墙(Firewall)是设置在被保护的内部网络和外部网络之间的软件和硬件设备的组合，对内部网络和外部网络之间的通信进行控制，通过监测和限制跨越防火墙的数据流，尽可能地对外部屏蔽网络内部的结构、信息和运行情况，用于防止发生不可预测的、潜在破坏性的入侵或攻击，这是一种行之有效的网络安全技术。图 9-1 所示是一个防火墙示意图。

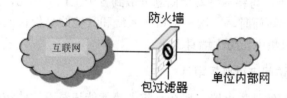

图 9-1　防火墙示意图

防火墙通常是运行在一台计算机上的一个计算机软件，主要保护内部网络的重要信息不被非授权访问、非法窃取或破坏，并记录内部网络和外部网络进行通信的有关安全日志信息，如通信发生的时间、允许通过数据包和被过滤掉的数据包信息等。

当防火墙位于内部网络和外部网络的连接处时，可以保护组织内的局域网络和数据免遭来自外部网络的非法访问或恶意攻击。例如一台 WWW 代理服务器防火墙，它不是直接处理请求，而是验证请求发出者的身份、请求的目的地和请求的内容，如果一切符合要求的话，这个请求会被批准送到真正的 WWW 服务器上。当真正的 WWW 服务器处理完这个请求后并不直接把结果发送给请求者，而是把结果送到代理服务器，代理服务器会按照事先的规则检查这个结果是否违反了安全策略，当一切都验证通过后，返回结果才会真正地送到请求者的手里。

企业在把公司的局域网(Intranet)接入 Internet 时，肯定不希望让全世界的人随意翻阅公司内部的工资单、个人资料或客户数据库。即使在公司内部，同样也存在这种数据非法存取的可能性，例如一些对公司不满的员工可能会修改工资表或财务报告。而在设置了防火墙以后，就可以对网络数据的流动实现有效的管理：允许公司内部员工使用电子邮件、进行 Web 浏览以及文件传输等服务，但不允许外界随意访问公司内部的计算机，同样还可以限制公司中不同部门相互之间的访问。在企业里防火墙并不是对每台主机系统进行保护，而是让所有对系统的访问通过某一点，并且保护着这一点，同时尽可能地对外界屏蔽，保护企业网络的信息和结构。新一代的防火墙还可以阻止网络内部人员将敏感数据向外传输，限制访问外部网络的一些危险站点。

9.4.2　防火墙的作用

1. 防火墙是网络安全的屏障

一个防火墙(作为阻塞点、控制点)能极大地提高一个内部网络的安全性，并通过过滤不安全的服务而降低风险。由于只有经过精心选择的应用协议才能通过防火墙，所以网络环境变得更安全。如防火墙可以禁止不安全的 NFS 协议进出受保护网络，这样外部的攻击者就不可能利用这些脆弱的协议来攻击内部网络。防火墙同时可以保护网络免受基于路由的攻击，如 IP 选项中的源路由攻击和 ICMP 重定向中的重定向路径。防火墙可以拒绝以上类型攻击的报文并通知网络管理员。

2. 防火墙可以强化网络安全策略

通过以防火墙为中心的安全方案配置，能将所有安全软件(如口令、加密、身份认证、审计等)配置在防火墙上。与将网络安全问题分散到各个主机上相比，防火墙的集中安全管理更经济。例如在网络访问时，一次一密口令系统和其他的身份认证系统完全可以不必分散在各个主机上，而只集中在防火墙身上。

3. 对网络存取和访问进行监控审计

如果所有的访问都经过防火墙，那么，防火墙就能记录下这些访问并做出日志记录，同时也能提供网络使用情况的统计数据。当发生可疑动作时，防火墙能进行适当报警，并提供网络是否受到监测和攻击的详细信息。另外，收集一个网络的使用和误用情况也是非常重要的，理由是可以清楚防火墙是否能够抵挡攻击者的探测和攻击，并且清楚防火墙的控制是否充足。而网络使用统计对网络需求分析和威胁分析等而言也是非常重要的。

9.4.3　防火墙的关键技术

安全、管理、速度是防火墙的三大要素，数据包过滤和代理服务是其主要功能，防火墙要真正实现防病毒、防黑客、防入侵，必须做好以下关键技术。

1. 数据包过滤技术

分组过滤或包过滤，是一种通用、廉价、有效的安全手段。它在网络层和传输层起作用。它根据分组包的源、宿地址，端口号及协议类型、标志确定是否允许分组包通过。所根据的信息来源于 IP 、TCP 或 UDP 包头。

包过滤的优点是它对于用户来说是透明的，处理速度快且易于维护，通常作为第一道防线。但是包过滤路由器通常没有用户的使用记录，这样我们就不能得到入侵者的攻击记录。而攻破一个单纯的包过滤式防火墙对黑客来说还是有办法的。"IP 地址欺骗"是黑客比较常用的一种攻击手段。为了提高网络的安全性，于是发展了安全性更高的防火墙技术——代理技术。

2. 代理技术

代理服务技术是防火墙技术中使用得较多的技术，也是安全性能较高的技术。代理服务软件运行在一台主机上构成代理服务器，负责截获客户的请求，并且根据它的安全规则来决定这个请求是否允许。如果允许的话，这个请求才传给真正的防火墙。代理服务器是外部可以见到的唯一实体，它对内部的用户是透明的。并且它可以应用协议特定的访问规则，执行基于用户身份和报文分组内容的访问控制。

这种防火墙能完全控制网络信息的交换，控制会话过程，具有灵活性和安全性。但可能影响网络的性能，对用户不透明，且对每一个服务器都要设计一个代理模块，建立对应的网关层，实现起来比较复杂。

3. 状态监测技术

状态监测技术是一种在网络层实现防火墙功能的技术，它使用了一个在网关上执行网络安全策略的软件模块，称为监测引擎。监测引擎在不影响网络正常运行的前提下，采用抽取有关数据的方法对网络通信的各层实施检测，抽取状态信息，并动态地保存起来作为以后执行安全策略的参考。监测引擎支持多种协议和应用程序，并可以很容易地实现应用和服务的扩充。与前面两种防火墙技术不同，当用户访问请求到达网关的操作系统前，状态监视器要抽取有关数据进行分析，结合网络配置和安全规定做出接纳、拒绝、身份认证、报警或给该通信加密等处理动作。

4. VPN 技术

VPN 技术即虚拟专用网，是通过一些公共网络(如互联网)实现的具有授权检查和加密技术的通信方式。VPN 可以帮助远程用户、公司分支机构、商业伙伴及供应商同公司的内部网建立可信的安全链接，并保证数据的安全传输。基于 Internet 建立的 VPN，可以保护网络免受病毒感染、防止欺骗、防止商业间谍、增强访问控制、增强系统管理、加强认证等。VPN 功能中认证和加密是最重要的。基于防火墙的 VPN 为了保证安全性，在 VPN 协议中通常采用 IP See，加强对通信双方身份的认证，保证数据在数据加密、数据传输过程中的完整性。

5. 地址翻译(NAT)技术

NAT 技术就是将一个 IP 地址用另一个 IP 地址代替。地址翻译主要用于网络管理员希望隐藏内部网络的 IP 地址和内部网络的 IP 地址是无效的 IP 地址。在这种内部网对外面是不可见的情况下，Internet 可能访问内部网，而内部网内主机之间可以互相访问，地址翻译技术提供一种透明的完善的解决方案解决这些问题。网络管理员可以决定哪些内部的 IP 地址需要隐藏，哪些地址需要映射成为一个对 Internet 可见的 IP 地址。地址翻译可以实现一种"单向路由",这样就不存在从 Internet 到内部网的或主机的路由。

6. SOCKS 技术

SOCKS 主要由一个运行于防火墙系统商的代理服务器软件包和一个连接到各种网络应用程序的库文件包组成。SOCKS 是一个电路层网关的标准,遵循 SOCKS 协议,对应用层也不需要作任何改变,它需要给出客户端的程序。如果一个基于 TCP 的应用要通过 SOCKS 代理进行中继,必须首先将客户程序 SOCKS 化。这样的结构使得用户能根据自己的需要定制代理软件,从而有利于增添新的应用。

9.4.4 防火墙的基本类型

防火墙形式多样。有以软件形式运行在普通计算机上的,也有以固件形式设计在路由器之中的。但总体来讲可分为包过滤防火墙、代理型防火墙和监测型防火墙 3 类。

1. 包过滤型

包过滤型产品是防火墙的初级产品,其技术依据是网络中的包传输技术。网络上的数据都是以"包"为单位进行传输的,数据被分割为一定大小的数据包,每一个数据包中都会包含一些特定信息,如数据的源地址、目标地址、TCP/UDP 源端口和目标端口等。只有满足过滤逻辑的数据包才被转发到相应的目的地出口端,其余数据包则被从数据流中丢弃。包过滤技术有"静态包过滤"和"动态包过滤"两种。包过滤技术的优点是简单实用,实现成本较低,在应用环境比较简单的情况下,能够以较小的代价在一定程度上保证系统的安全。但包过滤技术的缺陷也是明显的。包过滤技术是一种完全基于网络层的安全技术。只能根据数据包的来源、目标和端口等网络信息进行判断,无法识别基于应用层的恶意侵入,如恶意的 Java 小程序以及电子邮件中附带的病毒。有经验的黑客很容易伪造 IP 地址,骗过包过滤型防火墙。此外,配置烦琐也是包过滤防火墙的一个缺点。

2. 代理型

代理型防火墙也可以称为代理服务器,它的安全性要高于包过滤型产品,并已经开始向应用层发展。代理服务器位于客户机与服务器之间,完全阻挡了二者间的数据交流。从客户机来看,代理服务器相当于一台真正的服务器;而从服务器来看,代理服务器又是一台真正的客户机。当客户机需要使用服务器上的数据时,首先将数据请求发给代理服务器,代理服务器再根据这一请求向服务器索取数据,然后再由代理服务器将数据传输给客户机。由于外部系统与内部服务器之间没有直接的数据通道,外部的恶意侵害也就很难伤害到企业内部网络系统。代理型防火墙技术分为应用网关型代理防火墙和自适应代理防火墙。代理型防火墙的优点是安全性较高,可以针对应用层进行监测和扫描,对付基于应用层的侵入和病毒都十分有效;代理防火墙的最大缺点就是速度相对比较慢,当用户对内外部网络网关的吞吐量要求比较高时,代理防火墙就会成为内外部网络之间的瓶颈。因为防火墙需要为不同的网络服务建立专门的代理服务,所以给系统性能带来了一些负面影响,但通常不会很明显。

3. 监测型

监测型防火墙能够对各层的数据进行主动的、实时的监测,在对这些数据加以分析的基础上,监测型防火墙能够有效地判断出各层中的非法侵入。同时监测型防火墙一般还带有分布式探测器,这些探测器安置在各种应用服务器和其他网络的节点之中,不仅能够检测来自网络外部的攻击,同时对来自内部的恶意破坏也有极强的防范作用。因此,监测型防火墙在安全性上超越了前两代产品。目前在某些方面也已经开始使用监测型防火墙,但由于监测型防火墙技术的成本较高,基于对系统成本与安全技术成本的综合考虑,目前防火墙产品仍以自适应代理型产品为主。

9.4.5　防火墙的局限性

防火墙是网络安全技术中非常重要的一个因素,但不等于装了防火墙就可以保证系统百分之百的安全,从此高枕无忧,防火墙仍存在许多的局限性。

1. 防火墙防外不防内

防火墙一般只能对外屏蔽内部网络的拓扑结构,封锁外部网上的用户连接内部网上的重要站点或某些端口,对内也可屏蔽外部的一些危险站点,但是防火墙很难解决内部网络人员的安全问题,例如,内部网络管理人员蓄意破坏网络的物理设备,将内部网络的敏感数据复制到软盘等,防火墙将无能为力。据统计,网络上的安全攻击事件有 70%以上来自网络内部人员的攻击。

2. 不能防御不经过防火墙的攻击和威胁

防火墙不能防范不经过防火墙的攻击。比如内部专用网的用户通过调制解调器拨号上网,则"坏家伙"就可经由这一途径绕过防火墙而侵入。还有更可怕的就是来自内部专用网用户的攻击。

3. 防火墙难于管理和配置,容易造成安全漏洞

由于防火墙的管理和配置相当复杂,对防火墙管理人员的要求比较高,除非管理人员对系统的各个设备(如路由器、代理服务器、网关等)都有相当深刻的了解,否则在管理上有所疏忽是在所难免的。

4. 网络应用受到结构性限制

随着虚拟专用网(VPN)的普及,物理的边界日趋模糊,传统防火墙依赖于物理的拓扑结构,影响了防火墙在 VPN 的应用。

9.5　回到工作场景

通过前面内容的学习,读者应该已经掌握了计算机安全和系统维护的相关知识。下面回到 9.1 节的工作场景中进行防火墙的设置工作。

【工作过程】

1) 查看、开启或禁用系统防火墙

打开命令提示符输入命令"netsh firewall show state"然后按下 Enter 键可查看防火墙的状态，从显示结果中可看到防火墙各功能模块的禁用及启用情况，如图 9-2 所示。命令"netsh firewall set opmode disable"用来禁用系统防火墙，相反命令"netsh firewall set opmode enable"可启用防火墙。

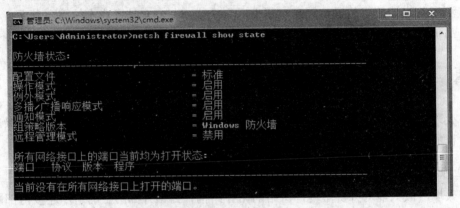

图 9-2　查看防火墙的状态

2) 允许文件和打印共享

文件和打印共享在局域网中常用，如果要允许客户端访问本机的共享文件或打印机，可分别输入并执行如下命令。

(1)　netsh firewall add portopening UDP 137 Netbios-ns
(允许客户端访问服务器 UDP 协议的 137 端口)。

(2)　netsh firewall add portopening UDP 138 Netbios-dgm
(允许访问 UDP 协议的 138 端口)。

(3)　netsh firewall add portopening TCP 139 Netbios-ssn
(允许访问 TCP 协议的 139 端口)。

(4)　netsh firewall add portopening TCP 445 Netbios-ds
(允许访问 TCP 协议的 445 端口)。

命令执行完毕后，文件及打印共享所需的端口都被防火墙放行了。

3) 允许 ICMP 回显

默认情况下，Windows 7 出于安全考虑是不允许外部主机对其进行 Ping 测试的。但在一个安全的局域网环境中，Ping 测试又是管理员进行网络测试所必需的，如何允许 Windows 7 的 Ping 测试回显呢？

当然，通过系统防火墙控制台可在【入站规则】列表框中将"文件和打印机共享(回显请求–ICMPv4-In)"规则设置为允许即可(如果网络使用了 IPv6，则同时要允许 ICMPv6-In 的规则)，如图 9-3 所示。在命令行下通过 netsh 命令可快速实现。执行命令"netsh firewall set icmpsetting 8 enable"可开启 ICMP 回显，反之执行"netsh firewall set icmpsetting 8 disable"可关闭回显。

图 9-3　查看防火墙控制台中的入站规则

 9.6　工作实训营

1. 训练内容

为了保证计算机的安全，启用瑞星病毒实时监控功能。

(1) 选中启用智能监控，并选中发送邮件时扫描、接收邮件时扫描、打开邮件时查杀的功能。

(2) 在监控中心启动的同时，还可以分别对文件监控、邮件监控进行设置。

2. 训练目的

(1) 掌握瑞星病毒实时监控功能的使用方法。

(2) 回顾网络安全、计算机病毒的基本知识。

 本章习题

一、选择题

(1) 下列关于计算机病毒的 4 条叙述中，有错误的一条是_____。

　　A. 计算机病毒是一个标记或一个命令

　　B. 计算机病毒是人为制造的一种程序

C. 计算机病毒是一种通过磁盘、网络等媒介传播、扩散，并能传染其他程序的程序

D. 计算机病毒是能够实现自身复制，并借助一定的媒体存储，具有潜伏性、传染性和破坏性的程序

(2) 计算机病毒是一种_____。

A. 特殊的计算机部件   B. 游戏软件

C. 人为编制的特殊程序   D. 能传染的生物病毒

(3) 下列叙述中，_____是正确的。

A. 反病毒软件通常滞后于计算机新病毒的出现

B. 反病毒软件总是超前于病毒的出现，它可以查杀任何种类的病毒

C. 感染过计算机病毒的计算机具有对该病毒的免疫性

D. 计算机病毒会危害计算机用户的健康

(4) 下列选项中，不属于计算机病毒特征的是_____。

A. 破坏性   B. 潜伏性   C. 传染性   D. 免疫性

(5) 计算机病毒主要造成_____。

A. 磁盘片的损坏   B. 磁盘驱动器的损坏

C. CPU 的破坏   D. 程序和数据的破坏

二、填空题

(1) 病毒根据其寄生方式和传染对象可分为引导型病毒、_____、混合型病毒及宏病毒。

(2) 宏病毒是一种寄生于_____或_____中的计算机病毒。

(3) 防火墙(Firewall)是设置在被保护的_____和_____之间的软件和硬件设备的组合。

(4) 按照防火墙实现技术的不同可以将防火墙分为包过滤型防火墙、_____、和_____。

三、简答题

(1) 计算机病毒都有哪些特点？

(2) 预防计算机病毒要做哪些方面的工作？

(3) 计算机病毒的传播途径有哪几种？

第 10 章

常用工具软件

 本章要点

- 网上聊天软件 QQ
- 压缩和解压缩软件 WinRAR
- 数据恢复工具 EasyRecovery
- 瑞星杀毒软件

 技能目标

- 各种常用工具软件的使用方法

10.1 工作场景导入

【工作场景】下载并安装"金山词霸"软件

在日常工作和学习中，经常需要查阅英语单词，这时就要用到 "金山词霸" 软件。金山词霸是由金山公司推出的一款词典类软件。在 Windows 7 操作系统中如何使用多特下载工具下载并安装金山词霸软件？

【引导问题】

(1) 你使用迅雷作为工具下载所需要的软件吗？
(2) 你知道如何使用软件金山词霸吗？
(3) 你会使用哪些常用的工具软件？

10.2 网上聊天软件 QQ

10.2.1 QQ 简介

网络即时聊天工具软件 QQ(QQ2010)是在 Windows 9x /Windows 2000 /Windows ME Windows XP/Windows 2003/Windows Vista/Windows 7 运行平台上应用的免费软件，QQ 2011 软件可到官方网站 http://www.qq.com/下载。

1. QQ 概述

QQ 是目前用户最多、人气最旺的一款即时聊天工具,由腾讯计算机系统有限公司开发,支持在线聊天、视频电话、点对点断点续传文件、共享文件、网络硬盘、自定义面板和 QQ 邮箱等多种功能，并可与移动通信终端等多种通信方式相连。

2. QQ 的主要功能

腾讯 QQ 支持显示朋友在线信息、即时传送信息、即时交谈、即时发送文件和网址。运行腾讯 QQ 后，腾讯 QQ 会自动检查是否已联网，如果你的计算机已连入互联网，就可以搜索网友、显示在线网友，可以根据腾讯 QQ 号、姓名、E-mail 地址等关键词来检索，找到后可加入到通讯录中。当你的通讯录中的网友在线时， 腾讯 QQ 中朋友的头像就会显示 online， 根据提示就可以发送信息，如果对方开通了手机短消息，即使离线了，你的信息也可"贴身追踪"，朋友们如同虚拟在线。腾讯 QQ 支持多用户设置、漫游功能。

10.2.2 QQ 的使用

腾讯 QQ 是由深圳腾讯计算机系统有限公司开发的一款基于互联网的即时通信(IM)软

件。该软件的主要功能是信息即时发送和接收、与好友进行交流、语音视频聊天等。

1. 安装 QQ

QQ 的安装非常容易，在桌面上双击已经下载的 QQ 安装文件，解压后就可以安装了，只需要按照提示操作即可。

2. 申请 QQ 号码

(1) 在如图 10-1(a)所示的 QQ 启动窗口中单击【注册帐号】按钮，即可打开 QQ 号码申请页面。单击【申请免费 QQ 号码】按钮，然后单击【下一步】按钮，打开【免费号码申请】页面。此时用户可以选择网站上申请、电话申请和手机指令申请三种方式之一。这里选择网站上申请，并单击【下一步】按钮，按提示步骤填入相关资料进行注册，如图 10-1(b)所示。

(a)

(b)

图 10-1　申请 QQ 号码

(2) 出现申请号码成功的对话框(记住所获得的 QQ 号码)时会提示立即申请密码保护。密码保护功能可以保障 QQ 号码更安全，如果密码发生问题，能帮你方便快捷地取回、重设密码。同一个 QQ 号码，每天(24 小时内)可以使用该功能两次。申请了密码保护后请牢记密码保护资料。

3. 使用 QQ 聊天

1) 登录 QQ

在图 10-1(a)所示的【QQ 用户登录】窗口中，在【QQ 号码】和【QQ 密码】文本框中分别输入 QQ 号码和密码，单击【登录】按钮后出现登录状态显示对话框，一段时间后即登录成功，如图 10-2 所示。

2) 查找和添加好友

第一次使用 QQ 新号码登录时，好友名单是空的，如果要和其他人联系，必须要添加好友。在 QQ 面板中单击下面的【查找】按钮，弹出【查找】对话框，如图 10-3 所示。输入对方的 QQ 号，或者根据对方的昵称即可搜索。待对方通过请求验证后两人就可以互发消息了。除此之外，还可以利用【高级查找】寻找好友。

图 10-2　QQ 登录状态

图 10-3　QQ 查找对话框

3) 收发消息

(1) 发送消息。

使 QQ 处于在线状态，然后打开 QQ 面板，双击好友的头像或者在好友的头像上右击，从弹出的快捷菜单中选择【发送即时消息】命令，弹出如图 10-4 所示的聊天窗口，在这个窗口的右下部分中可以输入文字和选择表情填入。输入文字以后，单击【发送】按钮即可将消息发送出去。

(2) 接受和回复消息。

好友向你发送消息后，如果你的 QQ 是在线的，可即时收到，如果当时不在线，那么以后只要 QQ 上线马上会收到消息，回复时输入文字，然后单击【发送】按钮即可。另外单击对话框中的头像可查看对方资料。单击【消息模式】按钮则变为消息模式，再单击相同位置的【聊天模式】按钮则回到聊天模式。选择【聊天模式】有利于观察整个对话过程。

图 10-4　QQ 收发信息窗口

4) 传送文件

可以和好友之间传递任何格式的文件，如图片、文档、歌曲等，而且传送文件已经实现断点续传，传大文件再也不用担心中途断开了。

右击在线好友的头像，在弹出的快捷菜单中选择【更多】|【发送文件】命令；也可以双击要传送文件的好友的头像，打开聊天对话窗口，单击【传送文件】按钮传送文件。

根据 QQ 的提示，在弹出的【打开】对话框中选择计算机上需要传送的文件，单击【打开】按钮。聊天窗口会出现等待对方接收许可的提示。

5) 超级语音和视频聊天

在 QQ 窗口的工具栏里单击影音交谈按钮，图标为摄像头和话筒，可以打开下拉菜单。

如果计算机配有声卡、麦克风和耳机或音箱，就可以选择超级语音(两人对话)或者多人超级语音，进行语音聊天。如果单击【开始语音会话】按钮，对方会看到如图 10-5 所示的窗口，他可以选择接受或拒绝。选择接受后双方可以开始语音交谈，同时也可以进行文字交流等操作。

图 10-5　语音聊天窗口

如果还希望能让别人看到你的视频，则用户的计算机上就必须安装一个摄像头。在与好友聊天的 QQ 窗口上面的工具栏里单击【视频】按钮，然后在下拉菜单中选择【超级视频】命令，对方会看到如图 10-6 所示的窗口，选择接受后，就可以开始视频语音交谈，同时也可以进行文字交流等。

图 10-6　视频聊天窗口

10.3　压缩和解压缩软件 WinRAR

本节介绍汉化版压缩和解压缩软件 WinRAR，这是在 Windows 98/Me/2000/XP/2003/Vista/7 平台应用的商业软件，由 http://www.winrar.com.cn 发布。

10.3.1　软件简介

1. 概述

压缩和解压缩软件是计算机使用中经常用到的，这方面的工具很多，WinRAR 是其中应用最广泛的一个。它操作简单，压缩运行速度快，几乎支持目前所有常见的压缩文件格式。用户可以在 http://www.winrar.com.cn 网站上下载此软件的最新版本。

2. WinRAR 的主要功能

WinRAR 支持鼠标拖放及外壳扩展；完美支持 ZIP 2.0 档案；内置程序可以解开 CAB、ARJ、LZH、TAR、GZ、ACE、UUE、BZ2、JAR、ISO、Z 和 7Z 等多种类型的档案文件、镜像文件和 TAR 组合型文件；具有历史记录和收藏夹功能；新的压缩和加密算法，压缩率进一步提高，而资源占用相对较少，并可针对不同的需要保存不同的压缩配置；固定压缩和多卷自释放压缩以及针对文本类、多媒体类和 PE 类文件的优化算法是大多数压缩工具所不具备的；使用非常简单方便，配置选项也不多，仅在资源管理器中就可以完成你想做的工作；对于 ZIP 和 RAR 的自释放档案文件(DOS 和 WINDOWS 格式均可)，通过属性就可以知道此文件的压缩属性，如果有注释，还能在属性中查看其内容；对于 RAR 格式(含自释放)档案文件提供了独有的恢复记录和恢复卷功能，使数据安全得到更充分的保障。

10.3.2 WinRAR 的使用

1. WinRAR 的下载

在网址 http://www.winrar.com.cn 的软件下载页面中找到"wrar371sc.exe 汉化版"并打开该页，单击【立即下载】链接，此时 IE 浏览器将弹出一个对话框，如图 10-7 所示。

图 10-7 文件下载对话框

下载完成后，会弹出【另存为】对话框，单击【保存】按钮可以将 WinRAR 保存到本机。

2. WinRAR 的安装

双击下载的 wrar371sc.exe 文件，这时可能会弹出一个安全警告对话框。

单击【运行】按钮，接着会要求选择安装程序的"目标文件夹"，即通常所说的"安装目录"，默认为"C:\Program Files\WinRAR"，单击【安装】按钮即可开始安装。安装结束后会弹出如图 10-8 所示的配置对话框。

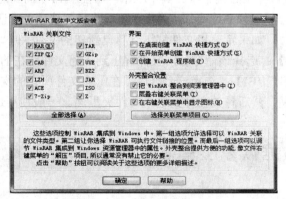

图 10-8 WinRAR 配置对话框

建议选中【WinRAR 关联类型】中的全部复选框以及【层叠右键关联菜单】复选框以方便使用。最后单击【确定】按钮即可完成安装过程。

3. 用 WinRAR 压缩文件或文件夹

WinRAR 的一个重要的用途就是压缩文件。为什么要压缩文件呢？主要有以下几点原因。

(1) 用 WinRAR 压缩文件可以缩小文件大小。当需要在一个较小的磁盘空间储存文件时(如一张软盘只能容纳 1.38 MB 大小的文件)，就要用 WinRAR 来压缩文件。

(2) 用 WinRAR 可以将多个文件或文件夹压缩成一个压缩文件。比如，将多个文件通过 QQ 等联络工具传送给您的好友时，或者将多个文件邮寄给朋友时，就需要用 WinRAR 将这些文件压缩成一个文件。这样，不仅可以减小文件的大小，传送的成功率也较高。

下面介绍如何应用 WinRAR 压缩文件。

选择要压缩的文件或文件夹，或者框选要压缩的多个文件或文件夹，或者按住键盘上的 Ctrl 键(键盘的左下角)分别单击要压缩的多个文件和文件夹，选中后右击弹出快捷菜单，如图 10-9 所示。

图 10-9　压缩菜单

- 【添加到档案文件(A)…】命令：选择该命令后，弹出【档案文件名字和参数】对话框。在其中可以设置压缩文件的名称和文件类型(RAR 或 ZIP)等参数。设置结束后，单击【确定】按钮开始压缩。
- 【添加到"文件名.rar"(T) 】命令：选择该命令后，WinRAR 会自动将选择的文件压缩成一个压缩文件保存在当前文件夹里。如果选择的是单个文件或文件夹，压缩后的压缩文件的名称与该文件或文件夹的名称相同。

4. 用 WinRAR 解压缩

(1) 如果无法判断文件是否是压缩文件，可以右击该文件。如果是压缩文件，则出现上边的菜单；如果不是，则出现下边的菜单。

(2) 右击压缩文件，弹出右键菜单。其中三个"解压"命令的功能如下。

【解压文件(A)…】：选择该命令后，弹出【解压路径与选项】对话框。设置后单击【确定】按钮开始解压文件。如果希望将文件解压到自己新建的文件夹中，就选择这种方式。

【解压到这里(X)】：选择该命令后，文件解压到压缩文件所在的文件夹。

【解压到"文件名"\(E)】：选择该命令后，在压缩文件所在的文件夹里新建一个和压缩文件名相同的文件夹，然后释放文件到这个文件夹里面。一般使用这种方式解压文件。

10.4　数据恢复工具 EasyRecovery

本节介绍数据恢复工具 EasyRecovery 6.1，EasyRecovery 是世界著名数据恢复公司 Ontrack 的技术杰作。它具有磁盘诊断、数据恢复、文件修复、E-mail 修复四大类目 19 个项目的各种数据文件修复和磁盘诊断方案，是一个威力非常强大的磁盘数据恢复工具，由 http://www.ontrack.com/发布。

10.4.1　软件介绍

EasyRecovery 包括磁盘诊断、数据恢复、文件修复、E-mail 修复等诸多数据恢复功能，能够帮你恢复丢失的数据以及重建文件系统，EasyRecovery 不会向你的原始驱动器写入任何东西，它主要是在内存中重建文件分区表使数据能够安全地传输到其他驱动器中。你可以从被病毒破坏或是已经格式化的硬盘中恢复数据。该软件可以恢复大于 8.4 GB 的硬盘，支持长文件名。如被破坏的硬盘中丢失的引导记录、BIOS 参数数据块、分区表、FAT 表、引导区等都可以由它来进行恢复。

💡 **注意：** 安装该软件时要注意：如果你需要找回 C 盘上误删的文件，则最好不要将 EasyRecovery 安装到 C 盘，否则会影响 C 盘的文件系统，对数据恢复不利。

10.4.2　EasyRecovery 的使用方法

安装好程序及相应汉化包后，运行程序，单击主界面上的 Properties 按钮，在弹出的窗口中选中【简体中文】复选框，确定后重新启动程序，就会显示中文简界面了，如图 10-10 所示。

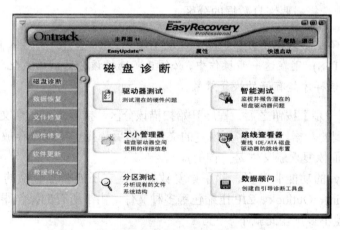

图 10-10　程序主界面

1. 恢复已删除的文件

(1) 启动 EasyRecovery 之后，单击【数据修复】按钮，再单击右窗格中的 Deleted Recovery(查找并恢复已删除的文件)按钮。

(2) 经过短暂的扫描之后，程序要求选择一个分区来恢复已删除的文件，首先选中误删文件所在的那个分区，然后可以在右边的"文件类型"文本框中输入要恢复的文件的文件名及类型(程序默认是查找所有被删除的文件，一般用默认值即可)。注意，如果被删除的文件已经有很长时间了，则建议选中【完全扫描】复选框，这样成功的概率要大一些。

(3) 单击【下一步】按钮后，程序开始扫描该分区，最后弹出一个文件列表窗口。该窗口跟我们平常使用的【资源管理器】差不多。在该列表中查找需要恢复的文件，并在需要恢复的文件前的选择框中打上"√"。

提示：那些已删除的文件被 EasyRecovery 找到后，在文件列表中的文件名跟原来的可能有区别。因此在查找需要恢复的文件时要有一定的耐心，可根据文件名及文件类型来判断其是否是自己需要恢复的文件。另外，选中某个文件后，我们还可以单击【查看文件】按钮来查看所选文件里面的内容，这一点对于查找文本文件非常有用。

(4) 选择需要恢复的文件后，单击【下一步】按钮，程序要求选择一个用来存放恢复文件的目录。注意，为了恢复的安全，建议将恢复数据存放到其他分区中(比如需要恢复的文件在 D 盘，则可将 EasyRecovery 找到的文件保存到 E 盘)。单击【恢复到本地驱动器】右侧的【浏览】按钮，在弹出的窗口中选择目标目录即可。

(5) 单击【下一步】按钮，程序就会将选定的文件恢复到设定的文件夹中。最后，EasyRecovery 还会生成一个"恢复报告"，如有需要还可将它打印或保存。

2. 恢复误格式化的数据

有时候由于某些误操作，我们还可能会将某个分区给格式化了！对于这种情况，也可以通过 EasyRecovery 来解决。

(1) 启动程序后，单击【数据恢复】按钮，再单击右窗格中的 Format Recovery 按钮，此时程序要求用户选择需要恢复数据的分区。

提示：如果不仅格式化了分区，而且改变了该分区格式的话(比如从 FAT32 格式变成了 NTFS)，则在这一步操作中，必须正确选择该分区被格式化之前的分区格式，只有这样才能有好的恢复效果。

(2) 单击【下一步】按钮之后，程序开始扫描该分区，接着弹出一个文件列表窗口，里面显示了所有找到的数据。选择需要恢复的文件，然后选择一个用来存放数据的目录就行了(具体操作跟前面恢复误删文件是一样的)。

EasyRecovery 的功能非常多，除了修复数据外，它还能修复破损的 Word、Excel、Access、PowerPoint、Outlook、ZIP 压缩包等多种文件。由于所有的操作跟前面我们提到的这两种修复方式差不多，在此就不多说了。

10.5 瑞星杀毒软件 2010 版

本节介绍瑞星杀毒软件 2010 版，它是在 Windows 9x/NT/2000/XP/2003/Vista/7 平台应用的国产商业杀毒软件。

10.5.1 软件介绍

瑞星杀毒软件 2010 版，是一款基于瑞星"云安全"系统设计的新一代杀毒软件。其"整体防御系统"可将所有互联网威胁拦截在用户计算机以外。深度应用"云安全"的全新木马引擎、"木马行为分析"和"启发式扫描"等技术保证将病毒彻底拦截和查杀。再结合"云安全"系统的自动分析处理病毒流程，能在第一时间极速将未知病毒的解决方案实时提供给用户。

10.5.2 瑞星杀毒软件的使用

1. 瑞星 2010 的界面

如图 10-11 所示，瑞星 2010 的主界面分为首页、杀毒、防御、工具、安检六大功能区域。瑞星 2010 在首页左上角醒目位置新增安全提示图标，并且给出了相关的安全漏洞提示。用户只需要单击各问题前面的【修复】按钮，就可以轻松修复这些威胁到系统安全的漏洞或不安全设置。

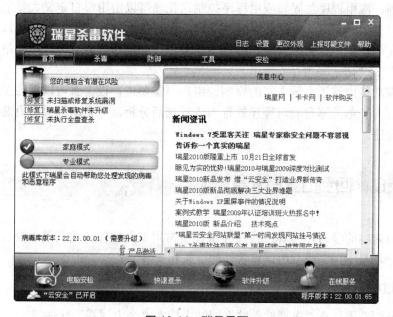

图 10-11 瑞星界面

2. 病毒查杀

在系统【开始】菜单中选择【瑞星杀毒软件】命令，或者双击 Windows 桌面任务栏右端的瑞星"小雨伞"图标。在弹出的系统窗口中，选择【杀毒】选项卡，选定计划杀病毒的目录或文件，单击【开始查毒】按钮，瑞星软件便开始扫描。如果在扫描过程中发现磁盘有病毒，程序会直接将病毒清除。扫描结束后，程序会弹出【杀毒结束】对话框，给出"扫描总文件数、扫描总病毒数、扫描总用时"等信息。

3. 病毒监测

病毒监测功能是瑞星杀毒软件 2010 安装到系统后自动设置的，即在 Windows 任务栏中出现一个"小雨伞"图标，此时说明系统处于病毒监测状态。如果用户使用软盘复制有毒文件、收发有毒电子邮件或在局域网内访问有毒主机时，监测程序会立刻将文件病毒清除或给出警告框要求用户处理，并在最后给出清除结果。如果不能清除染毒文件，也会给出一个提示框，同时禁止对该文件进行存取或复制等操作。

瑞星默认自动启用病毒监控功能，如想禁止，可在图 10-11 所示的界面中单击【设置】按钮，在弹出的瑞星设置对话框中单击【电脑防护】按钮进行监控设置。

瑞星 2010 版的监控功能也是这几年的版本中变化最大的，将以前的八大监控优化整合成现在的"文件监控"、"邮件监控"和"网页监控"三大监控。在监控的设置项目中，增加了两项新的设置：智能监控和强杀文件。智能监控允许只在文件创建或修改时进行监控，极大地增强了监控的效率，减小了资源占用。

4. 主动防御

主动防御应该是瑞星 2010 的最大亮点，包含"系统加固"、"应用程序加固"、"应用程序控制"、"木马行为防御"和"自我保护"等几大功能。

系统加固、应用程序加固和应用程序控制这几项可以由用户自定义大量的规则，非常方便高级用户使用。而对于一些新爆发的病毒，通过简单的规则设置，也可以快速将其阻止。比如，在应用程序保护中，用户可以指定要保护的程序，并且可以指定规则，如"防止注入 DLL"、"防止写内存"等。

系统防御功能内置了大量丰富的规则，用户不需要进行设置就可以拦截掉大部分的威胁。而恶意行为检测能够自动对程序的行为进行判断分析，并自动隔离带有恶意性质的病毒、木马等程序。

10.6　回到工作场景

通过前面内容的学习，读者应该已经掌握了常用工具软件的相关基本操作。下面回到 10.1 节的工作场景中，完成金山词霸软件的下载和安装。

【工作过程】"金山词霸"软件下载和安装的工作步骤

(1) 打开浏览器，在"多特软件站"网站中搜索"金山词霸"软件。

(2) 找到"金山词霸 V2011.04.06.022 正式版"，并打开此网页。

(3) 在页面中找到下载地址，如图 10-12 所示。单击【迅雷高速下载点】超链接，弹出新建任务的对话框，如图 10-13 所示。

(4) 选择合适的存储目录，此处为 E：\TDDOWNLOAD\，单击【立即下载】按钮开始下载软件。

(5) 下载完毕后，到所在目录寻找压缩文件 powerwordpe.zip 并打开，如图 10-14 所示。

图 10-12 下载地址

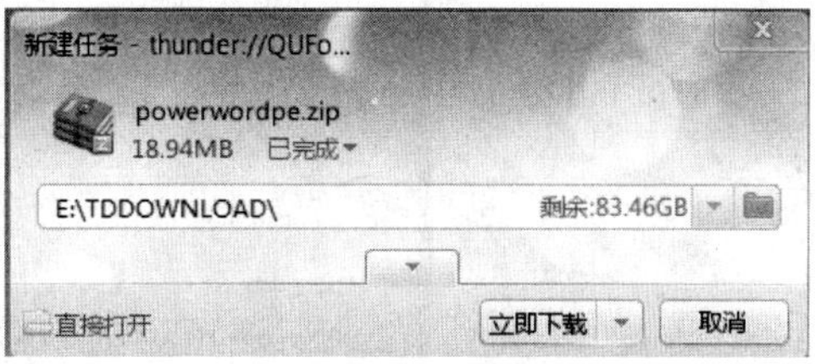

图 10-13 选择存储目录

图 10-14 压缩文件窗口

(6) 双击"PowerWord2011.50005.6002.EXE"进行安装,如图 10-15 所示。

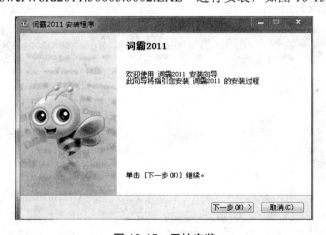

图 10-15 开始安装

(7) 单击【下一步】按钮,进入【授权协议】对话框,选中【我接受】单选按钮,进入【选择安装位置】对话框,如图 10-16 所示。

(8) 选择合适的目标文件夹,单击【安装】按钮,完成金山词霸的安装,如图 10-17

所示。

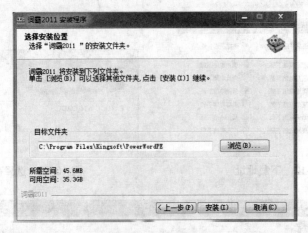

图 10-16 选择安装位置

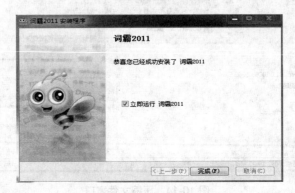

图 10-17 成功安装的对话框

(9) 单击【完成】按钮，至此，金山词霸软件安装成功并立即运行，如图 10-18 所示。

图 10-18 金山词霸软件界面

10.7　工作实训营

1. 训练内容

使用网上聊天软件 QQ 与别人进行沟通和交流。

(1) 发送一幅图片给对方。

(2) 与对方互相传送一份 Word 文件和一份 Excel 图表。

2. 训练目的

(1) 复习本章学习的有关网上聊天软件 QQ 的内容。

(2) 熟悉聊天软件 QQ 的使用。

(3) 在享受中度过 QQ 软件的学习之旅。

本章习题

简答题

(1) 登录 QQ2010，体验网上聊天。

(2) 为什么要使用 WinRAR 软件对文件进行压缩？并简单叙述进行压缩的方法。

(3) 如何用 EasyRecovery 将误删的文件类型为.doc 的文件恢复？

(4) 瑞星杀毒软件具有自动启用病毒监控功能，如想禁止应如何设置？

参 考 文 献

[1] 王移芝, 罗四维. 大学计算机基础教程. 北京: 高等教育出版社, 2004

[2] 杨振山, 龚沛曾. 大学计算机基础. 第 4 版. 北京: 高等教育出版社, 2004

[3] 冯博琴, 大学计算机基础. 北京: 高等教育出版社, 2004

[4] 李秀等, 计算机文化基础. 第 5 版. 北京: 清华大学出版社, 2005

[5] June jamrich Parsons, Dan Oja. 计算机文化. 北京: 机械工业出版社, 2001

[6] 刘瑞新, 等. 计算机组装与维护. 北京: 机械工业出版社, 2005

[7] 冯博琴. 大学计算机. 北京: 中国水利水电出版社, 2005

[8] 闵东. 计算机选配与维修技术. 北京: 清华大学出版社, 2004

[9] 丁照宇, 等. 计算机文化基础. 北京: 电子工业出版社, 2002

[10] 黄达中, 黄泽钧, 胡璟. 计算机应用基础教程. 北京: 中国电力出版社, 2002

[11] 刘晨, 张滨. 黑客与网络安全. 北京: 航空工业出版社, 1999

[12] 胡昌振, 等. 面向 21 世纪网络安全与防护. 北京: 北京希望电子出版社, 1999

[13] 谢希仁. 计算机网络. 第 4 版. 大连: 大连理工大学出版社, 2004

[14] 张尧学, 等. 计算机操作系统教程. 北京: 清华大学出版社, 2002

[15] 刘甘娜, 等. 多媒体应用基础. 北京: 高等教育出版社, 2002

[16] 吴权威, 等. 多媒体设计技术基础. 北京: 中国铁道出版社, 2004

[17] Parsons J, Oja D. 计算机文化. 第 5 版. 电子工业出版社, 2003

[18] Imothy T, Leary J. Computing Essentials(影印版). 北京: 高等教育出版社, 2000

[19] 陶树平, 等. 计算机科学技术导论. 北京: 高等教育出版社, 2002

[20] 冯博琴, 等. 大学计算机基础. 北京: 高等教育出版社, 2004

[21] 王移芝, 等. 大学计算机基础. 北京: 高等教育出版社, 2004

[22] 李秀, 安颖莲, 姚瑞霞, 等. 计算机文化基础. 第 4 版. 北京: 清华大学出版社, 2003

[23] 相万让. 网页设计与制作. 北京: 人民邮电出版社, 2004